北京高等学校优质本科教材

 "大国三农"系列规划教材

 面向 21 世纪课程教材

 高等农林教育"十四五"规划教材

农业生态学

第 3 版

陈 阜 隋 鹏 主编

U0218803

中国农业大学出版社

·北京·

内 容 简 介

本书紧密围绕农业生态系统,以系统结构、功能及其调控为主线,从基本概念、基本理论、评价与优化方法等方面对农业生态学进行了诠释。内容包括农业生态学产生背景、农业生物种群与群落、农业生态系统、农业生态系统的能量流动与物质循环、农业生态系统的评价与优化、生态农业与农业可持续发展等。该书通过国内外生态农业热点知识的介绍与农业生态系统典型案例分析,能够让读者掌握专业基础理论、方法和技能,拓展对全球农业生态重大问题的认知,以达到本科教学要求。

该书图文并茂、内容翔实,贴近农业生产实际,适合高等农林院校、农业科研院所的教学及科研参考用书。

图书在版编目(CIP)数据

农业生态学/陈阜,隋鹏主编. —3 版. —北京:中国农业大学出版社,2019.1(2024.1 重印)
ISBN 978-7-5655-2172-0

Ⅰ. ①农…　Ⅱ. ①陈…②隋…　Ⅲ. ①农业生态学-高等学校-教材　Ⅳ. ①S181

中国版本图书馆 CIP 数据核字(2019)第 039584 号

书　　名 农业生态学　第 3 版	
作　　者 陈 阜 隋 鹏 主编	
策划编辑 张秀环	**责任编辑** 张秀环
封面设计 郑　川　李尘工作室	
出版发行 中国农业大学出版社	
社　　址 北京市海淀区圆明园西路 2 号	**邮政编码** 100193
电　　话 发行部 010-62818525,8625	**读者服务部** 010-62732336
编辑部 010-62732617,2618	**出　版　部** 010-62733440
网　　址 http://www.caupress.cn	**E-mail** cbsszs @ cau.edu.cn
经　　销 新华书店	
印　　刷 北京溢漾印刷有限公司	
版　　次 2019 年 1 月第 3 版　2024 年 1 月第 6 次印刷	
规　　格 787×1 092　16 开本　12 印张　300 千字	
定　　价 38.00 元	

图书如有质量问题本社发行部负责调换

第 3 版编写人员

主　　编　陈　阜（中国农业大学）

　　　　　隋　　鹏（中国农业大学）

副 主 编　陈源泉（中国农业大学）

　　　　　韩惠芳（山东农业大学）

　　　　　李立军（内蒙古农业大学）

　　　　　刘章勇（长江大学）

　　　　　熊淑萍（河南农业大学）

编　　者　（按姓氏拼音排序）

　　　　　陈　阜（中国农业大学）

　　　　　陈源泉（中国农业大学）

　　　　　韩惠芳（山东农业大学）

　　　　　黄国勤（江西农业大学）

　　　　　黄　晶（西南科技大学）

　　　　　雷永登（中国农业大学）

　　　　　李　耕（山东农业大学）

　　　　　李立军（内蒙古农业大学）

　　　　　刘章勇（长江大学）

　　　　　马　琨（宁夏大学）

　　　　　隋　鹏（中国农业大学）

　　　　　王小龙（华南农业大学）

　　　　　熊淑萍（河南农业大学）

　　　　　徐长春（农业农村部科技发展中心）

　　　　　杨海水（南京农业大学）

　　　　　杨晓琳（中国农业大学）

　　　　　于爱忠（甘肃农业大学）

　　　　　翟云龙（塔里木大学）

　　　　　朱　波（长江大学）

主　　审　吴文良（中国农业大学）

第 2 版编写人员

主　编　陈　阜（中国农业大学）

副主编　马新明（河南农业大学）
　　　　李　军（西北农林科技大学）

编　者　陈　阜（中国农业大学）
　　　　马新明（河南农业大学）
　　　　李　军（西北农林科技大学）
　　　　李增嘉（山东农业大学）
　　　　吴宏亮（宁夏大学）
　　　　刘玉华（河北农业大学）
　　　　柴　强（甘肃农业大学）
　　　　刘景辉（内蒙古农业大学）
　　　　王龙昌（西南大学）
　　　　宇振荣（中国农业大学）
　　　　张海林（中国农业大学）

第1版编写人员

主　编　陈　阜(中国农业大学)

副主编　马新明(河南农业大学)
　　　　李　军(西北农林科技大学)

编　者　陈　阜(中国农业大学)
　　　　李增嘉(山东农业大学)
　　　　李　军(西北农林科技大学)
　　　　马新明(河南农业大学)
　　　　许　强(宁夏农学院)
　　　　刘玉华(河北农业大学)
　　　　宇振荣(中国农业大学)
　　　　刘景辉(内蒙古农业大学)
　　　　曹志平(中国农业大学)
　　　　韩宝平(北京农学院)
　　　　张海林(中国农业大学)

第3版前言

农业生态学(agroecology)的核心内容与任务是研究农业生态系统内生物之间、生物与环境之间的相互关系以及合理调控的途径与技术,有效地提升农业生态系统的生产力、稳定性和可持续性。随着绿色发展理念的不断深入以及现代生物、信息和工程技术的快速发展,农业生态学的研究领域、研究思路与研究方法也在不断拓展和更新。一方面,如何通过充分挖掘农业生态系统的生态服务功能推动农业转型和绿色发展,以实现农业生产、生态和生活一体化,开始成为农业生态学的重要任务;另一方面,如何通过发展现代生态农业技术,构建用养结合、生态高效、生产力和竞争力持续提升的农业生产体系,实现资源高效、环境安全与高产高效同步,已经成为农业生态学的发展方向。

2001年,第1版《农业生态学》教材由中国农业大学牵头,组织西北农林科技大学、河南农业大学、山东农业大学、河北农业大学、内蒙古农业大学、宁夏大学、北京农学院7所高校的农业生态学主讲教师,按照教育部面向21世纪本科教材的要求编写,由中国农业大学出版社出版。该教材的突出特点是坚持基础性、通用性和教学实用性,兼顾普通生态学基本理论、方法与农业生态学原理、技术,出版后受到相关院校和师生的广泛欢迎,总印数达到2.5万册,被全国近50家高等院校、科研院所作为指定教学用书和研究生考试参考书。

2010年,第2版《农业生态学》教材仍由中国农业大学牵头,充实和调整了编写人员队伍,在广泛征求本书用户及相关编写人员意见基础上对原教材进行了修订。一是充实和更新相关内容,包括农业生态学进展与趋势、典型农业生态系统与生态系统服务价值、气候变化应对与循环农业、农业外来生物入侵等内容,并更新了书中的相关数据资料;二是调整部分内容与增补典型案例,按照对农业生态学框架的重新认识调整了部分章节内容,删除一些过时或不重要的内容,并尽可能地对各部分内容用更多的实例和图示来表达,以满足教学改革需求。

2017年,鉴于近年来全球农业生态环境焦点问题的变化和我国农业生态转型发展步伐不断加快,农业生态学课程的教学内容也发生了明显变化,中国农业大学出版社将农业生态学列入高等农林院校"十三五"规划教材,重新组织编写人员对原教材进行修订。第3版的农业生态学将生物种群、生物群落、生物与环境关系等内容合并为一章,删减了部分普通生态学的知识内容,丰富了相关农业案例;强化了农业生态系统评价与优化的相关理论与方法介绍,充实了典型案例分析;响应现代生态农业发展趋势与要求,重新编写了生态农业与农业可持续发展章节,增加了农业生态转型及绿色发展等知识。全书共分7章:其中第一章为绪论,由陈阜、黄晶、雷永登编写;第二章为生物种群与群落,由熊淑萍、黄晶、马琨编写;第三章为农业生态系统,由韩惠芳、翟云龙、李耕编写;第四章为农业生态系统的物质循环,由隋鹏、杨海水、于爱忠、熊淑萍编写;第五章为农业生态系统的能量流动,由李立军、王小龙、李耕编写;第六章为农业生态系统的评价与优化,由刘章勇、王小龙、朱波、徐长春编写;第七章为生态农业与可持续发展,由陈源泉、黄国勤、杨晓琳编写。全书由陈阜、隋鹏、陈源泉进行统稿和修改,王东硕士参与了文字校订。

感谢中国农业大学出版社对本书编写的大力支持和帮助,能够列入高等农林院校"十三五"规划教材是编写本次新版教材的主要动力。感谢本书使用单位及学员提出的宝贵意见和建议,使本书的修编能够更加有针对性。尽管编写人员做了很大努力,但由于水平所限,错误及疏漏之处在所难免,希望使用本教材的师生和读者给予批评、指正。

本次重印,我们结合本课程教材内容,融入了关于坚持可持续发展、构建多元化食物供给体系、推动能源清洁低碳高效利用、提升生态系统碳汇能力、生态环境保护等党的"二十大"精神内容。

编　者
2023 年 5 月

第 2 版前言

进入 21 世纪,气候变暖、粮食安全、资源生态安全等再次成为全球关注的热点问题,农业生态学的研究领域得到不断拓展和深入,农业生态学课程建设与学科发展也得到相应重视。各农业院校及部分综合性大学纷纷开设农业生态学课程,多数院校已建立了农业生态学硕士点及生态学博士点,使农业生态学发展进入了一个新的发展阶段。在课程体系建设上,农业生态学逐步成为植物生产、资源环境、农业区域发展等多类专业的专业基础课,已有 10 多个院校的农业生态学被批准为国家和省级精品课程;在课程内容上,农业生产对全球气候变化的适应策略、农业面源污染防治、农业清洁生产与循环农业等,开始成为农业生态学新的领域;在理论与方法上,农业生态学不断吸纳现代生物学科、现代信息学科、现代工程学科的先进理论和技术;在研究层次上,农业生态学研究在宏观与微观尺度上将不断延伸,将从传统区域农业生态系统和农田生态系统的结构和功能分析等研究不断向农业碳汇碳源平衡与肥、水、药投入效率及其环境效应、农田污染途径与机制等领域深入。

2001 年,由中国农业大学牵头,组织西北农林科技大学、河南农业大学、山东农业大学、河北农业大学、内蒙古农业大学、宁夏大学、北京农学院 7 所高校的农业生态学主讲教师按照教育部面向 21 世纪本科教材的编写要求撰写并由中国农业大学出版社出版了《农业生态学》一书。该教材的突出特点是坚持基础性、通用性和教学实用性,兼顾普通生态学基本理论、方法与农业生态学原理、技术,同时尽可能反映目前农业生态学领域一些新进展。该教材出版后受到相关院校和师生的广泛欢迎,已经重印了 4 次,总印数达到 2.5 万册。据我们不完全统计,全国有近 50 家高等院校、科研院所把该教材作为指定教学用书和研究生考试参考书,还被 10 多个省、市、自治区作为自学考试中农业生态学课程的指定教材。

2010 年,鉴于本教材已经使用近 10 年,而且此期间农业生态学的研究领域和课程内容也有了明显变化,在广泛征求本教材用户及相关编写人员意见的基础上,决定对原教材进行修订,编写新版农业生态学。本次修编的重点有 3 个方面:一是充实和更新相关内容,包括农业生态学进展与趋势、典型农业生态系统与生态系统服务价值、气候变化应对与循环农业、农业外来生物入侵等内容,并更新了书中的相关数据资料;二是调整部分内容与增补典型案例,按照对农业生态学框架的重新认识调整了部分章节内容,删除一些过时或不重要的内容,并尽可能对各部分内容用更多的实例和图示来表达,以满足教学改革需求;三是再次充实和调整编写人员队伍,本次修订新增了西南大学和甘肃农业大学 2 位教授。

第 2 版的《农业生态学》仍有 10 章。其中,第一章为绪言,由陈阜(中国农业大学教授)编写;第二章为农业生态系统,由李军(西北农林科技大学教授)编写;第三章为生物种群,由马新明(河南农业大学教授)编写;第四章为生物群落,由李增嘉(山东农业大学教授)编写;第五章为生物与环境的关系,由刘玉华(河北农业大学教授)、马新明(河南农业大学教授)编写;第六章为农业生态系统的能量流动,由吴宏亮(宁夏大学副教授)、许强(宁夏大学教授)编写;第七章为农业生态系统的物质循环,由王龙昌(西南大学教授)和宇振荣(中国农业大学教授)编写;第八章为农业生态系统的调控与优化设计,由柴强(甘肃农业大学教授)编写;第九章为农业资源利用与环境保护,由刘景辉(内蒙古农业大学教授)、张海林(中国农业大学副教授)编写;第十章为生态农业与循环农业,由陈阜(中国农业大学教授)、张海林(中国农业大学副教授)编写。全书由陈阜、马新明、李军进行统稿和修改。

感谢中国农业大学出版社对本书编写的大力支持和帮助,本次新版教材是在他们的鼓励和督促下完成的。感谢本书使用单位及学员提出的宝贵意见和建议,使本书的修编能够更加有针对性。尽管编写人员历时近一年,做了很大努力,但由于水平所限,错误及疏漏之处在所难免,希望使用本教材的师生和读者给予批评、指正。

陈 阜

2011 年 4 月

第1版前言

从 20 世纪 70 年代末在我国开始开设农业生态学课程,到现在已经 20 多年了。农业生态学作为一门课程或学科,20 多年来在我国走过了由小到大、由简单到复杂、由个别院校和个别专业开设到全部农科院校各专业普遍开设的发展壮大过程。农业生态学的发展首先与全球性的资源和生态环境问题日趋严重的大背景有关。首先,人口持续增长和对产品需求的持续提高,使农业生产和经济发展对资源与环境压力不断加大,如何协调经济发展与生态环境保护的矛盾,已成为可持续发展的焦点问题。其次,对农业生态相关领域的研究与实践的不断深入,使农业生态学从内容、方法及理论与技术等多方面不断丰富和充实。最后,作为一门课程,农业生态学越来越受到广泛重视,绝大多数农业院校已将农业生态学列为各专业的公共选修课或必修课,有些院校还设立了农业生态专业或专业方向。可见,农业生态学的发展在我国得到了前所未有的重视和优越环境,并为其进一步发展提供了良好的基础。

近 20 年已陆续出版了数十部农业生态学方面的专著与教材,对促进学科发展起到了积极作用。这些专著或教材各有特点,但作为教材的局限性也明显,在实际课程教学过程中明显感到较难把握。这有 3 个主要原因。一是农业生态学是生态学应用于农业领域的一个分支学科,同时也属于农业科学的一个分支,本身涉及范围广、内容多,与其他学科的交叉性强,造成在课程体系把握上比较困难。二是农业生态学总体上还处于发展时期,随着相关的研究与实践不断丰富与深入,新的东西大量涌现,在课程教学中体现这些新进展的随意性很强。三是农业生态学课程一般只有 40 学时左右,讲授的内容和时间都很有限,如何既体现作为生态学分支学科的基本理论和方法又反映其作为农业科学分支的应用和实践,确实面临较多矛盾。因此,编写一本适合当前农业院校本科教学的实用教材,一直是我们多年来的心愿。

为配合国家教育部教学改革项目"高等农林院校植物生产类专业人才培养方案及教学内容和课程体系改革的研究与实践"的实施,1998 年由中国农业大学牵头,组织华北地区的山东农业大学、河南农业大学、莱阳农学院、北京农学院等几个院校农业生态学主讲教师,经过近 2 年时间的集体讨论和分工编写,形成一本《农业生态学教程》,由气象出版社出版发行。该教材的突出特点,一是基础性,力求把生态学及农业生态学的基本概念和基本理论方法介绍出来,满足农科各类专业本科学生学习的需要;二是实用性,按照本课程教学任务要求和学时安排,在教学内容上进行适当精简和提炼。《农业生态学教程》经 10 余个院校试用,反映良好,基本评价是"简单、实用"。气象出版社 2 次印刷的 6 000 余册,2 年多全部发行完。这种效果给了我们极大的鼓励和信心,促使我们以该教材为基础进行修改,并作为教改项目成果申请了国家教育部"面向 21 世纪课程教材",是教育部《面向 21 世纪高等农林院校生物系列课程教学内容课程体系改革》(04 - 20)项目成果的研究实践。

本次教材编写,在充分考虑了各院校反馈的意见和建议的同时,又邀请了西北农林科技大学、宁夏农学院、河北农业大学、内蒙古农业大学等院校的农业生态学主讲教师参加。按照面向 21 世纪教材编写要求,坚持突出基础性、通用性和教学实用性,兼顾普通生态学基本理论、方法与农业生态学原理、技术,同时尽可能地反映目前农业生态学领域一些新进展,使其既可作为植物生产类专业和资源环境类专业的专业基础课教材,又可作为农科院校其他专业的公共选修课教材。

本书共分 10 章。其中,第一章为绪言,由陈阜(中国农业大学)编写;第二章农业生态系统,由李军(西北农林科技大学)编写;第三章生物种群,由马新明(河南农业大学)编写;第四章生物群落,由李增嘉(山东农业大学)编写;第五章生物与环境的关系,由刘玉华(河北农业大学)编写;第六章农业生态系统能量流动,由许强(宁夏农学院)编写;第七章农业生态系统的物质循环,由宇振荣(中国农业大学)编写;第八章农业生态系统的调控与优化设计,由曹志平、陈阜、张海林(中国农业大学)编写;第九章农业资源利用与农业生态环境保护,由刘景辉(内蒙古农业大学)、韩保平(北京农学院)编写;第十章生态农业与持续农业,由陈阜、张海林(中国农业大学)编写。全书由陈阜、马新明、李军进行统稿和修改,陈阜最后定稿。

在本教材的编写过程中得到了我们所在院校农业生态学和耕作学几位前辈的支持和帮助,并得到中国农业大学出版社的大力支持。由于编写者水平所限,错误及疏漏之处在所难免,希望使用本教材的师生和读者给予批评、指正。

编　者

2001 年 6 月 30 日

目　　录

— 1 —

第一章 绪 论

本章提要

● **概念与术语**

生态学(ecology)、农业生态学(agroecology)

● **基本内容**

1. 生态学概念及发展阶段。
2. 农业生态学的产生与发展。
3. 农业生态学的研究内容与任务。

农业生态学(agroecology)是运用生态学(ecology)的原理及系统论的方法,研究农业生物之间、农业生物与其自然和社会环境之间相互关系的应用性科学。农业生态学既是生态学在农业领域应用的一个分支学科,也是生态学与农业科学交叉融合的学科,主要研究由农业生物与其环境构成的农业生态系统的结构、功能及其调控和管理的途径等。学习农业生态学的目的和意义首先要了解有关生态学的一般知识及基本理论,其次要掌握农业生态学的相关原理和分析方法,最终能够应用相关原理、方法和技术开展农业生态系统的结构与功能优化。

第一节 生态学及其发展

一、生态学的概念

1866 年德国生物学家 H. Haeckel(海克尔)在其著作《有机体的普通形态学》(*General Morphology of the Organisms*)中第一次正式提出生态学的概念,并将生态学定义为:生态学是研究生物与其环境相互关系的科学。此后,又有许多的生态学家对生态学的含义及概念进行了探讨,但所提出的定义未超过海克尔定义的范围。1896 年,Clarke(克拉克)曾用图解说明了生态学的概念:

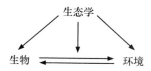

著名生态学家 E. P. Odum(奥德姆)在其所著的《生态学基础》(*Fundamentals of Ecology*)一书中,认为生态学是研究生态系统的结构和功能的科学,具体内容应包括:①一定区域内生物的种类、数量、生物量、生活史及空间分布。②该区域营养物质和水等非生命物质的质量和分布。③各种环境因素,如温度、湿度、光、土壤等对生物的影响。④生态系统中的能量流

— 1 —

动和物质循环。⑤环境对生物的调节和生物对环境的调节。

二、生态学的发展

(一)生态学的萌芽期

关于生物与环境的关系,自有人类历史以来就有关注,在我国古农书以及古希腊的一些著作中都能发现。我国战国时期(公元前475至公元前221年)的《管子·地圆篇》详细介绍了植物分布与水文土质环境的生态关系;从汉代(公元前202年至公元前220年)到明代(1368—1644年),一系列关于农业生产的书籍,如《氾胜之书》《齐民要术》记载了我国古代劳动人民的生产经验,描述了耕作原则、栽培技术及品种选育等,不同程度地体现了作物生长与环境及人工管理的关系。古希腊(公元前800年至公元前146年)的 Hipporates(海波诺提斯)不但注意到气候、土壤与植被生长及病害的关系,同时注意到了不同地区植物群落的差异,其作品《空气、水、场地》(*Airs,Waters and Places*)被认为是生态学的早期文献。1803年 Malthus(马尔萨斯)在《人口论》(*An Essay on the Principle of Population*)中不仅研究了生物繁殖与食物的关系,而且特别分析了人口增长与食物生产的关系。1807年,德国学者 A. Humblodt(洪德堡)将南美洲热带和温带地区的植物及其生存环境的多年考察结果写成《植物地理学》(*Biogeography*),分析了植物分布与环境条件的关系。1859年,Darwin(达尔文)出版了著名的《物种起源》(*On the Origin of Species*),提出生物进化论,对生物与环境的关系做了深入探讨。1866年,德国学者 Haeckel(海克尔)提出生态学定义,标志着生态学的诞生。到19世纪末,生态学已正式成为一门独立学科。

(二)生态学的发展期

生态学形成初期,以研究动、植物个体生态现象为主,主要探讨生物体对其生存环境的各种外界因素的适应能力、生物体的生理功能和形态结构特点等。以后发展到种群生态研究,如生物物种的分布及其与环境关系,生物物种进化及其与环境变化的关系。再进一步开始关注生物群落的生态现象,如一个特定区域中各种生物种群分布的多样性及其相互间的关系,群落发展变化的特点与规律等。到20世纪30年代后期,生态学的发展更为迅速,生态学研究逐步由个体生态、种群与群落生态,最终走向生态系统生态研究。其中对生态学发展有突出影响的事件和发展历程如下。

1. 生态系统概念的提出

1935年英国生态学家 A. G. Tansley(坦斯列)首次提出生态系统(ecosystem)的概念,把生物有机体与其环境看成是一个整体,提出生态系统是特定区域内相互作用的全部生物与无机环境的综合体。自此,生态学开始进入生态系统生态学阶段,也标志着生态学已进入以研究生态系统为中心的近代生态学发展阶段。

2. 生态系统"食物链"提出

1942年,美国生态学家 R. L. Lindman(林德曼)通过对美国 Cedar Bog 湖泊生物量转移的定量研究,发表了"一个老年湖泊的食物链动态"一文,指出生物量随食物链转移的规律,并提出著名的"食物链"和"生态金字塔"理论,为生态系统研究奠定了基础。1952年,美国生态学家 E. P. Odum(奥德姆)对生态系统的能量流动和物质循环做了大量研究,并综合已有研究成果出版了《生态学基础》一书,进一步确立了生态系统生态学,使生态学研究领域更为广泛。

3. 系统论及计算机信息技术的运用

20 世纪 30 年代,美籍奥地利理论生物学家 L. V. Bertalanffy(贝塔朗菲)提出系统论,探索用数学方法定量描述系统的模式、结构和功能的共同特征;20 世纪 40 年代末,美国科学家 C. E. Shemnon(香农)创立研究系统组分之间各种信息过程的信息论;20 世纪 60 年代,计算机技术得到运用。这样使复杂生态系统研究在理论、方法及工具上日趋完善,为系统分析方法在生态学的运用奠定了基础,使生态学研究开始向定量、控制和应用方向发展。

(三)现代生态学

进入 20 世纪 60 年代以后,全球性的人口、资源、环境及能源问题日趋突出,威胁到人类的生存和发展,推动可持续发展成为人类社会共识。生态学开始深入社会经济的各个领域,生态系统中的人类、动植物、微生物及相关的资源环境问题,以及人类发展的经济、社会、人文等均囊括到生态学范畴。生态学研究范畴不断向宏观和微观两个方向快速拓展,研究方法和技术不断丰富,其中有突出影响的如下。

1. 生态工程原理及技术应用

生态工程(ecology engineering)概念是 20 世纪 60 年代以来由美国生态学家 E. P. Odum(奥德姆)和我国生态学家马世骏教授分别提出的,提出以生态学,特别是生态控制论为基础,应用多学科交叉综合,对社会-经济-自然复合生态系统进行调控和优化,使生态学的原理与技术应用更加广泛和实效。

2. 生态系统服务功能与价值评估

1970 年,联合国大学(United Nations University)在发表的《人类对全球环境的影响报告》(*Man's Impact on the Global Environment*)中首次提出生态系统服务(ecosystem service)的概念。1997 年,美国生态学家 R. Costanza(康斯坦扎)等提出生态系统服务的价值估算方法。此后,国内外有大批学者开展相关研究。2005 年,联合国发布《千年生态系统评估报告》(*Millennium Ecosystem Assessment*),系统介绍了生态系统服务功能的含义,并首次对全球生态系统进行了多层次综合评估。

3. 生态足迹与环境代价

20 世纪 90 年代,加拿大学者提出"生态足迹"(ecological footprint)理论,用以衡量人类对具有生物生产力的土地的占有。此后,一系列用于定量评价人类活动对生态系统影响的环境足迹(environmental footprints),如,"碳足迹(carbon footprint)""水足迹(water footprint)"和"材料足迹(material footprint)"等被提出并得到广泛关注和研究。生态系统服务、水足迹和生态足迹等已成为世界自然基金会(WWF)自 2008 年开始每两年发布一次的《地球生命力报告》(*Living Planet Report*)中衡量地球生命力的重要指标。

4. 高新技术的广泛应用

现代科学技术越来越多地融入生态学,推动了生态学研究方法与技术的创新。在宏观方面,系统分析的方法、技术和模型等不断完善,全球定位系统(GPS)、遥感(RS)与地理信息系统(GIS)的"3S"技术广泛应用;在微观方面,野外自记电子仪器、同位素示踪及生态建模等技术引入生态学,而且在分子水平揭示和理解生物与环境关系的分子生态学得到发展。

三、生态学分支学科

生态学的综合性很强,随着生物与环境系统研究领域不断拓宽,研究工作不断深入,其分支学科也越来越多,并且已广泛地渗透到自然及社会科学的各个领域。生态学按其性质一般分为理论生态学和应用生态学两大类。

理论生态学中以普通生态学(general ecology)概括性最强,它介绍生态学的一般原理和方法,包括个体生态、种群生态、群落生态和生态系统等层次。此外,理论生态学按研究对象的生物类别划分为:动物生态学(animal ecology)、植物生态学(plant ecology)、微生物生态学(microbial ecology)和昆虫生态学(ecology of insects)等;按生物的栖息环境可分为:陆地生态学(terrestrial ecology)、海洋生态学(marine ecology)、森林生态学(forest ecology)、草原生态学(grassland ecology)和太空生态学(space ecology)等。近些年,由生态学与地理学结合的景观生态学发展较快,其主要研究内容是景观范围内的若干生态系统之间的相互关系和管理。

应用生态学包括的门类更多,如污染生态学(pollution ecology)、农业生态学(agro-ecology)、自然资源生态学(ecology of natural resources)、人类生态学(human ecology)、城市生态学(city ecology),以及一些新型的数学生态学(mathematical ecology)和化学生态学(chemical ecology)等。

第二节　农业生态学及其发展

一、农业生态学的产生

农业生产的实质就是利用生物与资源环境生产人类所需农产品的过程,农业本身就是利用并调节生物与环境关系的一个生态过程。对于农业生物与环境的生态关系从农业生产开始之时就已受到重视,在古代农业与近代农业的各种农书中都有不同层次和角度的阐述记载。如作物栽培与耕作学、土壤与肥料学、园艺学和动物饲养学等都是从各个方面对农业生物与环境关系进行分析和调节出发的。

随着生态学理论与方法的不断成熟和完善,尤其是生态系统理论的提出,使生态学在农业领域的运用更为普遍和深入。有意识地运用生态学基本理论及系统生态学的方法研究农业问题,逐步得到深入和发展,因此,生态学在农业领域的分支——农业生态学在进入20世纪以来,不断受到重视而渐渐形成一门独立的学科。1929年,意大利的 G. Azzi(阿兹齐)教授在大学正式开设、讲授农业生态学课程,并于1956年正式出版了《农业生态学》(Agroecology)一书。进入20世纪70年代后,已有大量的农业生态学专著及教材问世,世界各国逐渐把农业生态学作为一个重要的专业方向或一门学科来进行研究。

二、农业生态学的发展

早期的农业生态学明显带有农学学科的痕迹,其研究的重点集中在农作物与农田土壤、气候、杂草等相互关系以及作物的分布和生态适应能力等方面,多数仍局限于个体生态学或作物生态学的研究范畴。如在 20 世纪 20～30 年代开展的农业生态学研究,基本上都是从分析农作物与生态环境的相互关系及调节途径出发的,并没有从系统生态的角度去探讨,尤其对农业生态系统中的一些整体关系及规律缺乏研究,所以并没有引起农学界及生态学界的普遍重视。G. Azzi 的《农业生态学》一书,重点阐述的仍是作物生态学的一些内容,他将农业生态学定义为研究环境、气候和土壤与农作物遗传、发育及产量和质量关系的科学。可见,当时的农业生态学仍停留在个体生态、种群生态及群落生态尺度上。

进入 20 世纪 70 年代后,以研究农业生态系统为重点的农业生态学开始发展,对生态系统物质循环、能量流动及系统分析的理论与方法不断被采用,并注意研究完整系统内组分之间的相互关系,使农业生态学研究领域和层次拓宽,生态系统水平的农业生态学逐步建立起来。日本学者小田桂三郎的《农田生态学》、美国生态学家 G. W. Cox(柯克斯)等的《农业生态学》及 R. Lowrance 主编的《农业生态系统》(*Agro-ecosystem*)都把研究重点从单个作物的生理生态、种群生态及群落生态问题,扩展到农田生态系统和农业生产系统的生产力、资源利用潜力、能量和养分的流动与转化等生态问题。目前,随着农业生产水平的不断提高,农业生态学研究范畴和对象已不再是单纯的自然环境与生物关系,而是发展到重视社会、经济、技术因素的影响。

20 世纪 70 年代后期,中国的生态问题得到重视,作为研究农业生态系统的农业生态学借机得到重视和发展。1981 年召开了全国农业生态学研讨会,随后又多次召开了有关农业生态的全国性学术讨论会,对农业生态学的理论和内容体系等进行了研讨。1983 年正式确定在农业院校开设农业生态学,1986 年由国家教委将农业生态学列为农学专业的主要课程,同时在部分农业院校开始试办农业生态专业。

进入 20 世纪 90 年代以来,全球变化、生物多样性以及可持续发展成为全球关注的三大热点问题,农业生态学也围绕上述三大问题开展广泛和深入的研究。当前国际地圈·生物圈计划(IGBP)、全球变化人文因素计划(IHDP)、世界气候研究计划(WCRP)、生物多样性计划(DIVERSITAS)等为代表的国际全球变化研究组织的活动正在蓬勃开展,已取得重要的阶段性进展。全球变化研究的三大课题为碳循环研究、食物系统研究和水资源研究,近 20 多年来在地球系统的"碳汇"、全球温室气体自然变化及其与气候关系、陆地生态系统对过去气候变化响应、气候系统突发性变化等方面做出了重要贡献。对生物多样性的保护及其重要性的认识不断加深,生物多样性不仅为人类提供了食物、纤维、木材、药材和多种工业原料,而且在保持土壤肥力、保证水质以及调节气候等方面发挥着重要作用。外来生物种入侵、转基因物种释放及乡土物种消亡等相关问题逐步成为农业生态学的重点关注领域。能满足当代人的需要,又不对后代人满足其需要的能力构成危害的可持续发展理念逐步深入,确保经济社会发展不超越资源和环境的承载能力,实现生产持续性、经济持续性和生态持续性的统一是农业生态学的重要目标。

近年来,农业生态学及农业生态建设受到前所未有的重视,农业生态的理论研究与实际应用得到快速发展。各农业院校及部分综合性大学普遍开设农业生态学课程,许多院校已建立了农业生态学硕士点及生态学博士点,农业生态学发展进入了一个新的发展阶段。

三、农业生态学的趋势展望

随着人类社会的不断发展、人口持续增长和对产品需求的不断提高,全球性的资源和生态环境问题日趋严重,如耕地锐减、淡水短缺、能源枯竭、水土流失加剧、自然灾害频繁及食品安全面临威胁等,已引起国际社会的高度重视。如何协调人类社会经济发展与生态保护的矛盾,已逐步成为可持续发展的焦点问题。作为直接以生物和自然资源环境进行再生产的农业,其可持续发展问题显得更为重要,而研究农业生态系统生物与环境关系的农业生态学,也必将随之受到更普遍的重视。

为适应发展形势的要求,就必须做到拓宽研究领域、创新研究方法以及分化新型学科。其中拓宽研究领域要求我们做到以下几点:①由研究单一大田作物向经济作物、动物和微生物拓展。②由研究单一农业(如种植业)生态系统向农林牧复合生态系统拓展。③由农田生态系统向整个农业生态系统扩展。④由研究"平面农业"向"立体农业"方向拓展。⑤由单纯研究农业生态系统的结构、功能向综合研究农业生态系统的结构、功能、演替调控及其综合作用的方向发展。⑥由单一学科向边缘学科、交叉学科、新兴学科的研究方向拓展,特别重视与相关学科的"交叉"研究和"综合"研究。

现代农业生态学的研究方法具有多样性的特点,已广泛采用的试验手段和高新技术主要有:①稳定同位素技术。②根区观察窗或微根管技术。③野外气体分析技术。④能量测定技术。⑤控制性实验,如自由大气 CO_2 浓度增高技术、连续 CO_2 梯度技术。⑥"3S"技术(遥感技术、地理信息系统、全球定位系统)等。

综观近 10 多年来国外农业生态学的发展,可以明显看出学科"分化"的速度日益加快。由农业生态学学科产生的分支学科、新型学科不断增加,这正是农业生态学学科发展的重要标志。如:产量生态学、质量生态学、农业安全生态学、作物逆境生态学、农业技术生态学以及农业分子生态学等。

当前,构建以效率、和谐、可持续为目标的经济增长和社会发展方式已成为世界各国的共识和发展战略。全球性的农业转型和绿色发展理念逐步深入,已经成为农业生态学研究和发展的核心目标。我国农业开始全面步入转型发展新阶段,强化农业生产系统优化及生态系统服务功能开发,支撑我国农业"产出高效、产品安全、资源节约、环境友好"的发展目标,是现代农业生态学的历史使命,其学科地位和作用将更加突出。新形势下,我们要以农业生态学科为支撑,坚持节约优先、保护优先的方针,坚定不移走生产发展、生活富裕、生态良好的文明发展道路。

第三节 农业生态环境问题

一、全球生态环境突出问题

自工业革命以来,人类活动逐渐成为全球环境变化的主要影响因素。人类活动破坏了全球生态系统的稳定性,对很多地区的生态甚至造成毁灭性的破坏。J. Rockström 等(2009)在《Nature》杂志上首次量化了目前人类对全球气候变化、生物多样性减少与氮循环等 8 个生态环境指标的影响及其边界值(表 1.1),其中 6 项指标值超出了边界值,已成为全球最为突出的生态环境问题。

表 1.1　人类对全球生态环境指标的影响

生态环境指标	量化参数	边界值	目前值
1.气候变化	空气中二氧化碳的浓度(mg/dm^3)	350	387
	辐射强迫的改变(W/m^2)	1	1.5
2.生物多样性减少	生物灭绝速率(每年每百万物种中灭绝的物种数)	10	>100
3.氮循环	空气中被人类利用的 N_2(Mt/a)	35	121
4.磷循环	排放到海洋中的磷(Mt/a)	11	8.5～9.5
5.平流层臭氧被破坏	臭氧浓度(多布森单位)	276	283
6.海洋酸化	全球海平面海水碳酸钙饱和度	2.75:1	2.90:1
7.全球淡水用量	人类淡水消耗量(km^3/a)	4 000	2 600
8.土地利用变化	全球土地转化为耕地的比例(%)	15	11.7

资料来源:Rockström 等,2009。

(一)全球气候变化与温室效应

全球气候变化(climate change)是指在全球范围内,气候平均状态统计学意义上的巨大改变或者持续较长一段时间(典型的为 30 年或更长)的气候变动。近 100 年来,地球气候正经历着以全球变暖为主要特征的显著变化。全球气候变暖主要原因是空气中温室气体二氧化碳(CO_2)、氧化亚氮(N_2O)和甲烷(CH_4)等浓度增加,形成"温室效应"。"温室效应"是指太阳短波辐射可以透过大气到达地面,而地面增暖后发出的长波辐射却被大气中 CO_2、N_2O 和 CH_4 等温室气体吸收,从而使大气变暖的效应。

IPCC 第五次评估报告指出,2011 年大气中 CO_2 浓度达到 391 mg/dm^3,比工业化前的 1750 年提高了 40%,CH_4 和 N_2O 浓度分别达到 1 803 $\mu g/dm^3$ 和 324 $\mu g/dm^3$,分别比工业化前提高了 150% 和 20%,目前这三种温室气体的浓度都达到 80 万年以来的最高值;1983—2012 年可能是北半球自 1 400 年以来最热的 30 年,1880—2012 年,全球海陆表面平均温度呈线性上升趋势,升高了 0.85℃,2003—2012 年平均温度比 1850—1900 年平均温度上升了 0.78℃;全球陆地冰川、格林兰和南极冰盖都在加速消融,北冰洋海冰和北半球春季积雪减少;1901—2010 年,全球平均海平面上升了 0.19 m,平均每年上升 1.7 mm,1971—2010 年平均每年上升 2.0 mm,1993—2010 年平均每年上升达到 3.2 mm,海平面上升的速度明显加快。

尽管关于未来气候变化及其影响还存在很多不确定性,但人类已经普遍认识到了气候变化对人类自身及生态系统带来的灾难,如极端天气频发、旱涝灾害增加、冰川消融以及海平面上升等。气候变化会使人类付出惨痛代价的观念已在世界范围内被广泛接受,并成为全球广泛关注和研究的环境问题。

(二)生物多样性减少

生物多样性(biodiversity)是生物及其环境形成的生态复合体以及与此相关的各种生态过程的综合,包括动物、植物、微生物和它们所拥有的基因以及它们与其生存环境形成的复杂的生态系统。生物多样性包括遗传多样性(genetic diversity)、物种多样性(species diversity)、生态系统多样性(ecosystem diversity)和景观多样性(landscape diversity)4 个层次,分别代表基因水平、物种水平、生态系统水平和大尺度区域系统水平的多样性和变异性。生物多样性是全人类共同的财富,不仅为人类提供丰富的食物、工业原料和能源等直接价值,还为人类提供生态服务功能(如净化水体、净化空气和培肥土壤等)间接价值。生物多样性在维持生态平衡和稳定环境方面有着重要作用,为人类带来难以估量的利益,是人类生存和社会持续发展的重要基础。

近几个世纪以来,地球上的生物多样性遭受到严重破坏,生物物种正面临大规模灭绝。物种灭绝本应为自然过程,不应有人类的干预。据相关研究报道:海洋生物的自然灭绝速率是每年每百万物种中灭绝 0.1~1 种,哺乳动物的这一数值是 0.2~0.5;然而,目前以上物种的灭绝速率是自然状态下的 100~1 000 倍(Rockström 等,2009)。世界自然基金会(WWF)发布的《2016 地球生命力报告》(2016 *Living Planet Report*)指出,1970—2012 年,全球脊椎动物种群的数量减少了 58%,年平均降幅达到 2%。气候变化与人类活动成为加速物种灭绝的主要因素。2014 年发布的《全球生物多样性展望》(*Global Biodiversity Outlook*)指出,人类如果不采取有效的行动,到 2050 年气候变化将会成为生物多样性丧失和生态系统变化的主要驱动因素;人类对农业用地的需求将导致生物多样性大幅度丧失;很多野生渔业可能会崩溃;淡水资源的减少将导致淡水生态系统及其生物多样性遭到破坏;在各种驱动因素的综合作用下,若干大规模景观变化的发生将对生物多样性产生巨大的不利影响。

(三)环境污染

环境是各种生物生存的基本条件,是人类从事生产的物质基础。环境对人类产生的废弃物有消纳和同化的作用(即环境自净功能);环境还可以提供舒适的精神享受,有利于人体健康,提高人体素质。但是随着现代科学技术和以工业为主导的生产的发展,特别是 20 世纪中叶以来,人类不断将大量废弃物排入环境中,引起环境质量恶化,破坏了人与自然的平衡与和谐,危害了经济发展和人类健康。

目前,从海洋、湖泊、陆地到大气,甚至太空都受到不同程度的污染。在空气污染方面,人类排放的吸附着有毒物质的颗粒物每年达 $5×10^8$ t,而且这些污染物还在大气中发生各种化学反应,生成更多有害物质;在水体污染方面,人类肆意向水体排放大量未经处理的工业、生活等各种废水和废弃物,造成水质恶化,严重危害生态系统和人类健康,使本来有限的淡水资源变得更加紧缺;在土壤污染方面,点源污染和面源污染使土壤遭受到空前破坏,不仅影响农作物的生长发育、产量和品质,还通过食物链影响人类的健康。近年来,全球性的热污染、噪声污染和太空污染等新污染也越来越严重。

(四)土地荒漠化

根据《21 世纪议程》(*Agenda* 21)的定义,荒漠化是指由于人类不合理活动和气候变化所导致的干旱区、半干旱区及具有明显旱季的半湿润地区的土地退化,包括土地沙漠化、草场退化、旱作农田的退化和壤肥力的下降等。目前,全球 2/3 的国家和地区(约 10 亿人口),约占全球陆地面积的 1/4,受到不同程度荒漠化的危害,而且仍以每年($5~7)×10^4$ km² 的速度在扩大,由此造成的经济损失,估计每年约为 $4.23×10^8$ 美元。受荒漠化影响最大的是发展中国家,特别是非洲国家。荒漠化是自然、社会、经济及政治因素相互作用的结果,人类不合理的社会经济活动是造成荒漠化的主要原因。人口增长对土地的压力是土地荒漠化的直接原因;干旱土地的过度放牧、粗放经营、盲目垦荒、水资源的不合理利用、过度砍伐森林及不合理开矿等是人类活动加速荒漠化扩展的主要表现。

二、中国生态环境主要问题

(一)大气污染

大气污染危害着人类健康和生态系统,我国的大气污染形势严峻。大气中污染物的主要构成为二氧化硫、烟尘、粉尘和机动车尾气。电厂和工业锅炉燃煤是二氧化硫的主要来源,占70%。雨、雪等在形成和降落过程中,吸收并溶解空气中一定量的二氧化硫,就会形成酸雨。火电厂和工业锅炉也是烟尘、粉尘的排放源。

世界卫生组织(WHO)颁布的空气质量准则认为,如长期暴露在超过空气质量准则值(PM2.5 微粒物超过 10 $\mu g/m^3$)的空气中,人类总死亡率、心肺疾病死亡率和肺癌的死亡率都会增加。而据《华盛顿邮报》(The Washington Post)2014 年 2 月报道,中国空气污染最严重的邢台、石家庄、保定等十大城市 PM2.5 含量均高于 WHO 准则值的 10 倍;而同期美国空气污染最严重的贝克尔斯菲市、默塞德等十大城市 PM2.5 不到 WHO 准则值的 2 倍。据环保部公布的数据显示,2016 年,中国 338 个地级及以上城市中,有 254 个城市环境空气质量超标,占 75.1%。

(二)水体污染

据《2016 中国环境状况公报》数据显示,全国地表水 1 940 个评价、考核和排名点位中,符合Ⅰ类、Ⅱ类标准的不到 40%,Ⅴ类和劣Ⅴ类(污染程度已超过Ⅴ类的水)分别占 6.9%和8.6%。长江、黄河、珠江、松花江、淮河、海河、辽河七大流域和浙闽片河流、西北诸河、西南诸河的 1 617 个国考断面中,符合Ⅰ类标准的仅占 2.1%,Ⅳ、Ⅴ和劣Ⅴ类占 28.8%。6 214 个地下水水质监测点中,水质为较差级和极差级的监测点分别占到 45.4%和 14.7%。地下水水质主要超标指标为锰、铁、总硬度、溶解性总固体、"三氮"(亚硝酸盐氮、硝酸盐氮和氨氮)、硫酸盐和氟化物等,个别监测点存在砷、铅、汞、六价铬及镉等重(类)金属超标现象。

(三)土壤污染

根据 2014 年环保部与国土资源部公布的《全国土壤污染状况调查公报》数据显示,全国土壤污染状况总体不容乐观,部分地区土壤污染较重,耕地的土壤环境质量堪忧,工矿业废弃地土壤环境问题突出,全国土壤总的点位超标率是 16.1%,其中轻微、轻度、中度和重度污染比例分别为 11.2%、2.3%、1.5%和 1.1%。土壤主要污染物为镉、镍、铜、砷、汞、铅、滴滴涕和多环芳烃。由土壤污染引发的农产品质量安全问题和群体性事件逐年增多。

(四)土地沙漠化

中国的沙漠及沙漠化土地面积约为 1.61×10^6 km²,占国土面积的 16.7%,其中,干旱区沙漠化土地面积 8.76×10^5 km²,半干旱区沙漠化土地面积约 4.92×10^5 km²。20 世纪 50 年代初至 70 年代中期年均增长率为 1.01%,20 世纪 70 年代中期到 80 年代中期年均增长率为1.47%,而目前我国沙漠化土地面积正以每年 2 460 km² 的速度扩展。

(五)草原退化

我国草原面积近 4×10^8 hm²(含南方约 1×10^8 hm² 的草山草坡),其中严重退化的草场约占 30%,目前仍然以每年约 1.4×10^6 hm² 的速度退化。主要原因是超载过牧、干旱沙化和鼠害,造成草原生产力降低和优质草减少。

(六)湿地减少

中国湿地面积近 6.7×10^7 hm²(不包括江河、池塘等),其中天然湿地近 2.7×10^7 hm²(含沼泽、天然湖泊、潮间带滩涂、浅海水域)、人工湿地约 4×10^7 hm²(含水库水面、稻田)。近50 年来,由于不合理利用和破坏,湿地的面积急剧缩减,已有 50% 的滨海滩涂不复存在,1 000多个天然湖泊消亡,黑龙江三江平原 78% 的天然沼泽湿地消失。

(七)水土侵蚀

我国水土侵蚀情况非常严重。据《第一次全国水利普查公报》数据,2011 年中国土壤侵蚀总面积 2.95×10^6 km²,占普查范围总面积的 31.1%。其中,水力侵蚀 1.29×10^6 km²,风力侵蚀 1.66×10^6 km²。水土侵蚀比较严重的地区为西北黄土高原区与东北黑土区,侵蚀沟道分别为 666 719 条和 295 663 条。

三、中国农业生态环境面临的突出问题

(一)水土资源短缺

中国人均占有水资源量约为 2 200 m³,每年农业生产缺水超过 2×10^{10} m³。华北平原和三江平原普遍超采地下水灌溉,华北平原已形成 9×10^4 km² 以上的世界最大漏斗区,三江平原近 10 年来地下水位平均下降 2~3 m。水资源分配日益向城市、工业和生态建设倾斜,农业用水比重则急速下降,农业用水份额持续减少,已从 1980 年的 88% 下降到目前的 60%。全国范围的干旱缺水状况呈加重趋势,已经开始威胁国家粮食安全及社会经济持续稳定发展。尽管国家已经开展华北地下水超采治理试点工程,但路径选择非常困难。

我国人均占有耕地面积只有世界平均水平的 40%。全国有 666 个县的人均耕地面积低于 FAO 制定的 0.053 hm² 警戒线,463 个县低于 0.33 hm² 的危险线。近 10 多年的耕地面积年均减少幅度仍超过 3.33×10^5 hm²。由于农田过度利用带来的耕地质量问题已经不容忽视,粮食主产区耕地土壤普遍存在不同程度的耕层变浅、容重增加和养分效率降低等问题,而且由于不合理的施肥、耕作和植保等造成的耕地生态质量问题日益突出。

(二)农业面源污染加剧

我国人多地少,以占世界耕地面积 7% 的土地,养活了占世界 22% 的人口。然而,其代价是化肥、农药、地膜等生产资料的大量投入。2014 年中国化肥施用量达 6×10^7 t,单位面积用量达到 490 kg/hm²,是发达国家化肥安全施用上限(255 kg/hm²)的 1.9 倍。2014 年农药(原药、折纯)施用量 1.8×10^6 t,单位面积用量为 14.6 kg/hm²,是世界平均水平的 2.5 倍。2014 年我国地膜使用量达到 2.58×10^6 t,地膜覆盖面积约 2.33×10^7 hm²,平均残留率超过12%。此外,养殖业污染已成为我国农业污染的重要来源。2010 年《全国第一次全国污染源普查公报》数据显示,我国畜禽养殖业粪便产生量为 2.43×10^8 t,尿液产生量 1.63×10^8 t。

(三)农村与农田生态景观差

自 20 世纪 80 年代以来,随着我国农村经济的快速发展,农业机械化进程加快,化肥、农药、农膜等开始大量使用,严重污染了农村生产生活环境,破坏了传统农业原有的生态系统。农业景观中生物栖息地多样性逐渐降低、自然景观趋于高度破碎化,农村与农田的美学和生态

服务价值功能也随之遭到破坏。特别是在我国快速城镇化发展过程中,农村出现大量撂荒地,土地利用效率低,农村基础设施和人居环境质量差,农村生态环境退化,乡土文化景观受损。据郧文聚等(2011)对全国255个村庄人居环境的调查显示:约占总数60%的村庄农村景观风光一般或差,约80%的村庄街道和田间道路绿化不足,居民点绿色覆盖度低,沟路林渠破损严重,农村河流生态功能严重退化,林网植物群落结构单一。

(四)气候变化适应与减缓能力弱

农业是受气候变化影响最敏感和最脆弱的部门。气候变化已经对我国农业产生了重要影响,如果不采取任何措施,到21世纪后半期,中国主要农作物如小麦和玉米的产量最多可下降37%,气候变化将长期威胁我国的粮食安全。适应气候变化是当前应对气候变化的重要战略。然而,目前国内对农业生产系统气候适应性评价尚属一个比较新的研究领域,现有的农业适应性措施也不成体系,相关研究与应用较少,不能满足生产实际需求。农业既受气候变化影响,同时也是温室气体的重要排放源。据联合国粮农组织(FAO)数据,农业(包括林业、渔业和畜牧)温室气体排放量在过去50年里几乎翻了一番,如果不加大减排力度,到2050年或将再增加30%。目前,全世界约有20%的温室气体来自农业,农业必须为抗击气候变化做出更大贡献。

第四节　农业生态学的内容与任务

一、农业生态学的内容

农业生态学的研究对象主要是农业生态系统(agroecosystem)。即研究农业生物之间、环境之间及生物与环境之间的相互关系及调控途径。利用生态学及系统学的理论与方法对农业系统各组成成分及其相互关系进行研究,以提高其整体效益。

农业生态学的主要内容包括生态学基本原理、农业生态系统功能及其调控、生态农业与可持续发展三大部分。

(一)生态学基本原理

主要包括种群生态学原理、群落生态学原理、生物与环境的关系、生态系统等生态学基本原理。这些原理是了解和调控农业生态系统的基础。

(二)农业生态系统功能及其调控

主要包括农业生态系统的基本功能、农业生态系统的物质循环与能量流动;提高农业系统总体生产力的途径和调控措施以及农业生态系统的规划设计等。

(三)生态农业与可持续发展

主要包括国际上"替代农业"思潮兴起背景以及"有机农业""自然农业""生态农业""生物动力农业"等代表性模式;中国生态农业的基本原理、主要技术以及典型生态农业模式;中国农业转型与可持续发展的战略对策与技术途径等。

— 11 —

二、农业生态学的特点

(一)实用性

农业生态学是一门应用基础性学科,是生态学在农业领域的应用分支,具有较强的实用性。其研究内容与农业生产密切结合,而且要立足于农业生产实践进行理论分析和研究。其研究成果在农业区划、区域综合开发和治理、农业资源利用、生态工程建设等多方面都有广泛应用。

(二)综合性

农业生态学是介于农学与生态学之间的交叉学科,综合性很强。从知识内容上,它涉及土壤学、作物学、动物学、微生物学、经济学、林学、水产学、园艺学等诸多领域的学科知识;农业生态系统本身就是一个社会-经济-自然的复合系统,因此从研究对象上,既包括自然生态,也包括人工生态,涉及农业、经济、技术等多方面的内容。

(三)层次性

农业生态学区别于一般的个体生态学、作物生态学及动物生态学等有明确界限的微观生态,它的层次性及伸缩范围很大。由于农业生态系统本身的特点,其边界范围可小到一块农田、一个农户,可大到一个地区,一个国家甚至全世界,所以,农业生态学对农业生态系统的研究具有层次性。

三、农业生态学的任务

人类社会的发展一定程度上必然要以牺牲自然资源为代价,如何尽可能地减少经济发展对生态环境的压力和降低资源成本,走可持续发展之路,是生态学面临的重大问题。同样,这也是农业生态学要探索的问题。把握农业生产的"生态-技术-经济"复合系统的相互作用关系与特点,从整体结构优化和提高系统功能上进行合理调控,以促进农业生产持续高效发展,是农业生态学发展中面临的重要任务。

运用农业生态学的理论和方法,分析研究农业领域中的生态问题,探讨协调农业生态系统组分结构及其功能,提出相应的发展模式与技术途径,促进农业生产的持续高效发展,是农业生态学研究的出发点和落脚点。概括来讲,农业生态学的主要任务包括农业生态系统的诊断与评价、农业区划与生态功能区划分、农业生态工程与技术研发以及生态农业模式设计与优化等几个方面。

(一)农业生态系统的诊断与评价

应用系统分析、物质与能量利用、生态系统服务和生态足迹等原理与方法,对农业生态系统的社会、经济、生态效率和效益等进行综合分析和评价,发现问题和潜力,为农业生态系统及区域发展的结构与功能优化提供科学依据。

(二)农业区划与生态功能区划分

通过全面分析研究区域自然、社会、经济与技术等现状及发展需求,结合农业生态系统的诊断与评价结果,进行区域生态经济功能总体定位与农业生产、生态、生活功能区合理布局,明确适宜区、不适宜区、优先发展区、限制发展区和禁止区等划分。

(三)农业生态工程与技术研发

应用生态系统中物质循环及资源高效利用、环境保护与修复等原理,进行农业系统优化设计及规划编制,开发相应的关键技术与生产工艺系统,使各产业关系协调、相互促进,以提高农业生态系统的整体生产力和生产效益。

(四)生态农业模式设计与优化

结合区域农业发展经济效益、社会效益和生态效益的综合需求,根据生态学原理进行农业生产系统的结构和功能优化,设计产业发展模式并进行技术集成,实现资源循环高效利用、生态环境保护与治理以及生态功能修复与提升。

思 考 题

1.简述"生态学"和"农业生态学"的发展历程。

2.当前我国农业生态面临的突出问题是什么?

3.农业生态学的主要特点是什么?

参 考 文 献

[1] Rockström J,Steffen W,Noone K,et al. A safe operating space for humanity. Nature,2009,461(7263):472-475.

[2] WWF. Living Planet Report 2016——risk and resilience in a new era. Switzerland,Gland:WWF International,2016.

[3] 蔡承智,陈阜,梁颖.对我国农业可持续发展途径的探讨.现代化农业,2002(11):40-43.

[4] 蔡晓明.普通生态学.北京:北京大学出版社,1995.

[5] 黄国勤.国外农业生态学的发展.世界农业,2008(3):44-48.

[6] [美]柯克斯 G W,阿特金斯 M D.农业生态学——世界食物生产系统的分析.王在德,韩纯儒,刘含莉,等译.北京:中国农业出版社,1987.

[7] 李博.普通生态学.呼和浩特:内蒙古大学出版社,1990.

[8] 刘红梅,蒋菊生.生物多样性研究进展.热带农业科学,2001(6):69-77.

[9] 骆世明.农业生态学.长沙:湖南科学技术出版社,1987.

[10] 马世骏,王如松.社会-经济-自然复合生态系统.生态学报,1984,4(1):3-11.

[11] 生物多样性公约秘书处.全球生物多样性展望.https://www.cbd.int/gbo4.

[12] 王如松.系统生态学——回顾与思考.北京:科学出版社,1990.

[13] 叶笃正,符淙斌,董文杰.全球变化科学进展与未来趋势.地球科学进展,2002,17(4):467-469.

[14] 宇振荣,张茜,肖禾,等.我国农业/农村生态景观管护对策探讨.中国生态农业学报,2012,20(7):813-818.

[15] 郧文聚,宇振荣.土地整治加强生态景观建设理论、方法和技术应用对策.中国土地科学,2011(6):4-9.

第二章 生物种群与群落

本章提要

● **概念与术语**

种群(population)、生态对策(ecological strategy)、种群密度(population density)、出生率(natality)、死亡率(mortality)、年龄结构(age structure)、性比(sex ratio)、密度制约(density dependence)、种群增长(population growth)、逻辑斯谛增长(logistic growth)、原始协作(protocooperation)、互利共生(mutualism)、化感作用(allelopathy)、生态入侵(ecological invasion)、生物群落(biotic community)、生态优势种(dominant species)、生物多样性(species diversity)、群落结构(community structure)、生态位(niche)、生物群落演替(community succession)、顶级群落(climax community)、生态型(ecotype)、生活型(life form)

● **基本内容**

1.种群的特征:空间分布特征、遗传特征与生态对策、数量特征。

2.种群的数量波动:种群的增长模型、季节消长、周期性波动、不规则波动、种群暴发、种群平衡、种群的衰落与死亡、生态入侵。

3.种群波动的制约与调节:非密度制约、密度制约、种间调节、种内调节。

4.种群间的相互关系。

5.群落的结构:物种结构、水平结构、垂直结构、时间结构、群落边缘效应。

6.生态位理论:生态位宽度、重叠与竞争、生态位分异。

7.群落演替的类型:原生演替、次生演替。

8.群落演替的原因和类型:外因演替、内因演替。

9.群落演替过程中结构与功能的变化。

10.生物的生态适应性:趋同适应与趋异适应。

11.种群和群落原理在农业生产中的应用。

第一节 种群生态

一、种群的基本概念与特征

种群(population)是指在一定时间内占据特定空间的同一物种(或有机体)的集合体。一个物种通常可以包括许多种群。种群的基本特征包括空间分布特征、遗传特征与生态对策及数量特征。

(一)种群的空间分布特征

1. 空间静态分布

由于自然环境的多样性以及种内、种间个体的竞争,每一种群在一定空间中都会呈现出特有的分布形式。通常可分为随机型、均匀型和成群型3种类型(图2.1)。

随机型分布(random distribution)是指种群内个体在空间的位置不受其他个体分布的影响(即互相独立),同时每个个体在任一空间分布的概率是相等的(图2.1A)。例如,当一批靠种子繁殖的植物首次侵入一块裸地时,只要这块裸地上的环境比较均一,就形成随机分布;森林中地面上的一些无脊椎动物特别是蜘蛛类通常为随机型分布。

均匀型分布(uniform distribution)也叫规则分布(regular dispersal),是指种群内个体在空间呈等距离分布(图2.1B)。农业系统中多数人工栽培种属此类型,如玉米的播种、水稻插秧等要求均匀一致。

成群型分布(aggregated distribution)即种群内个体的分布既不随机,也不均匀,而是形成密集的斑块。在自然界中,这种分布是最常见的。成群型分布又可分为成群随机型分布和成群均匀型分布2种情况(图2.1C、D)。对植物而言,产生成群型分布的原因包括繁殖特性、天然障碍、动物及人为活动等;对于动物而言,产生原因则包括局部生境差异、气候节律性变化、配偶和生殖结果以及社会关系等。

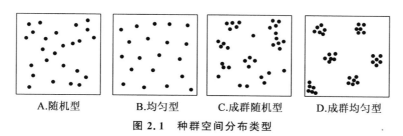

A.随机型　　B.均匀型　　C.成群随机型　　D.成群均匀型
图2.1　种群空间分布类型

2. 空间动态分布

种群的空间动态分布是指种群内个体在位置上的变动情况,主要包括迁移和扩散。

迁移(migration)和扩散(dispersal)常指种群内个体因某种原因从某分布区向外移动的现象。迁移多用于动物,扩散则常用于植物和微生物。迁移描述了各种群之间进行基因交流的生态过程,包括迁入(immigration)和迁出(emigration)2个过程,这2个过程也是种群数量变动的2个主要因子。任何种群在其生活周期内都有扩展其种群的分布区,使自身种群增大的趋势。

3. 空间分布产生的原因

种群的空间分布特征主要由种群对空间的需要及其对空间利用方式决定。

空间需要是指组成种群的每一个个体(有机体)都需要有一定的空间,其作用是有利于生物与环境间进行物质与能量的转换。不同种类的生物所需空间的大小及其性质各不相同。许多体型较小的物种需要的空间很小。例如,藤壶可相互靠在一起生活,由于水流既可送来氧气和食物,又能带走其代谢产物,因此,它所需要的空间仅是允许身体固着的那块地方。而另一些物种,如鸟类和一些哺乳动物却需很大的空间和领域,当密度过大时则产生相互残杀现象。

植物种群内个体数量过大时,则产生自疏现象。虽然种群可由其分布区向外扩散,但范围是有限的,最后仍被限制在一定的空间以内。

种群利用空间的方式可分为分散利用与共同利用两大类。分散利用与共同利用各有其优缺点,并与物种的形态、生理、生态、遗传等特征密切相关。在分散利用与共同利用之间还有很多过渡类型。

分散利用(utilization of dispersion)是指以个体或家庭生活方式的物种,占有特定的空间(或领域),不允许同种的其他个体在其空间内生活的空间利用方式。虎、豹等大型肉食类动物多为此种类型。种群中的个体或家族对空间分散利用的意义在于:保证食物的需要和保护幼体;保证有营巢地和隐蔽所;调节种群密度。

共同利用(co-utilization)是指以集群为生活方式的种群对其空间资源的利用方式。如自然界中蜜蜂、蚁类,农业生态系统的马、牛和羊等均属于此种类型。共同利用空间的意义在于:改变小气候条件;共同取食和对空间资源的充分利用;共同防御天敌;有利于动物的繁殖和幼体发育。

(二)种群的生态对策

生态系统中的生物朝着不同方向进化的"对策"称为生态对策(ecological strategy)。一类进化方向是生物的个体小,寿命短,存活率低,但增殖率(r)高,具有较强的扩散能力,适应于多种栖息环境,种群数量常出现大起大落的突发性波动,将这种选择方向称为 R 对策(R strategy),如农田中的昆虫、杂草、土壤微生物等;另一类进化方向是生物个体较大,寿命长,存活率高,适应于稳定的栖息生境,不具有较大扩散能力,但具有较强的竞争能力,种群密度较稳定,常保持在最大环境容纳量(K)的水平,称之为 K 对策(K strategy),如乔木、大型肉食动物等。

属于 R 对策的生物称为 R 对策者,属于 K 对策的生物称为 K 对策者。K 对策者虽然种间竞争的能力较强,但 r 值低,遭受激烈变动或死亡后,返回平衡水平的自然反应时间($1/r$)较长,容易走向灭绝,如大象、鲸鱼、恐龙等。因此,对 K 对策者应重视其保护工作。R 对策者虽然竞争能力弱,但 r 值高,返回平衡水平的反应时间较短,灭绝的危险性较小;同时,由于其具有较强的扩散迁移能力,当种群密度过大或生境恶化时,可以离开原有生境,在别的地方建立新的种群。这种高出生死亡率、高迁移能力使新的基因获得较多的发展机会。在典型的 R 对策者和 K 对策者之间还存在着各种过渡类型,构成种群生态对策的一个连续的谱带。R 对策者和 K 对策者的特征对比如表 2.1 所示。

表 2.1　R 对策生物与 K 对策生物主要特征的比较

特征	R 对策生物	K 对策生物
环境条件	多变,不可预测,不确定	较稳定,可预测,比较确定
死亡率	大,为随机的非密度制约	小,为较有选择性的密度制约
群体密度	随时间变化大,无平衡点,通常处在环境的 K 值以下,属未饱和的生态系统,有生态真空,每年需生物重新定居	随时间变化不大,接近于环境的 K 值上下,属于饱和的生态系统,无须生物重新定居
种内和种间竞争	强弱不一,一般较弱	通常较激烈,较强

续表2.1

特征	R 对策生物	K 对策生物
选择结果	种群迅速发展;提高最大增长率 r_{max};繁殖早;体重轻	种群缓慢发展;增强竞争能力;降低资源阈值;繁殖晚;体重大
寿命	短,通常不到 1 年	长,通常多于 1 年
对子代投资	小,常缺乏抚育和保护机制	大,具有完善的抚育和保护机制
迁移能力	强,适于占领新的生境	弱,不易占领新的生境
能量分配	较多地分配给繁殖器官	较多用于逃避死亡和提高竞争能力

在农业生态系统中,利用 R 对策生物能迅速适应变化了的环境与 K 对策生物具有稳定环境的作用的特征,可适当配置 R—K 型谱系中的各种生物。例如,利用浮游生物、蚯蚓、蜂、蚕、食用菌等生活周期短、繁殖快的特点,以加速物质的循环利用,减少养分流失,增加农产品的产出量;利用多年生的林、果、竹木等以稳定农业生态环境。大量的农作物和家畜、家禽属于中间类型。

(三)种群的数量特征

1.种群的大小和密度

一个种群全体数目的多少叫种群大小(size)。单位空间内某个生物种的个体总数叫种群密度(density)。种群密度有粗密度(crude density)和生态密度(ecological density)之分。粗密度是指单位总空间内的生物个体数(或生物量);生态密度则是指单位栖息空间内某种群的个体数量(或生物量)。种群的生态密度通常大于粗密度。

种群的密度随季节、气候条件、食物储量和其他因素的影响而发生很大变化。密度是生物种群重要的参数之一,是种群内部自动调节的基础。它部分地决定着种群的能量流、资源的可利用性、种群内部生理压力的大小以及种群的散布和种群的生产力。如野生动物专家需了解野生动物的种群密度,以便调节狩猎活动,对野生动物栖息地实施管理;农学家通过调查农田种植作物的密度,进而制定协调作物个体与群体关系的对策;植保学家可以根据密度判断病、虫(如蚜虫、蝗虫、锈病等)的散布或迁移,及时进行保护或防治。

2.种群的出生率和死亡率

出生率(natality)是指种群以生产、孵化、分裂或出芽等方式,产生新个体的能力,常用单位时间内产生新个体的数量表示。死亡率(mortality)是指单位时间内个体衰减的数量。种群的数量变化决定于出生率与死亡率的对比关系。当出生率超过死亡率,则增长率为正,种群数量增长;当死亡率超过出生率,则增长率为负,种群数量减少;而当出生率和死亡率相平衡时,则增长率接近于零,种群数量就保持相对稳定状态。在大多数自然生态系统中,种群数量是相对稳定的。

3.种群的年龄和性比结构

年龄结构是指某一种群中不同年龄级的个体生物数目与种群个体总数的比例。种群的年龄结构常用年龄金字塔来表示。金字塔底部代表最年轻的年龄组,顶部代表最老的年龄组。金字塔的宽度则代表该年龄组个体数量在整个种群中所占的比例,比例越大,宽度越宽。因此,从各年龄组相对宽窄的比较就可以知道哪一个年龄组的生物数量最多,哪一个年龄组的数量最少。种群的年龄结构可分为增长型、稳定型和衰退型 3 种类型,而种群的年龄组也分为幼龄组、中龄组和老龄组 3 个主要组别(图 2.2)。

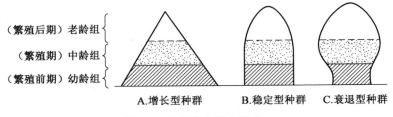

图 2.2 种群的年龄金字塔

增长型种群(expanding population)的年龄结构呈典型的金字塔形,基部宽而顶部窄,表示种群中有大量的幼体和较少的老年个体,这类种群的出生率大于死亡率,是典型增长型的种群(图 2.2A);稳定型种群(stable population)的年龄结构近似钟形,基部和中部几乎相等,出生率与死亡率大致平衡,种群数量稳定(图 2.2B);衰退型种群(diminishing population)的年龄结构呈壶形,基部窄而顶部宽,表示种群中幼体比例很小,而老年个体比例大,出生率小于死亡率,种群数量趋于下降(图 2.2C)。

雌雄异体的种群中所有个体或某个年龄级的个体中雄性对雌性的比例称为性比(sex ratio),也称性比结构(sexual structure)。对大多数动物来说,雄性与雌性的比例较为固定,但有少数动物,尤其较为低等的动物,在不同生长发育时期,性比往往发生变化。性比结构反映了种群产生后代的能力,其变化对种群动态有很大影响。种群的性比结构对大多数脊椎动物来说较为恒定,比值为 1:1 左右。对两性花植物种群而言,可不考虑性比问题。但在单性花植物种群中,尤其是雌雄异株植物种群的动态研究时,性比就显得特别重要。

二、种群的数量波动与调节

(一)种群的数量增长模型

现代生态学家在研究种群增长的一般规律时,常借助数学模型阐明自然种群动态变化的规律及其调节机制,帮助理解各种生物和非生物因素是怎样影响种群变化的。

1.种群的离散增长模型

如果种群的各个世代彼此不相重叠,种群增长是不连续的、分步的,称为离散增长,如一年生植物和许多一年生殖一次的昆虫。离散增长,又叫几何级数增长,其数学模型为:

$$N_{(t+1)}=\lambda N_t \quad \text{或} \quad N_t=N_0\lambda^t$$

式中:N 为种群大小;t 为时间;λ 为种群的周期增长率;N_0 为初始种群大小。

例如,一年生生物(即世代间隔为一年)种群,开始时为 10 个雌体,到第二年成为 200 个,那就是说,$N_0=10$,$N_1=200$,即一年增长 20 倍。以 λ 代表 2 个世代的比率:$\lambda=N_1/N_0=20$。将方程式 $N_t=N_0\lambda^t$ 两侧取对数,即 $\lg N_t=\lg N_0+t\lg\lambda$,它具有直线方程 $y=a+bx$ 的形式。因此,以 $\lg N_t$ 对 t 作图,就能得到一条直线,其中 $\lg N_0$ 是截距,$\lg\lambda$ 是斜率。

λ 是种群离散增长模型中有用的变量。如果 $\lambda>1$,表明种群数量将上升;$\lambda=1$,表明种群数量会稳定；$0<\lambda<1$，表明种群数量将下降；$\lambda=0$，意味着种群没有繁殖，将在下一代灭亡。

2. 种群的连续增长模型（J 形增长模型）

在世代重叠的情况下，种群数量以连续的方式变化称为连续增长，又叫指数增长（J 形增长），即增长率在模型中以指数的形式存在。其数学模型一般为：

$$\frac{\mathrm{d}N}{\mathrm{d}t}=rN$$

其积分式为：

$$N_t=N_0\mathrm{e}^{rt}$$

式中：N 为种群数量；r 为瞬时增长率（instantaneous rate of increase），等于瞬时出生率与瞬时死亡率之差，在理论上也被称为内禀增长率（intrinsic growth rate）。

内禀增长率是指在没有任何环境因素的限制条件下，由种群内在因素决定的稳定的最大增殖速率，也叫生物潜能（biotic potential）或生殖潜能（productive potential），内禀增长率与种群的实际增长率之差可以视为环境阻力（environmental resitence），环境阻力是限制种群内禀增长率实现的环境限制因素的总和。

例如，初始种群 $N_0=100$，r 为 0.5/年，则其后第一年的种群数量为 $100\mathrm{e}^{0.5}=165$，第二年为 $100\mathrm{e}^{1.0}=272$，第三年为 $100\mathrm{e}^{1.5}=448$。以种群大小 N_t 对时间 t 作图，种群增长曲线呈"J"形；如以 $\lg N_t$ 对 t 作图，则变成直线。根据该模型，如果 $r>0$，种群数量将上升；$r=0$，种群数量保持稳定；$r<0$，种群数量将下降。

3. 种群的 Logistic 增长模型（S 形增长模型）

上述两种数量增长模型都是在理想条件或无限资源环境条件下才能存在的。但在自然环境中，由于空间、食物等资源总是有限的，且随着种群数量的不断增加，环境对种群数量增长的影响也逐渐增加，使得现实状态下，种群数量的增长一般呈现出先缓慢增长，然后快速增长，随后增长速度下降，在达到饱和值后，可能稳定在这一数量阶段，也可能因为资源的压力而出现数量下降，其增长曲线呈现"S"形，因此称为 S 形增长。其数学模型可用 logistic 方程（也叫阻滞方程）描述：

$$\frac{\mathrm{d}N}{\mathrm{d}t}=rN\left(\frac{K-N}{K}\right)$$

其积分式为：

$$N_t=\frac{K}{1+\mathrm{e}^{a-rt}}$$

式中：N 为种群数量；K 为环境容量（carring capacity），即在有限环境的条件下，种群所能达到的稳定的最大数量，常用 K 表示。环境容纳量既取决于光、温、水、食物、空间等因子，也取决于种群的行为、适应能力等特征。当种群数量 N 超过环境容纳量 K，种群数量趋于减少；当种群数量 N 低于环境容纳量 K，种群数量趋于增加。农业生产中，农田作物的种植必须控制在环境容纳量以内，放牧须考虑草原的承载力，鱼塘中饲养的数量也应受环境容纳量的限制。

a 为参数，其值取决于 N_0，表示曲线对原点的相对位置。

逻辑斯谛曲线常划分为以下 5 个时期：①开始期，也可称潜伏期，由于种群基础数量少，数量增长缓慢。②加速期,随个体数的增加,增长逐渐加快。③转折期,当个体数达到饱和值的一半(即 $K/2$ 时,数量增长最快。④减速期,当种群个体数超过 $K/2$ 以后,数量增长逐渐变慢。⑤饱和期,种群个体数达到 K 值而饱和。

逻辑斯谛方程具有重要意义,它是两个相互作用的种群增长模型的基础,也是渔业、林业、农业生产中确定最大持续产量的主要模型,特别是模型中的两个参数 r 和 K,已成为生态对策理论中的重要概念。

在生态系统中,不同生物种群所遵循的增长方式

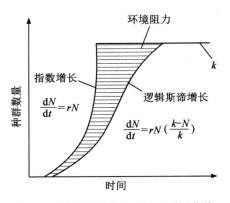

图 2.3 种群增长的"J"形和"S"形曲线

不同。例如,某些细菌、昆虫和鼠类在生长前期,往往属于"J"形增长,一年生植物的干物质在某段时间内的增长也属于"J"形增长;多数生物的增殖包括植物的分蘖的增加,株高的增长基本上属于"S"形增长。种群增长模型多种多样,"J"形增长与"S"形增长仅为两种典型情况。

(二)种群的数量动态

一种生物进入和占领新栖息地,首先经过数量增长建立种群,以后可出现不规则的或规则的(即周期性波动)的波动,亦可能较长期地保持相对稳定;许多种群有时还会出现骤然的数量猛增,即大发生,随后又是大崩溃;有时种群数量会出现长期的下降,甚至死亡。

1. 季节消长

自然种群的数量变动存在着年内(季节消长)和年际间的差异。如一年生草本植物北点地梅种群个体数有明显的季节消长规律(图2.4),8年间个体数为 $500\sim1\,000$ 株/m²,每年死亡 $30\%\sim70\%$,但至少有50株以上存活到开花结实,生产出次年的种子,各年间的成株数变化较小。

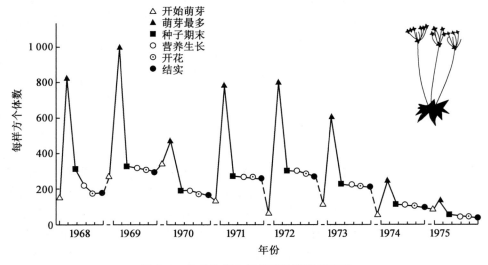

图 2.4 北点地梅8年间的种群数量变动

(资料来源:Begon,1986)

掌握作物生长发育、病虫害发生等的季节消长规律,对开展种群控制和病虫害防治等具有重要意义。例如,研究小麦分蘖的季节消长动态,可以进行人为调控达到高产;研究棉花盲蝽种群数量季节消长可对其进行及时、有效的防治。

2.年际间周期性波动

在环境相对稳定的条件下,某些物种种群数量常常表现出年际间周期性的波动。最为经典的例子为旅鼠、北极狐的 3～4 年周期波动和美洲兔、加拿大猞猁的 9～10 年周期波动。根据近 30 年的资料,我国黑龙江伊春地区的小型鼠类种群,也具有明显的 3～4 年周期变化,每遇高峰年的冬季就造成林木危害,尤其是幼林,对森林更新危害很大,其周期与红松结实的周期性丰收相一致。根据以鼠为主要食物的黄鼬的每年毛皮收购记录证明,黄鼬的数量波动也有 3 年周期性,但高峰比鼠晚 1 年。

3.不规则波动

有些物种种群的数量变化无周期性,数量也极不稳定,原因在于这类种群的生活环境极不稳定或环境不固定。大多数昆虫种群属此类。马世骏等对东亚飞蝗危害和气象资料的关系进行了研究(图 2.5),发现东亚飞蝗在我国的大发生没有固有周期性现象(过去曾认为东亚飞蝗是有周期性的),同时指出干旱是大发生的原因。

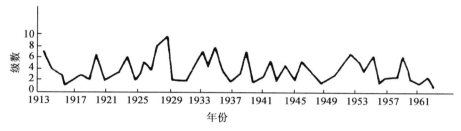

图 2.5　东亚飞蝗洪泽湖蝗区种群动态
(资料来源:马世骏等,1965)

4.种群暴发

具有不规则或周期性波动的生物都可能出现种群的暴发。农业生产中最普遍的暴发是害虫和害鼠。例如,蝗灾在我国古籍和西方圣经都有记载,“蝗虫蔽天,人马不能行,所落沟堑尽平……食田禾一空”。在非洲,蝗灾至今仍有发生,2004 年非洲西北部遭遇蝗灾,数百万公顷的农作物被吞噬,成千上万的游牧民饱受饥饿的折磨。

5.种群平衡

种群较长期地维持在几乎同一个水平上,称为种群平衡。大型蹄类动物、食肉类动物、蝙蝠类动物等,多数一年只产一仔,寿命长,种群数量一般是很稳定的;昆虫中的一些蜻蜓成虫和具有良好内调节机制的红蚁等数量也是十分稳定的。

6.种群衰落与灭亡

当种群长久处于不利条件下(如人类过度捕猎或栖息地被破坏),其数量会出现持久性下降,即种群衰落,甚至灭亡。个体大、出生率低、生长慢、成熟晚的生物,最易出现此种情况。例如,第二次世界大战时捕鲸船吨位上升,鲸捕获量逐渐增加,结果导致蓝鲯鲸种群衰落,并濒临灭绝,继而长须鲸日渐减少。种群衰落和死亡的速度在近代大大加快了,究其原因,除了人类的过度捕杀外,更严重的是野生生物的栖息地被破坏,剥夺了物种生存的条件。

7. 生态入侵

由于人类有意识或无意识地把某种生物带入适宜其栖息和繁衍的地区,种群不断扩大,分布区逐步稳定地扩展,这种过程称为生态入侵(ecological invasion)。历史上生态入侵事件层出不穷。例如,欧洲穴兔于1859年由英国引入澳大利亚西南部,由于环境适宜和无天敌而得到快速繁殖,16年后澳大利亚东岸发现穴兔。穴兔种群数量剧增,与牛羊竞争牧场,成为一大危害,澳大利亚采用许多方法,耗资巨大,都未能有效控制,最后引入黏液瘤病毒,才将危害制止。我国是世界上遭受外来生物入侵最为严重的国家之一。如加拿大一枝黄花和墨西哥紫茎泽兰和水葫芦等植物传入我国后,由于环境适宜而得到快速繁殖,侵入农田和水体等,对生态环境造成巨大破坏。

(三)种群波动的原因

影响种群数量波动的原因很复杂,但归纳起来可分为两类,即非密度制约(density independent)和密度制约(density dependent)。

1. 非密度制约

即种群波动的原因与种群的大小无关,而是受到温度、降水、污染等非生物因素的影响。如,当种群遇到突如其来的过冷或过度干旱等环境变化时,不论原来种群数量多少,都会遭到冻害或旱害,从而使种群数量减少。

2. 密度制约

由于种群内各个体自身的关系,其密度的变化影响着种群数量的波动。其原因如下:

一是种内密度制约。①种内竞争食物和领地,例如,植物对光、土壤养分和水分的竞争,动物对食物的竞争,鸟对筑巢位置的竞争。种群密度越大,对食物与领地的竞争越激烈。②对于某些特殊物种的增长,心理抑制起着重要作用,心理上的抑制使种群不能繁殖过多。这种心理作用一般是对动物种群而言的,因种群密度过大会使它们的正常生理状况发生紊乱,导致繁殖率下降。对植物种群来说,密度增加的压力不仅对种群内邻接个体产生影响,还对个体上各构件如叶、枝、花、果和根产生影响,以致引起生理变化。

二是种间密度制约。例如,捕食者与猎物之间的反馈控制作用,捕食者随猎物种群的增长而增加,当捕食者种群达到一定程度时,猎物种群数量就显得不足,继续捕食,猎物急剧下降,反过来又限制了捕食者的种群数量。又如,致病的病原菌和寄生物对种群的影响,它们随着被感染生物或寄主密度的增大而增大。

需要注意的是,气候等非生物因素常常但并非始终按照非密度制约的方式起作用,而生物因素(如竞争、寄生或病菌)经常但也并非始终按照密度制约方式起作用。非密度制约引起种群密度的改变,有时是剧烈的,而密度制约,使种群保持"稳定状态",或使种群返回到稳定水平。

(四)种群波动的调节

1. 种间调节

种间调节是指捕食、寄生和种间竞争等因子对种群密度的制约过程。强调种间调节的生物学派认为,调节因素的作用必须受到被调节种群密度的制约,因此,调节种群密度的因素只能是密度制约因素,且调节种群密度的因素始终是竞争,包括竞争食物、竞争生存空间及捕食者和寄生者的竞争。支持生物学派的证据有不同来源,根据其强调的重点不同分为以下几个方面:①强调食物在决定种群动态中的作用,捕食者种群完全受被捕食者密度的调节,反之亦然。捕食作用对生物防治有重大意义,如用澳洲瓢虫(rodolia cardinalis)防治吹棉蚧虫(icerya purchasi)就曾取得显著效果。②强调寄生物和宿主的相互作用,如用寄生蜂防治一些害虫曾取得成功。③强调食草动物与植物的相互关系,如放牧系统中草本植物与放牧羊群的相互关系,放牧与停止放牧对草原植被的影响等。④种间竞争食物或空间资源。

2.种内调节

种内调节是指种内成员间因行为、生理和遗传上的差异而产生的一种内源性调节方式。种群的内源性自动调节具有 3 个共同的理论特征:①强调种群内个体间的异质性对种群的作用。②强调种群的出生率、死亡率、生长、性成熟、迁入和迁出等特征和参数是受密度制约的。③强调种群的自动调节是物种对环境的适应性反应。根据种群内源性调节的理论特征,把种内自动调节分为行为调节、生理调节和遗传调节。行为调节是指种群内个体间通过行为相容关系调节其种群动态结构的一种种内调节方式;生理调节是指种内个体间因生理功能的差异,致使生理功能强的个体在种内竞争中取胜,淘汰弱者;遗传调节是指种群数量可通过自然选择压力和遗传组成改变而得以调节的过程。

三、种群间相互关系及应用

(一)种群间相互关系

生物种群之间有着相互依存和相互制约的关系,且这一关系极其复杂。如果用"＋""－"和"0"3 种符号分别表示某一物种对另一物种的生长和存活产生有利的、抑制的或没有产生有意义的影响和作用,则 2 个物种间的基本关系可归纳为 9 种类型,如表 2.2 所示。

表 2.2　2 个物种的种群间相互作用类型

作用类型	物种		相互作用的一般特征
	1	2	
1.中性作用	0	0	2 个种群彼此都不受影响
2.竞争:直接干涉型	—	—	2 个种群直接相互抑制
3.竞争:资源利用型	—	—	资源缺乏时的间接抑制
4.偏害作用	—	0	种群 1 受抑制,种群 2 不受影响
5.寄生作用	＋	—	种群 1 寄生者得利;种群 2 猎物受抑制
6.捕食作用	＋	—	种群 1 捕食者得利,种群 2 猎物受抑制
7.偏利共生	＋	0	种群 1 共栖者得利,种群 2 宿主不受影响
8.原始协作	＋	＋	对种群 1、2 都有利,但不发生依赖关系
9.互利共生	＋	＋	对双方都有利,并彼此依赖

1.正相互作用

正相互作用可按其作用程度分为互利共生、偏利共生和原始协作 3 种类型。

(1)互利共生。互利共生(mutualism)是指 2 个物种长期共同生活在一起,彼此相互依赖,相互依存,并能直接进行物质交流的一种相互关系。互利共生常见于需求极不相同的生物之间。豆科作物和根瘤菌共生形成根瘤是典型的互利共生的例子,豆科作物为根瘤菌提供碳源等养分,而根瘤菌则通过固氮为植物提供氮源。地衣是藻菌结合体,藻体进行光合作用,菌丝吸收水分和无机盐,两者结合,相互补充,形成统一的整体生活在耐旱的环境中。动物与微生物间互利共生的例子也很多。例如,反刍动物与其胃中的微生物。微生物既帮助了反刍动物消化食物,自身又得到了生存。白蚁以木材为食,白蚁肠道中的鞭毛虫可消化纤维素,鞭毛虫通过消化纤维素为白蚁提供营养,同时它也从白蚁的口中得到食物和能量。

(2)偏利共生。偏利共生(commensalism)是指种间相互作用仅对一方有利而对另一方无影响的一种相互关系。附生植物与被附生植物之间是一种典型的偏利共生关系,如地衣、苔藓、某些蕨类等附生在树皮上,在热带森林中还有很多高等的附生植物,这些附生植物借助于被附生植物支撑自己,以获得更多的资源(如光、空间),但对被附生种群则几乎没有影响。

(3)原始协作。原始协作(protocooperation)是指 2 个种群相互作用、双方均能获利的协作关系。但这种协作是松散的,分离后,双方仍能独立生存。寄居蟹和某些腔肠动物有共生关系,腔肠动物附着在寄居蟹背上,当寄居蟹在海底爬行时,扩大了腔肠动物的觅食范围,同时腔肠动物的刺细胞又对蟹起着伪装和保护作用。某些鸟类啄食蹄类动物身上的体外寄生虫,同时在食肉动物来临之际又能为其报警。鸵鸟与马的协作也很默契,前者视觉敏锐,后者嗅觉出众,对共同防御天敌十分有利。原始协作是生态系统中广泛存在的种间关系。

2.负相互作用

负相互作用包括竞争、捕食和寄生等。负相互作用使受影响的种群增长率降低,但并不意味着绝对有害。从生态系统进化角度看,负相互作用能增加自然选择能力,有利于新物种的发展。

(1)竞争。生物种群的竞争通常包括种间竞争和种内竞争两种。发生在 2 个或更多物种个体之间的竞争称为种间竞争。生物种群越丰富,种间竞争越激烈。发生在同种个体之间的竞争称为种内竞争。竞争又有 2 种形式:一是直接干涉型,如动物之间的格斗;二是资源利用型,如与水稻一起生长的稗草对阳光和养分的竞争。竞争者双方都力求抑制对方,其结果使双方的增长和存活都受到抑制。竞争的结果可向 2 个方向发展:第一是一个物种完全挤掉另一物种;第二是不同物种占有不同的空间,捕食不同食物,或其他生态习性上的分离(即生态分离),也可能使种间形成平衡而生存。

在农业生产中家畜家禽对饲料、饲草的竞争,农作物对水、肥和阳光的竞争,间作套种对环境需求相同的作物之间的竞争,水生生物对水体中养分和溶解氧的竞争都是普遍存在的。人们可通过栽培和耕作方法,促使作物种子迅速发芽并健壮生长,从而增强其与杂草的竞争能力;选用具有种间互补作用的作物并采用合理的配置方式进行间作套种以及调整畜、禽、鱼的种类和数量等都可调节农业生产中的竞争关系。

(2)捕食。不同生物种群之间存在着捕食与被捕食的关系。捕食(predation)包含广义和狭义 2 种含义。广义的捕食是指高一营养级动物取食或伤害低一营养级的动物和植物的种间关系。例如,草食动物吃食植物,植物诱食动物以及拟寄生。广义的捕食概念包括以下 4 种类型:①肉食动物捕食草食动物或其他食肉动物。②食草动物捕食植物。③昆虫的拟寄生者,如寄生蜂,拟寄生者与真寄生者的区别是拟寄生者总是杀死其宿主,而真寄生者不杀死其宿主。在农业生产中,利用拟寄生防治害虫是经常应用的经济有效的生物防治技术。例如,利用赤眼蜂防治棉铃虫、金小蜂防治红铃虫、捕食螨防治红蜘蛛等,都收到很好的效果。

④同类相食,这是捕食现象的特例,捕食者与被捕食者为同一物种。狭义的捕食是指肉食动物捕食草食动物。

(3)寄生。寄生(parasitism)与捕食作用相似。寄生生物以寄主身体为定居空间,靠吸取寄主的营养而生活。农田中的列当、菟丝子为全寄生;云参科的小米草、马先蒿、疗齿草和檀香科的一些植物为半寄生;许多病菌为全寄生;动物体中的鞭毛虫、蛔虫、钩虫均靠寄生生活。一般寄生昆虫多是有严格选择性的。

3.化感作用

种群间各种关系往往不是个体间直接干涉实现的,通过自身分泌物即化感物质影响其他物种或个体是一种重要的方式。1937年德国科学家 Molish 首次提出化感作用(allelopathy)一词,并将其定义为所有植物(含微生物)之间的生化相生相克作用。一般认为,化感作用是由植物体分泌的化学物质对自身或其他种群产生影响的现象。植物的这种分泌物叫作化感作用物质(allelopathic substance)。现代研究表明,化感作用不仅存在于植物之间,很多动物之间也可通过化感物质吸引异性、食物等。化感物质主要是一些次生代谢产物,如酚类化合物、类萜类化合物、含氮化合物等,目前已发现 2 万多种。

化感作用既有抑制作用,又有促进作用。例如冬黑麦对小麦、向日葵对蓖麻、番茄对黄瓜等都有抑制作用;一些灌木群落,能分泌出挥发性萜,使灌丛边缘数米内形成无草带,如同微生物培养中常见的抑制圈;谷物麦仙翁产生的麦仙翁精以低浓度施用于麦田可增加小麦产量、抑制杂草;日本学者从水芹幼苗的胚根中分泌的一种二糖,可促进植物生长、明显促进植物叶绿素的合成;洋葱和食用甜菜、马铃薯和菜豆、小麦和豌豆种在一起的相互促进也被发现是某些化感物质在起作用。

第二节 群落生态

生物群落(biotic community)是指生存于特定区域或生境内的各种生物种群的集合体。是生态系统中比生物个体和生物种群更高一级的组织层次,是群聚在一起的各种生物种群通过它们的彼此影响、相互作用形成的一种有规律的结构单元,具有自身的独立结构、动态变化、内部关系及其分类分布规律,并影响到生态系统中能量转化、物质循环的方向、速度和效率的高低,最终影响到生态系统的生产力及其稳定性。

一、生物群落的结构特征

生物群落的结构特征可以从群落的物种结构、垂直结构、时间结构及其与之相关的环境梯度和边缘效应等方面进行分析,合理的结构是生物群落以及生态系统良性发展的基础。

(一)群落的物种结构

群落的物种结构是指群落由一定数量的种群构成,每一个种群又具有一定的数量和物质生产量以此决定该种群在群落中的地位和作用。

1.群落的物种构成

一般根据种群在群落中功能和地位重要性的不同,划分为生态优势种(dominant species)、亚优势种(subdominant species)、伴生种(companion species)和偶见种(rare species)，同一个植物种在不同的群落中可以不同的群落成员出现。

(1)生态优势种。生态优势种(dominant species)在决定整个群落特性和功能上，并非在群落中所有的生物体都是同等重要的。在一个群落中存在着成百上千的生物体，常常只有比较少数的几个种或类群以它们的数量多、生产力高、影响大来发挥其主要控制作用。这种在群落中地位、作用比较突出并具有主要控制权或"统治权"的种或类群称为生态优势种。

群落中的优势种一般不以数量的多少作为衡量标准，而主要依靠其在群落中的地位和作用。群落中优势种的数量与环境条件密切相关，在环境条件不良的地区，由于组成群落本身的物种少，所以优势种的数目也少。环境条件越优越，群落的结构越复杂，组成群落的生物种就一定越多，其优势种数目也相应会多。

(2)亚优势种。亚优势种(subdominant species)是指个体数量与作用都次于优势种，但在决定群落性质和控制群落环境方面仍起着一定作用的物种。

(3)伴生种。伴生种(companion species)为群落的常见种类，它与优势种相伴存在，但不起主要作用。

(4)偶见种或稀见种。偶见种或稀见种(rare species)是那些在群落中出现频率很低的种类，多半是由于种群本身数量稀少的缘故。偶见种可能偶然地由人带入或伴随某种条件的改变而侵入群落中，也可能是衰退中的残遗种。有些偶见种的出现具有生态指示意义，有的还可以作为地方性特征种来对待。

2. 物种多样性

在研究群落的物种组成时，为了便于比较不同生物群落在生物种类及其个体在群落中的重要价值上的差异，生态学家提出了物种多样性(species diversity)的概念。物种多样性是指生物群落中种的丰富度。测定物种多样性的公式很多，本处仅取 2 种有代表性的加以说明。

(1)香农-威纳指数(shannon-winer index)。香农-威纳指数的表达式为：

$$H = -\sum \frac{n_i}{N} \times \log \frac{n_i}{N} \quad \text{或} \quad H = -\sum P_i \times \log P_i$$

式中：H 为采集的信息含量即物种的多样性指数，彼特/个体；n_i 为采样中属于第 i 个物种的个体数；N 为全部采样的各物种个体总数；P_i 为属于第 i 物种在全部采样中的比例。

信息含量是未确定的含量。因此，H 值越大，则未确定量也越大。采样中如无确定量，则 $H=0$。严格来说，香农-威纳指数所测得的信息含量，以在大群落中的随机采样且物种数为已知的情况下较适用。

(2)辛普森指数(simpson index)。辛普森指数的表达式为：

$$D = 1 - \sum_{i=1}^{s} (P_i)^2$$

式中：D 为辛普森指数；P_i 为群落中物种 i 个体所占的比例；s 为种类数目。

辛普森指数用于计算普通物种时较为准确，其阈值由低多样化(0)到高多样化($1-1/s$)，这里 s 是种类数目。

物种多样性在物理因子受控制的群落中趋向降低，而在生物学因子受控制的群落中则趋向升高。在一个相对稳定的环境中,高的物种多样性会使群落稳定性增强。因此,在农业生产中或对农业生态系统进行控制与管理时,应掌握好多样性与稳定性的关系。

(二)群落的水平结构

群落内由于环境因素在不同地点上的不均匀性和生物本身特性的差异,而在水平方向上分化形成不同的生物小型组合,称为群落的水平结构(horizontal structure)。例如,林内荫蔽的地块,生长着耐荫蔽的植物,明亮的地方生长着喜光的种类。小地形和微地形的变化,土壤湿度和酸碱度的不同,都会影响群落在水平方向上的分化。

在农业生产中的农、林、牧、渔以及各业内部的面积比例及其格局是农业生态系统的水平结构。调控农业生物群落的水平结构有以下2种基本方式:①在不同的生境中因地制宜地选择合适的物种,宜农则农,宜林则林,宜牧则牧。②在同一生境中配置最佳密度,并通过饲养、栽培手段控制密度的发展。各种农作物、果树、林木的种植密度,鱼塘的养殖密度,草场的放牧量等都对群落的水平结构及产量有重要影响。

(三)群落的垂直结构

生物群落的垂直结构(vertical structure)是指生物在空间的垂直分布上所发生的成层现象。群落在其形成过程中,由于环境的逐渐分化,导致对环境不同需要的物种生活在一起。它们各自占据一定的空间,在地面以上不同高度和地面(或水面)以下不同深度分层排列,形成群落的垂直结构。成层现象是群落与环境条件相互适应的结果,保证了群落中各物种在单位空间中能充分地利用环境资源。

对于陆生植物群落,成层现象包括地上部分和地下部分。决定地上部分分层的环境因素,主要是光照、温度和湿度条件;而决定地下分层的主要因素,是土壤的物理和化学性质,特别是水分和养分。陆生植物的成层结构是不同高度或不同生活型的植物在空间上垂直排列的结果。

在完全发育了的森林群落中,成层现象十分明显,地上部分通常可划分为乔木层、灌木层、草本层和地被层4个基本结构层次(图2.6)。各个层次在群落中的地位和作用各不相同,各层中植物种类的生态习性也不相同。在优越的自然条件下,群落结构复杂,许多层次上还生长有大量的藤本和附生、寄生植物,称为层间植物;在恶劣的环境中,垂直结构简单,

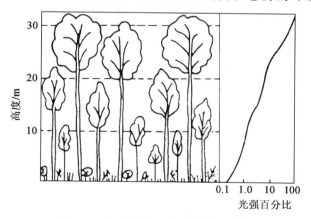

图 2.6 森林群落的垂直结构示意图

(资料来源:Smith,1934)

例如冻原地区的地衣群落只有一个层次。地下(根系)的成层现象和层次之间的关系和地上部分是相应的。一般在森林群落中,草本植物的根系分布在土壤的最浅层,灌木及小树根系分布较深,乔木的根系则深入地下更深处。地下各层次的关系,主要围绕着水分和养分的吸收而实现。

动物的成层现象:一般在乔木层中分布着鸟类、昆虫和哺乳动物;灌木层中栖居着野兔、各种鼠类及昆虫;而草本层中则有蜘蛛、蜗牛、青蛙、鼠类及相应的昆虫;在地被层,大量无脊椎动物生活在枯枝落叶中;在地表以下由于各种植物根系入土的深度不同,根系周围土壤中则生活着大量不同的各种类型的微生物和穴居动物而呈现若干层次。

在水生生态系统中,水生生物在水面以下的不同深度形成物种的分层排列。水生生物垂直分布的原因主要取决于阳光、温度、食物和需氧量等。例如浅海中,由浅到深依次为绿藻→褐藻→红藻。鱼类在水体中也有成层分布的规律性,例如淡水鱼混养时,从浅到深依次为鲢鱼→鳙鱼→草鱼→团头鲂→鲮鱼和鲤鱼。

在农业生产中,我国早在20世纪50年代末60年代初,就在黄河流域的平原地区开展了桐粮间作的研究与利用,继而发展了桐棉间作,枣、桑、柿、杨等树木与多种农作物间作。中国科学院昆明植物研究所在地处热带的西双版纳地区开展了人工乔、灌、草多层次生物地理群落研究,成功地建立了橡胶、茶、草本植物人工复合群落,为多种形式的间混套作类型提供了理论依据。70年代以来,从东北林区到珠江三角洲,从黄淮海平原到云贵高原,从长江中下游到西部塞外,20多个省(自治区、直辖市)都在试验研究和示范推广适合各自特色的间混套作组合模式,据不完全统计,全国各地已创造出几十种类型千百个组合模式,有的已在生产中大面积推广应用。在淡水养殖上,根据鱼类分层生活习性,合理搭配鱼种及比例,同塘或同池分层放养,可以做到既充分利用水体空间和各种饲料,又可增加系统的多样性和稳定性,提高单位面积鱼塘生产力。

农业生物的垂直结构有多种形式。云正明(1985)归纳出我国农田群落的6种主要垂直结构形式。

(1)1-1型。前一个数字表示地上部层次,后一个数字表示地下部层次。1-1型是单一作物或单一苗木群落的结构层次。

(2)1-2型。这是地上部共同处于一个层次,地下部根系分别处于两个层次的群落结构。谷子与豆类间作,小麦与蚕豆间作属于此类。禾本科作物根系较浅,豆科作物根系较深。

(3)2-1型。这是地上部冠层分为两层,地下部根系为一个层次的结构。高矮植物的搭配形成的群落常有这种特点。如花生与甘蔗、小麦与甘薯的间作。

(4)2-2型。这是地上部与地下部都形成两个层次的结构。如泡桐与小麦的间作、枣子与谷子的间作、橡胶与茶树的间作。

(5)3-2型。这是地上部形成3个层次,地下部形成2个层次的结构。例如,木本林果与高矮不同的作物间作形成的结构。

(6)特殊形式的垂直结构。如稻田养鱼、稻田养萍、果园与甘蔗田种植食用菌等由作物、动物与微生物构成的垂直结构。

(四)群落的时间结构

由自然环境因素的时间节律所引起群落各物种在时间结构上相应的周期变化称为群落的时间结构(temporal structure)。随着环境条件的日、月和年的周期性变化,生物群落结构显示出相应的时间序列及不同的外貌特征。因而,常常把群落的时间结构称为时相或季相。

群落随时间而发生周期性变化是一个很普遍的自然现象。例如,温带地区四季分明,温带草原群落在一年中随春、夏、秋、冬季节变化,植物从发芽、生长、开花到枯萎,分别呈现出嫩绿、色彩灿烂、黄绿、枯黄等色泽。群落中不同物种的这种周期性变化,有利于相继利用不同时段的自然条件,使生态系统获得较大的物质生产力。

在农业生产中,通过人为的栽培、饲养技术,调节作物和畜禽的组合匹配,使其机能节律与环境因素的变化节律最大限度地吻合和协调,是生产经营者与管理者所必须了解的。调节农业生物群落时间结构的主要方式是复种、套种、轮作和轮养、套养。根据作物害虫的繁殖行为、动态发展与环境因素的变化节律,及时预测、预报并采取相应的防治措施,也是提高作物产量的重要保证。

(五)群落交错区与边缘效应

群落交错区(ecotone)是两个或多个群落或生态系统之间的过渡区域,在群落交错区中往往包含2个或多个重叠群落中的一些物种及其交错区本身所特有的物种。这是由于交错区环境条件比较复杂,能为不同类型的植物定居,从而为更多的动物提供食物、营巢和隐蔽条件。例如在森林和草原的交界地区,常有森林和草原相互镶嵌着出现的森林草原地带。

由于群落交错区生境条件的特殊性、异质性和不稳定性,使得毗邻群落的生物可能聚集在这一生境重叠的交错区域中,不但增大了交错区中物种的多样性和种群密度,而且增大了某些物种的活动强度和生产力。这种现象称为边缘效应(edge effect)。人们可以有意识地利用边缘效应,如适当增加森林和草原的交接带,以保护和增殖野生动物;发展滩涂养殖,充分利用水、陆交接处的边缘效应,生产海带、紫菜、裙带菜、石花菜和各种贝类、鱼、虾、海珍等;利用城镇与农村交接处农业生产集约化程度较高的特点,发展独具特色的城郊型农业。

边缘部分也可能产生负效应,例如农田中高秆与矮秆作物间作时,高秆作物的边缘效应明显,常增产;矮秆作物的边行常减产,出现负效应。因此在高矮间作时采用"高要窄,矮要宽"的原则,以增大正效应,减少负效应。一些有害生物的边缘效应,也给人类带来负效应,例如东亚飞蝗利用水陆边缘、河泛区的边缘效应,在旱涝灾害频繁的年份,蝗虫危害加重。

二、群落演替

(一)群落演替的概念、类型与原因

1.群落演替的概念

生态系统内的生物群落随着时间的推移,一些物种消失,另一些物种侵入,出现了生物群落及其环境向着一定方向有顺序地发展变化的过程,称为生物群落演替(community succession)。对群落演替可以从以下3个方面来理解。

(1)演替是群落发展有顺序的过程,包括物种组成结构及群落中各种过程随时间的变化。这种变化是有规律和方向性的,因而在一定程度上是可以预测的。

(2)演替既是生物与物理环境反复作用的结果,也是群落内种群之间竞争和共存的结果。物理环境决定演替类型、变化的速度和演替发展的最后限度,同时演替也受群落本身所控制(或推动),群落演替也可引起物理环境的极大变化。

(3)演替是一个漫长的过程,但演替并不是一个无休止、永恒延续的过程,当群落演替到与

环境处于平衡状态时,演替就不再进行,即以相对稳定的群落为发展顶点,称为顶极群落(climax community)。这时,群落获得的每单位有效能量可维持最大的生物量(或最大的信息量),并在生物之间保持最佳共生功能。

顶极群落在理论上应具有以下的主要特征:①系统内部和外部,生物与非生物环境之间已达平衡的稳定系统。②结构和物种组成已相对恒定。③有机物质的年生产量与群落的消耗量和输出量之和达到平衡,没有生产量的净积累,其现存量上下波动不大。④顶极群落如无外来干扰,可以自我延续地存在下去。

2.群落演替的类型

按群落演替发生的起始条件,可以把群落演替分为原生演替和次生演替。

(1)原生演替。在从未有过任何生命存在的裸地或深层水体开始的演替称为原生演替。其中,在裸露的岩石表面开始的原生演替称为旱生演替;从湖底或河底开始的原生演替称为水生演替。原生演替一般要经过漫长的发展才能成为顶极群落。

在一定地区内,群落由一种类型转变为另一种类型的整个取代顺序,称为演替系列。生物群落从演替初期到形成稳定的成熟群落,一般都要经历先锋期、过渡期和顶极期3个阶段。在先锋期出现的物种叫先锋种,在过渡期出现的物种叫过渡种或演替种,在顶极期出现的物种叫顶极种。典型的旱生原生演替和水生原生演替的演替序列见图2.7、图2.8。

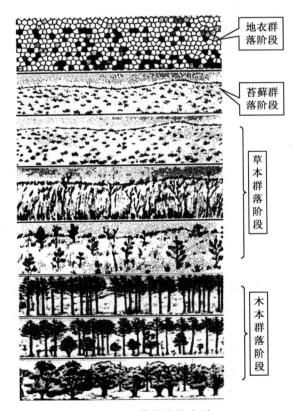

图 2.7 旱生演替序列

(资料来源:马世俊等,1965)

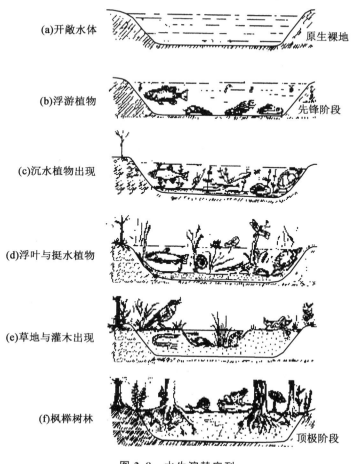

(a)开敞水体　　　　　　　　原生裸地

(b)浮游植物　　　　　　　　先锋阶段

(c)沉水植物出现

(d)浮叶与挺水植物

(e)草地与灌木出现

(f)枫榉树林　　　　　　　　顶极阶段

图 2.8　水生演替序列

　　一个群落最终能达到哪一种演替阶段(或顶极群落)是由所处的环境条件决定的。

　　(2)次生演替。在原有植被已被破坏,但保存有土壤和植物繁殖体的地方开始的演替,称为次生演替。次生演替进程较快,可在数百年甚至几十年内恢复到顶极群落。次生演替的特点是当外因停止作用时,演替常趋向于恢复到破坏前的群落类型;次生演替可以从任一阶段开始,但必须有复生条件存在,即一定的种实来源与土壤条件。一般来说群落越接近顶极,对破坏的抵抗力越强,但破坏后恢复能力越差。如热带森林植被遭到大规模破坏后,很难恢复。

　　次生演替的最初发生是外界因素的作用所引起的。外界因素除火烧、病虫害、严寒、干旱、长期淹水、冰雹打击等以外,最主要和最大规模的是人为的经济活动,如森林采伐、草原放牧和耕地撂荒等。因此,对于次生演替的研究,具有很大的实际意义,因为在我们利用和改造生物群落的过程中,所涉及的绝大部分是次生演替问题。

3. 群落演替的主要原因

　　生物群落演替的主要原因可归纳为外因演替和内因演替两种类型。由于外部环境的改变所引起的生物群落演替,叫外因演替。在生物群落里,群落成员改变着群落内部环境,而改变了的内部环境反过来又改变着群落成员。这种循环往复的进程所引起的生物群落演替,称为内因演替。同时,在一个生物群落内,由于各群落成员间的矛盾,即使群落的外部、内部环境没有显著的改变,群落仍进行着演替,也称为内因演替。内因演替与外因演替一般情况下同时存在,共同发生作用。

(二)演替过程中生物群落结构及功能变化

无论是原生演替还是次生演替,生物群落在演替过程中,其结构和功能都发生一系列的有序变化。

1.演替过程中群落的物种组成与结构变化趋势

生物群落在发展中总是趋向于其结构和组成更加复杂、多样而稳定。这首先表现为群落内部层次的分化,从先锋期矮小植物形成一层薄薄的植被,发展到顶极期以高大植物优势种及林下多层次耐阴植物共存的复杂垂直结构。群落不同层次在功能上也有一定的分工。例如,林冠上层主要是光合作用层,地面主要是分解层,而冠层之下则是作为动物活动世界的消费层。在物种选择方向上,前期为 r 选择,占优势的是一些体型小、表面积大、适应无机营养较多的环境、能快速生长并占据资源的物种;后期为 K 选择,占优势的是有较大体型和储存能力的物种。

2.演替过程中群落的营养结构变化趋势

从营养结构看,食物链从较为简单的链状结构,发展到复杂的网状结构,使群落更加稳定。在对净生产的利用上,从早期以植食食物链为主,各生物成员间联系较少,进行到后期以残屑食物链为主,动、植物之间建立了更加紧密地联合和相互适应关系,食物链结构复杂化,形成一个大而复杂的网络有机结构。

3.演替过程中群落的能量流特征变化趋势

在生态演替的初期,群落的能量输入大于耗散,因而使其以生物量和残屑的形式在系统内积累起来。由于演替前期优势植物种多体型小、寿命短,需用维持能量较少,初级生产量超过群落呼吸量,因此,群落净生产量较大。到演替后期,群落内以植物体型大、寿命长的乔木为主,用于呼吸维持的能量多。另一方面,动物和微生物的发展,使整个群落呼吸总量逐渐增加,能量流中用于呼吸维持的部分越来越大,初级生产量与群落呼吸消耗相等,群落的净生产量很小甚至等于零,但生物现存量最高(表 2.3)。

表 2.3　群落演替可能发展的趋势

群落特征	演替时期	
	初期	成熟期
生物量	小	大
总生产量/呼吸量	>1	接近 1
总生产量/现存生物量	高	低
群落净生产量(收获量)	高	低
物种多样性	少	多
有机体大小	小	大
结构多样性(多样性及空间异质性)	较差	良好

续表2.3

群落特征	演替时期	
	初期	成熟期
生态位	窄	广
生物多样性	低	高
食物链	短、捕食链为主	长、网状、腐食链为主
有机体与营养环境交换率	快	慢
矿质营养循环	开放	封闭
内共生	不发达	发达
信息	低	高
增长型	r 型	k 型
生活史	短、简单	长、复杂
稳定性	不良	良好

4.演替过程中群落的物质循环特征变化趋势

演替早期以短命植物为主,循环的有机相较弱,养分循环表现开放的特点,循环量较小,养分在生物与非生物之间交换较快。随着演替的进行,长命植物增多,大型植物所需要的养分也增多,有越来越多的养分存储于系统内部,养分循环的速度相对下降。在这种情况下,循环的有机相得以发展,养分的周转期延长,输入输出比率减少,从而使养分循环带有较强的封闭性质。由于群落发展中养分被固定、储存和再循环的数量增加,每单位生物量所需从外部投入的养分数量逐渐减少。

5.演替过程中群落的稳定性

演替过程中由于物种多样性及营养结构复杂性的增强,通过生物控制的负反馈调节、植食者的采食活动、种群密度变化和养分循环等使群落结构与功能趋向稳定,抵抗外来干扰的能力逐渐增强。不过,系统的弹性下降,即遭破坏后恢复需要较长的时间。

三、生态位

(一)生态位的概念

生态位(niche)是指生物在完成其正常生活周期时所表现出来的对环境综合适应的特征,是一个生物在物种和生态系统中的功能与地位。1917 年,Grinnel 首次提出"生态位"一词。在生物群落中,能够为某一物种所栖息的理论最大空间称为基础生态位(fundermental niche)。但是,实际上很少有一个物种能全部占据基础生态位,当有竞争者时,必须使该物种只占据基础生态位的一部分。这一实际上被占有的生态位,称为实际生态位(realized niche)。生境中参与竞争的种群越多,单个物种占有的实际生态位可能就越小。

群落的生态位是客观存在的实体,是由包括空间结构、时间结构、营养结构等在内的多个变量因子综合构成的多维超几何空间。

(二)生态位理论

1.生态位宽度

生态位宽度(niche breadth)也称生态位广度或生态位大小。简单来说,生态位宽度就是一个有机体单位所利用的各种不同资源的总和。生态位宽度越大的物种,一般与环境相适应的能力越强、竞争力越强,反之亦然。

2.生态位重叠

生态位重叠(niche overlap)是指在群落的同一生境中,某物种生态位很少与别的物种生态位完全孤立开来,生态位之间通常会发生不同程度的重叠现象。它表明在群落中,总有一部分资源和空间是被共同利用的,从而保证空间与资源被充分和高效利用。生态位重叠的程度表明物种占有生态位维度的相似性大小,一般情况下,重叠部分将发生物种间的竞争与排斥,随空间、资源竞争的加剧,重叠生态位减小。

3.生态位竞争排斥

在自然界常常见到对环境要求很相似的两个物种大多不能长期共存,因食物或生活资源而竞争迟早会导致竞争力弱的物种部分灭亡或被取代。这种现象称为竞争排斥原理。这一原理一方面说明在一个群落内,竞争是普遍存在的,生态位越相近,竞争可能越剧烈;另一方面说明在同一生境中,不存在两个生态位完全相同的物种。

4.生态位分异

由于不同物种群的生态位竞争与排斥,使得在一个稳定的群落中,没有任何两个物种是直接竞争者,不同或相似物种必然发生某种空间、时间、营养等生态位维度上的分异和分离,这种现象称为生态位分异(niche differentiation)。

(三)生态位理论在农业中的应用

生态位的理论表明:第一,在同一生境中,不存在两个生态位完全相同的物种;第二,在一个稳定的群落中,没有任何两个物种是直接竞争者,不同或相似物种必然进行某种空间、时间、营养或年龄等生态位的分异和分离;第三,群落是一个生态位分化的系统,物种的生态位之间通常会发生不同程度的重叠现象,只有生态位差异较大的物种,竞争才较缓和,物种之间趋向于相互补充,而不是直接竞争。因此,由多个物种组成的群落比单一物种的群落能更有效地利用环境资源,维持较高的生产力,并且有较高的稳定性。因此,生态位理论对农业生产具有一定的指导意义。

(1)指导农业生态系统物种结构的配置。在农业生物种间配置时,要考虑各个种群的生态位宽度、种群之间的生态位相似性、生态位重叠以及它们之间竞争性强弱的生态关系。如果是强竞争性的生态关系,那么至少要求某一维度的资源不要重叠。在一个生物群落中通过分布、形态、行为、年龄、营养、时间和空间等多方面对农业生物的物种组成进行合理的组配,提高辐射、养分、积温和水分等资源的利用率,形成有效抵御病、虫、草等生物逆境和水、旱、热等物理逆境的互利关系。例如,利用不同作物种间在形态上、生态习性上、生理特征上和时间上的差异性,通过间套复种组建合理的作物复合群体;在水域进行立体养殖;利用林果冠层下的空间种植药材和培育食用菌等,都可大大提高生态位的利用率。

(2)在植物种群改良时,应充分考虑到种群的生态特征,避免引入种与原有种之间产生较大的生态位重叠,防止种群间出现激烈竞争;建立引入种的最适生长环境,使各种群均能有效地利用资源,提高群落的初级生长力。

(3)生态位能够量化种间关系、物种与环境之间的相互关系,因此,生态位在研究生物多样性保护及濒危物种评价方面也有着较高的应用价值。

(4)在实际农业生产中人类通过高效合理利用现存生态位、开发潜在生态位、引进外部生态因子增加生态位的可利用性、定向改变基础生态位等途径,最大限度地开发组合利用各种形式的时间和空间生态位,使地面和空间的土地、空气、光能和水分等环境资源得到充分合理的利用,使经济效益、生态效益和社会效益统一起来,创造高效的生态位效能。

第三节　生物的生态适应性

生物的生态适应性是生物在生存竞争中为适合环境而形成的特定性状的一种表现,是在长期自然选择过程中形成的,是环境中各生态因子对生物综合作用的结果,最终表现为趋同和趋异的生态适应。不同种类的生物,由于长期生活在相同的环境之中,通过变异、选择和适应,在器官形态等方面出现很相似的现象。其结果使不同种的生物在形态、生理和发育上表现出很强的一致性或相似性,这种适应性变化称为趋同适应。例如在湿热带,许多不同科的木本植物具有柱状茎和板状根;具有缠绕茎的藤本植物包括了在分类学上十分不同的许多植物种;高山和北极地带的垫状植物包括亲缘关系很远的种类。而与此相对应,同种生物的不同个体群,由于分布地区的差异,为了适应所在的环境,不同个体群之间在形态、生理等方面表现出明显差别,这种适应性变化被称为趋异适应。如蓖麻在我国北方是一年生的高度草本植物,而在南方却是呈树状的多年生植物。

一、生态型

1.生态型的概念

同种生物的不同个体群,长期生存在不同的生态环境和人工培育条件下,发生趋异适应,并经自然和人工选择而分化形成的生态、形态和生理特性不同的基因型类群,称为生态型(ecotype)。生态型是分类学上种以下的分类单位。

早在20世纪的20年代,生物的生态变异和分化现象就引起了生物学家的注意。1921年,瑞典的遗传生态学家杜尔松(Turesson)认为,生态型是生物与特定生态环境相协调的基因型集群,是种内适应于不同生态条件的遗传现象。一般来说,分布区域和分布季节越广泛的生物种,其生态型越多;生态型越单一的生物种,适应性越窄。

随后,美国的Clauson和Keek等又进行了大量的生态试验,并分别从分布广泛的生物、在形态学上或生理学上的特性表现出空间差异的生物以及变异、分化与特定环境的关系3个方面完善了生态型的内容。

2.生态型的分类

生态型的划分是根据形成生态型的主导因子进行的。就植物来说,其生态型包括气候生态型、土壤生态型、生物生态型3种类型。

（1）气候生态型。气候生态型是依据植物对光周期、气温和降水等气候因子的不同适应而形成的。例如，水稻品种中的不同光温生态型以及对耐热性、抗寒性和抗旱性等不同的类型。对一般作物而言，春播秋收的作物多为高温短日生态型，秋冬播春收的作物多为耐寒长日生态型。同为春播秋收的作物品种，南方品种对于短日的要求比北方品种要严格。而春播夏收的作物品种，一般对光周期要求不严格。

（2）土壤生态型。在不同土壤水分、温度和土壤肥力等自然和栽培条件下，形成不同的生态型。例如，水稻和陆稻主要是由于土壤水分条件不同而分化形成的土壤生态型；作物的耐肥品种或耐瘠品种是与一定的土壤肥力相适应的土壤生态型。

（3）生物生态型。同种生物的不同个体群，长期生活在不同的生物条件下也会分化形成不同的生态型。例如，作物对病害、虫害具有不同抗性的品种，可看作不同的生态型。

对动物而言，同样存在生态型的分化。据郑丕留研究，在不同的生态区域，我国的黄牛分别形成了北部地区草地黄牛、中部华北农区黄牛和西南与南部亚热带及热带地区黄牛等生态型。其中，北部地区草地黄牛具有体小、适应性强、抗寒、可终年放牧，抓膘力强，肉、乳、役兼用和生产力较低的特性；中部华北农区黄牛则体大膘肥，公牛肩峰稍突，前躯发达，役、肉兼用，肉质好；西南与南部亚热带及热带地区黄牛体小灵活，能爬陡坡，公牛具有明显肩峰，终年放牧，耐粗饲，抗性强。我国猪的品种，按照地理及生态条件大致分为：华北、华中、江海、华南、西南和高原 6 个主要生态型。自北向南，猪种在形态和生态特性方面的变化趋势是：体型由大而小；鬃毛由密而疏，绒毛由多而稀或无；背腰由平直逐渐凹陷；脂肪比重逐渐增加；繁殖力以江海型、华中型较强；毛色由黑而花；大多耐粗饲，抗性强，生产力不高，特别是高原型的藏猪。

二、生活型

1. 生活型的概念

不同种生物，由于长期生存在相同的自然生态或人为培育环境条件下，发生趋同适应，并经自然选择或人工选择后形成的具有类似形态、生理和生态特性的物种类群，称为生活型（life form）。生活型着重从形态外貌上进行划分的，是种以上的分类单位。

生活型的划分具有多种方法。亲缘关系相距很远的生物种可能属于同一生活型，而亲缘关系相距很近的生物种则可能属于不同的生活型。蝙蝠和大多数鸟类一样靠飞行来捕捉空中的昆虫为生，却属于哺乳动物，但是它的前肢不同于一般的兽类，而像鸟类的翅膀。鲸、海豚、海象、海狮、海豹则是长期生活在水生环境之中，形成类似鲨鱼的身躯和鱼类胸鳍的前肢，也均属于哺乳动物（图 2.9）。

在地球上相似的环境中，同时生活着具有相似生活型的动物（表 2.4）。

另外，根据动物栖息活动地的不同，也可分为水生动物、两栖动物、陆生地面动物、陆生地下动物、飞行动物等生活型。

植物也不例外，生活于沙漠干旱区的仙人掌科植物与生活在相同环境条件下的菊科、大戟科和萝摩科植物形成了相似的外部形态（图 2.10）。

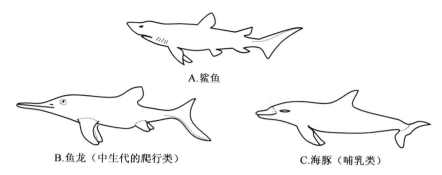

A.鲨鱼

B.鱼龙（中生代的爬行类）　　　C.海豚（哺乳类）

图 2.9　不同亲缘关系动物的趋同现象

（资料来源:河北师范大学,1975）

表 2.4　在不同地区相似生境中生活着具有相似生活方式和形态的动物

动物类型	北美洲	南美洲	亚洲	非洲	澳洲
跳跃行走的动物	长耳大野兔		沙漠跳鼠兔	跳兔	大袋鼠
穴居地上寻食的哺乳兽	长尾草原大鼠、小囊鼠	鼹、豚鼠	仓鼠	松鼠	袋熊
穴居地下寻食的哺乳兽	囊鼠	栉鼠	鼹鼠、滨鼠	金毛鼹	袋鼹
不能飞的鸟		美洲鸵鸟		鸵鸟	鹊
奔跑的食草动物	叉角羚、美洲野牛	大羊驼、南美大草原鹿	草原羚羊、野马	斑马、跳羚	
奔跑的食肉动物	丛林狼	狼	兔狲	狮猪豹	袋狼

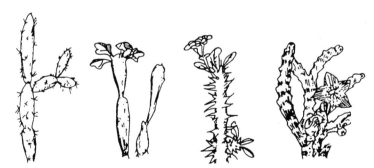

仙人掌（仙人掌科）　仙人笔（菊科）　霸王花（大戟科）　海星花（萝摩科）

图 2.10　相同环境条件下植物的趋同现象

2. 生活型的分类

对植物生活型的划分,一般是按照布朗-布朗喀（Braun-Blanguet）的分类系统把植物生活型分为以下 10 种类型(图 2.11)。

(1)浮游植物,包括大气浮游植物、水中浮游植物、冰雪浮游植物。

(2)土壤微生物,主要包括好气土壤微生物和嫌气土壤微生物。

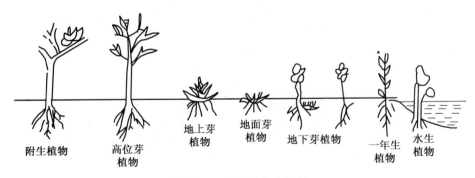

图 2.11　部分植物生活型

（3）内生植物，包括石内植物（生活在岩石里的地衣、藻类和菌类）、植物体内植物、动物体内植物（主要是体内病原性微生物）。

（4）一年生植物（therophytes），包括叶状体一年生植物（黏菌和霉菌）、苔藓一年生植物、蕨类一年生植物、一年生种子植物（包括匍匐一年生植物，攀缘一年生植物，直立一年生植物）。

（5）水生植物（hydrophytes），包括漂浮水生植物、固着水生植物（如藻类、真菌、藓类、苔类）、生根水生植物（如水生地下芽植物、水生地面芽植物和水生一年生植物）。

（6）地下芽植物（cryptophytes），包括真菌地下芽植物〔根菌（子实体在地下）、气生菌（子实体在地上）〕、寄生的地下芽植物（根寄生）、真地下芽植物（如鳞茎地下芽植物、根茎地下芽植物和根地下芽植物）。

（7）地面芽植物（hemictytophyes），包括叶状体地面芽植物〔固着的藻类（固定在地上、树皮上和石上）、壳状地衣和叶状体苔藓植物〕、生根的地面芽植物（草丛地面芽植物、莲座状地面芽植物、直茎地面芽植物和攀缘地面芽植物）。

（8）地上芽植物（chamaephytes），包括匍匐苔藓地上芽植物、地衣地上芽植物（枝状地衣）、匍匐地上芽植物、肉叶地上芽植物（肉叶植物）、垫状地上芽植物、泥炭藓型地上芽植物、禾本科地上芽植物、蔓生灌木和半灌木地上芽植物、半灌木地上芽植物。

（9）高位芽植物（phanerophytes），包括矮高位芽植物（灌木，0.25～2 m）、大高位芽植物（乔木，2 m 以上）、肉茎高位芽植物、草本高位芽植物和攀缘藤本高位芽植物。

（10）树上的附生植物（epiphytws）

在不同的气候生态区域，生活型的类别组成是不同的。例如，在潮湿的热带地区，以高位芽植物为主，乔木和灌木占大多数，附生植物也较多；在干燥炎热的沙漠地区和草原地区，以一年生植物占的比重最大；在温带和北极地区，则以地面芽植物占的比重最大。

第四节　种群和群落原理在农业生产中的应用

一、作物间套作共生系统

根据种间相互作用和群落的生态位原理，在农业生产系统中，改变单一的作物结构与群落结构,在这些作物结构的配置过程中,人们从分布、形态、行为、年龄、营养、时间和空间等方面对农业生物的物种组成进行合理的组配,充分利用种间的正相互作用(互利共生、偏利共生等),避免种群间的负相互作用,通过建立人工混交林,林粮间作和农作物间作套种等,从而合理配置林木或作物种群,改变单一种间结构,形成相对稳定的群落结构,进而形成多样化、相对稳定、产品多元化的农业生产系统,不但可以充分利用空间生态位,进而充分利用光能、水肥、空间及生长季节,而且形成了相对稳定的群落结构,提高光、热等资源的利用效率,增加了农业系统的稳定性,从而实现高产、稳产和增收,提高整个农业生态系统的生产力。

1.林粮间作共生系统

小麦和泡桐间作是河南兰考一种常见的"粮-林"型种植模式。泡桐的环境适应能力较强,是一种较好的林农间作树种,间作泡桐能改善农田小气候,林网内小气候更有利于小麦的生产。因风速的降低,乱流热通量减弱,保持了地面经常湿润和土壤水分的贮存,使丰富的热量资源合理地利用于作物的生长上。同时,林网遮阴,减弱了林带附近的直接辐射,增加了林网四周的散射辐射,从而保证了林内小麦光合作用的生理辐射,这对提高小麦产量都具有重要作用。桐粮间作能在一定程度上提高农作物品质和产量,且能增加泡桐材积,提高经济效益。据统计,在以林为主的间作类型中,如果间作作物都是小麦和玉米,其纯收入要比以农为主的类型高 139%,桐粮间作的总收入要比纯泡桐林高出 50%~100%。桐粮间作的社会效益则主要体现在缓解了木材供需矛盾、补充了农民生活能源、改善了农村经济结构、利用了农村剩余劳动力和实行集约经营等几个方面。

2.农田复种间套作系统

依据生态位原理与群落的时间结构原理建立起来的作物复种套作种植模式在我国应用极为广泛。华北平原的麦玉两熟制实现了对全年自然资源的利用,而南方稻田的油稻、麦稻、薯稻等水旱复种轮作制则解决了冬闲田资源浪费的问题。通过复种套作的应用,我国目前耕地种植指数达到了 150%,是保证粮食安全和农产品供应的重要途径。例如,华北的小麦-玉米‖大豆复合种植模式,该模式是在小麦、玉米一年两熟种植模式基础上发展起来的,是集约利用时间和空间的典型高产高效间套种模式。这种模式既考虑了种间正相互作用(大豆为富氮类作物,而小麦玉米为富碳耗氮类作物),又利用群落结构原理,从时间结构与空间结构上进行合理配置,从而集约利用时间和空间。据统计,冬小麦产量与常规种植模式相差不多,套种玉米比直播增产 10% 左右或更多,间作大豆产量每 667 m² 可达 100~200 kg,该模式每 667 m² 可增收 200~300 元。

二、作物-微生物共生体系统

作物与其生长环境中的微生物关系密切,两者形成了作物-微生物共生体系统。作物影响着其周围及体内的微生物的群落结构,这些微生物又通过其生命活动影响作物的生长发育。很多研究结果显示,根际(是指生物和物理特性受根系紧密影响的区域)与微生物群系共同构成一个极复杂的生态区系,是确保植物根系生长发育正常进行的生境场所,也是植物与外界环境进行物质与能量交换的主要场所,此处微生物多样性丰富,具有强烈的根际效应。因此,根际微生物所形成的微生物环境对植物生长起到极其重要的作用。根系分泌物对根际微生物区系中的微生物的种类和数量具有调控的作用。一方面,根系分泌物主要是通过诱导的趋化和对微生物生长及其繁殖体萌发的促进或抑制来与微生物进行相互作用。另一方面,微生物可通过改变植物代谢过程中细胞的渗透压、酶的活性以及其他成分与植物体相互作用,不同种类微生物对植物产生的根系分泌物中某些成分的专一性吸收会引起根系分泌物数量和质量的变化。Smalla 等研究了马铃薯、草莓、油菜的根际微生物群落结构,其结果分析显示不同作物的根际微生物群落结构变化存在差异,且这种差异在连作后表现得更加明显。另外,连作也引起土壤微生物群落结构的改变,Olsson 等对大麦连作和轮作土壤细菌群落的脂肪酸结构进行比较,结果表明连作土壤细菌脂肪酸的含量明显高于轮作处理,说明种植的作物种类和种植方式的改变能引起根际微生物群落结构的变化,而根际微生物群落结构的变化也会反作用于作物的生长发育。

三、种养结合

农田生物群落,也因作物的种类、栽培条件的差异,形成不同的层次结构。在配置农业生物结构时,应注意到同一生境中各种生物个体间可能存在的各种相互关系和由此产生的各种群落总效应。农业生物间的互补作用是合理群落结构的基础。互补作用可能表现在对光、温、水和肥等自然资源的利用上,也可以表现在对资金、劳力、技术和交通等社会条件的要求上。

1. 稻鱼共生系统

系统内水稻和鱼类共生,通过内部自然生态协调机制,实现系统功能的完善。系统既可使水稻丰产,又能充分利用田中的水、有害生物和虫类养殖鱼类,综合利用水稻田的一切废弃能源,提高生产效益,不用或少用高效低毒农药,以生物防治虫害为基础,生产优质鱼类和稻米。稻鱼共生可增强土壤肥力,减少化肥使用量。

2. 稻鸭共生系统

稻鸭共生系统是利用水稻和鸭子之间种间协作的关系构建起来的一种立体种养殖生态系统,它由稻田养鸭的传统技术发展而来,生物间相互制约、相互促进。因此,在生态位、株型、生育期、耐肥性、固氮能力、抗病虫等方面有差异的不同作物有可能构成合理的作物群落结构。食性不同、活动范围不同的畜禽品种,也有希望构成合理的动物群落结构。

3. 果园和农田养蜂

蜜蜂与虫媒授粉作物是典型的种间原始协作关系。在农田养殖蜜蜂不仅可获得蜂蜜、蜂王浆等经济产品,而且可促进虫媒授粉作物的授粉结实。据测定,蜜蜂每天可采蜜 10～20 次,一次飞行采花几百朵,起到良好的传粉作用。

4. 家畜(禽)的套养、轮牧

根据群落时间结构原理,对家畜(禽)进行有顺序的套养、轮牧。例如,家畜中马对草料最挑剔,其次是牛,绵羊最耐粗食,据此在同一草场合理轮牧,有利于提高牧草的利用率。

四、生物防治

1. 利用种间负相互作用关系进行生物防治

生物防治病虫害及杂草是根据种群竞争、捕食、寄生等负相互作用原理,利用一种生物种群压制另一种群,使其不能达到危害农作物的种群密度。

我国是最早人工开展生物防治的国家,早在公元前304年,就有利用捕食性昆虫——黄猄蚁来防治柑橘园害虫的记录。自20世纪50年代开始,从国外引入赤眼蜂、澳洲瓢虫等天敌昆虫进行传统生物防治;后来从美国和加拿大分别引进丽蚜小蜂和食蚜瘿蚊,分别在对温室白粉虱及菜蚜的控制上显示出良好的效果;从英国引进的胡瓜钝绥螨于2006年在新疆建设兵团应用,有效控制了蓟马、螨类的危害。近年来,我国天敌昆虫规模化扩繁技术研究已取得显著成就,国内主要天敌昆虫人工饲养开始走向规模化、商品化。目前,已能成功地规模化饲养赤眼蜂、丽蚜小蜂、七星瓢虫、小花蝽、捕食螨等捕食性或寄生性天敌昆虫。

生物防除杂草是指利用一些专食性的昆虫和细菌、真菌等对杂草的采食、寄生作用达到防除杂草的目的。例如,原产欧洲、亚洲对牲畜有毒的克拉马思草侵入美国并大面积蔓延,后来从法国引进了金丝桃叶甲、四重叶甲和金丝桃长吉丁,最后才消灭了当地有毒杂草。据报道,美国已利用食草昆虫不同程度地控制了多种严重危害农作物的杂草。在利用食用草昆虫防除杂草时,还必须选择食用性单一的昆虫,不能兼食其他植物,否则将成为新的害虫。

2. 利用作物间的化感作用进行生物防治

有些植物分泌的化感物质具有杀菌作用,当这些植物种群与另一些植物种群生长在一起时有防治病虫害的功效,如柠檬、葱、蒜就有这种杀菌作用。利用化感物质除草、杀虫的作用进行病害控制已有大量研究,如从除虫菊中提取的除虫菊酯是古老的杀虫剂之一,对昆虫有触杀和麻痹作用,至今仍在使用;从乌头植物中提取的生物碱,对昆虫具有剧烈的毒性,目前已被开发成生物农药。在今后的研究中,抗病虫害、抑制杂草的化感新品种有待开发,并且推广到实际生产中去,以减少甚至不用化学合成药剂。利用传统的杂交以及现代基因工程等技术,可以将植物的化感基因引入栽培品种中,获得具有化感特性的新品种。利用自然界生物分泌物之间的相互作用,运用生物化学、生态学技术与方法开发新型农药将会成为未来发展的新趋势。

3. 利用轮作、间混作等种植方式控制病、虫、草害

利用不同作物茬口特性的不同,减轻土壤传播的病害、寄生性或伴生性虫害、草害等,其效果甚至是农药不能达到的。间作及混作等是通过增加生物种群数目,控制病、虫、草害,例如,玉米与大豆间作造成的小环境,因透光通风好既能减轻大小叶斑病、黏虫、玉米螟的危害,又能减轻大豆蚜虫发生。

4. 通过收获和播种时间的调整可防止或减少病、虫、草害

各种病、虫、草害都有其特定的生活周期,通过调整作物种植及收获时间,打乱害虫食性时间或错开季节,可有效地减少危害。

五、生态治理与恢复

1. 对撂荒地植被演替的控制

农田撂荒后产生的自然演替结果,有时对人们是有利的,有时则是相反的。人们根据群落的演替规律,控制群落停留在演替的某一阶段,并加以培育,将成为理想的高产优质群落类型。例如:内蒙古呼伦贝尔草原开垦并撂荒三年后,牧草群落逐渐演替成为优质的根茎禾草群落,不仅使优质牧草比例由原来的50%提高到80%左右,而且产量提高了1～2倍,为保持其不再继续发展,可利用适度的放牧或打草加以控制。又如:日本在森林砍伐后又经过撂荒,很快由

一年生植物演替成为多年生芒草,这正是人们希望的打草对象,后经人工适度打草,就维持了这一阶段,如果不进行人为打草,则很快会自然演替到森林。

2.农田土壤肥力变化与作物演替的利用

农业作物群落具有以下特点:①能量上净生产量较高。②养分循环上开放,循环比例低,养分流通快。③物种结构简单,趋于单一化。④抗变稳定性较差,易受自然灾害影响等。由于这些特点,农田一年生作物群落一旦失去人类干预,就会发生演替,向灌丛或其他群落发展。因此,需用大量辅助能和外来养分的供给阻止农田的演替。建立多功能的混交群落可以弥补农田群落结构单一所带来的弊端,有可能减少辅助能的使用。

日本开垦后的土壤约70%是洪积的火山灰土壤,在开垦初期呈酸性,土壤中的大量有机质因干土效应而呈无机化,易造成土壤缺氧,所以应先安排一些耐低氧的植物如旱稻、芋头脑、裸麦等进行种植,待土壤熟化后,再种植需氧较多的玉米、大麦、三叶草、马铃薯等。1966年粟原试验站的研究表明,在开垦初期的土壤上先施用磷肥和堆肥后,马铃薯的产量最高,第二年开始降低,玉米第四年后产量最高,这与有机质大量分解为无机物有关。所以在开垦后的高产条件下,土壤熟化引起的作物演替,主要取决于作物的耐肥性。

3.仿群落演替的人工模拟群落

在环境条件恶劣的地区,应重视一些藻类和草本植物的先锋作用。待环境条件改善后,逐步引入树木以稳定和控制环境。宁夏中卫沙坡头由于流沙的长期侵袭,对包兰铁路沙坡头段的运输带来严重威胁。沙坡头沙漠研究所的科技人员,在调查研究的基础上,采用人工模拟先锋植物群落的办法,在流动沙丘上种植花棒、沙蒿、柠条,以及半灌木与灌木交叉种植等,使这些先锋植物首先在流沙上安居下来,使流沙减轻并逐渐进入成土过程,在此基础上,他们又进行了下一阶段演替的植物种植,恢复了沙坡头区的自然风貌,保证了铁路交通的畅通无阻,成为举世闻名的流沙治理典型样板。

4.建立仿自然演替群落结构的人工群落

自然顶极群落的物种之间,物种与环境之间相互协调统一,具有高效的能量和物质利用效率。人类可以模仿自然建立顶极群落。

在云南西双版纳地区,在发展橡胶树的同时,按自然生态系统的层次结构,中部配置金鸡纳、大叶茶,下部种植草本植物的砂仁、黄花菜等,形成乔灌草结构的人工混交林,不仅增加了经济效益,而且也有效地防止了水土流失,改善了环境,获得顶极群落的一些效果。广东省电白县小良镇位于广东省沿海地带,当地原来水土流失严重,草木不长,由于地表裸露,侵蚀量高达1 000 m³/km²,为了防止水土流失,首先采用了等高沟、鱼鳞坑等方法进行治理,但收效不大,后来他们改为种植纯桉树林和马尾松林,并模拟当地自然顶极群落结构,建立了乔、灌、草相结合的人工混交林,起到了良好的水土保持效果。

思 考 题

1.种群的基本特征有哪些?
2.种群密度相关理论对农业生产有哪些启示?
3.种群增长模型有哪些类型?其特点是什么?
4.种群生态对策的类型与特点是什么?

5. 生物的生态适应性中的趋同适应与趋异适应分别指什么？

6. 简述种群间的相互关系及业生产中的应用。

7. 种群和群落原理在农业上的应用有哪些？

8. 简述群落演替规律及在农业生产中的应用。

9. 生态位理论及其农业应用是什么？

参 考 文 献

[1] Odum E P，Barrett G W. Fundamentals of ecology. USA，CA：Cengage Learning，2005.

[2] 河北师范大学生物系. 生物进化论. 北京：人民教育出版社，1975.

[3] 李保平，孟玲. 外来入侵杂草传统生物防治的生态风险及其防范对策. 生物安全学报，2011，20(3)：179-185.

[4] 李博. 生态学. 北京：高等教育出版社，2000.

[5] 李光耀. 生态位理论及其应用前景综述. 安徽农学通报，2008，14(7)：43-45.

[6] 骆世明. 农业生态学. 北京：中国农业出版社，2017.

[7] 马世骏，丁岩钦，李典谟. 东亚飞蝗中长期数量预测的研究. 昆虫学报，1965，14(4)：319-338.

[8] 彭少麟，邵华. 化感作用的研究意义及发展前景. 应用生态学报，2001，12(5)：780-786.

[9] 彭文俊，王晓鸣. 生态位概念和内涵的发展及其在生态学中的定位. 应用生态学报，2016，27(1)：327-334.

[10] 谢星光，陈晏，卜元卿，等. 酚酸类物质的化感作用研究进展. 生态学报，2014，34(22)：6417-6428.

[11] 禹盛苗，朱练峰，欧阳由男，等. 稻-鸭农作系统对稻田生物种群的影响. 应用生态学报，2008，19(4)：807-812.

[12] 张帆，李姝，肖达，等. 中国设施蔬菜害虫天敌昆虫应用研究进展. 中国农业科学，2015，48(17)：3463-3476.

第三章　农业生态系统

本章提要

● **概念与术语**

农业生态系统(agroecosystem)、营养结构(trophic structure)、生产者(producer)、消费者(consumer)、分解者(decomposer)、信息流(information flow)、价值流(value flow)、生态系统服务(ecosystem service)、农田生态系统(farmland ecosystem)、草地生态系统(grassland ecosystem)、水生生态系统(aquatic ecosystem)、湿地生态系统(wetland ecosystem)、畜牧生态系统(animal husbandry ecosystem)、果园生态系统(orchard ecosystem)、经济林生态系统(economic forest ecosystem)、复合农业生态系统(compound agroecosystem)

● **基本内容**

1. 生态系统的组成、结构和功能。

2. 生态系统的类型划分。

3. 农业生态系统的组成、结构和功能。

4. 农业生态系统与自然生态系统的区别。

5. 典型农业生态系统的类型和特征。

农业生态学的研究对象是农业生态系统(agroecosystem)。农业生态系统是一种有人类参与并控制的生态系统,与自然生态系统有很明显的区别。从农业生态系统本身特点出发研究和分析农业生态问题,可以深入和全面地了解农业生产体系的特点与规律,从而合理调控以提高其对资源环境的利用效率和生产力。

第一节　农业生态系统概述

一、生态系统

(一)生态系统的概念

生态系统(ecosystem)是指生物与生物之间以及生物与其生存环境之间密切联系、相互作用,通过物质交换、能量转化和信息传递,成为占据一定空间、具有一定结构、执行一定功能的动态平衡整体,或者说是由生物群落与非生物环境相互依存所组成的一个生态学功能单位。简而言之,在一定空间内的全部生物与非生物环境相互作用形成的统一体,称为生态系统。

(二)生态系统的组成

生态系统种类多样,其组成成分也很繁杂,但根据这些组分的性质可以分为两类,即生物组分和非生物组分(图 3.1)。

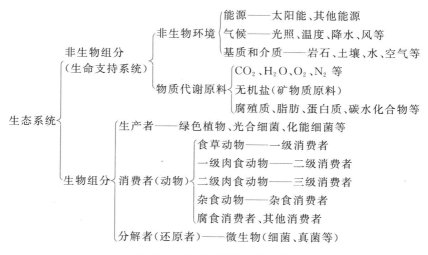

图 3.1 生态系统的一般组成

1. 生态系统的非生物组分

生态系统的非生物组分是生命的支持系统,主要包括非生物环境和物质代谢原料。

生态系统的非生物组分又可称为无机环境。环境(environment)是生物个体或群体周围一切要素的总和,包括生物生存的空间以及维持其生命活动所必需的物质与能量。无机环境包括作为系统能量来源的太阳辐射能和其他能源;光照、温度、降水和风等气候因子;岩石、土壤、水分、空气和各种营养元素作为基质和介质的物理、化学环境条件。

(1)太阳辐射(solar radiation)。是指来自太阳的直射辐射和散射辐射,是农业生态系统的主要能源。太阳辐射能通过自养生物的光合作用转化为有机物中的化学潜能,同时太阳辐射也为生态系统中的生物提供生存所需的温热条件。

光的生态作用体现在光质、光照强度和光照时间 3 个方面,且对植物和动物意义不同。温度的生态作用则存在节律性变化,影响植物和动物的分布以及生物体内的生物化学过程。

(2)大气(atmosphere)。主要指包围地球表面的气体,是大部分生物生存的重要条件。大气成分的状态、分布和变化直接影响生物的活动与生存。同时,土体和水体中气体的含量和组成,对生物的分布、生长和繁衍也起重要作用。

(3)土壤(soil)。是岩石圈表面的疏松表层,是由固体、液体和气体组成的复杂的自然体。土壤作为一个生态系统的特殊环境组分,不仅是无机物和有机物的储藏库,而且是支持陆生植物最重要的基质和众多微生物、动物的栖息场所。土体除了土壤以外也包括生态系统中的其他固体成分,例如生物残体、排泄物、岩石和漂浮在环境空气中的固体颗粒等。

土壤是重要的生态因子之一,其生态作用体现在土壤是许多生物栖居的场所并为微生物提供食物,这些微生物不仅影响着土壤的形成,也对生长在土壤上的植物生长发育有着重要的影响;土壤是植物生长的基质和营养库;土壤是污染物转化的重要场地,土壤中含有大量微生物和小型动物,它们对污染物质都具有分解能力,当今环境污染严重,土壤在环境保护中的净化作用是很重要的。此外,土壤的化学特性如 pH、有机质和营养元素,土壤的物理特性如土壤温度、土壤水分和土壤空气也具有各自的生态作用,直接或间接影响着生态系统中的生物组分与其他环境组分。

(4)水分(moisture)。是生物生存极其重要的生态因子,是生命代谢过程的反应物质与介质,水的形态、数量和质量以及持续时间对农业生物的生长、发育以及生理生化活动具有极其重要的作用。环境中的水可能以湖泊、溪流、海洋、地下水、降水等形式存在,也会以弥漫在空气中的水蒸气和存在土壤中的土壤水形式存在。水的生态作用体现在水影响生物的生长发育、动植物数量和分布以及影响生物的分类。

物质代谢原料包括 CO_2、H_2O、O_2、N_2 和无机盐(矿物质原料)等无机物质以及腐殖质、脂肪、蛋白质和碳水化合物等有机物质。

它们共同构成生物生长、发育的能量与物质基础,又称为生命支持系统。

2.生态因子作用的一般特征

(1)生态因子作用的综合性。生态环境是由许多生态因子组合而成的综合体。组成生态环境的生态因子不是单独地发挥作用,而是相互联系、相互制约、相互配合的。某一生态因子的改变必将引起其他因子相应的变化。例如,在水生环境中,温度的变化对水中溶解氧的含量将产生巨大的影响。

(2)生态因子作用的同等重要性和不可替代性。作用于生物体的生态因子,都具有各自的特殊功能与作用。每个因子对生物的作用是同等重要,缺一不可的。

(3)生态因子作用的主导性。组成环境的生态因子都是生物所必需的,但在一定条件下,必有一两个因素起主导作用。起主导作用的因子称为主导因子。对环境来说,主导因子可使生物生长发育产生明显变化。

(4)生态因子作用的直接性和间接性。生态因子对生物的作用有的是直接的,有的是间接的。直接影响或直接参与生物体新陈代谢的生态因子为直接因子,如光、温、水、气、土壤等。不直接影响生物,而是通过影响直接因子而影响生物的生态因子为间接因子,如地形、地势、海拔高度等。

(5)生态因子作用的阶段性。在自然界,各生态因子组合随时间的推移而发生阶段性变化,并对生物种群和群落产生不同的生态效应。如小麦的春化发育。

(6)生态因子的限制性。所谓生态因子的限制性是指在诸类生态因子中,任何一个因子只要超过或接近有机体忍受程度的极限时,就可能成为生物生存和繁殖的一个限制因子,对生物起着决定性作用。最低因子定律和耐性定律很好地解释了生态因子的限制性作用。

最低因子定律(law of minimum)也称李比希定律。德国农化学家李比希认为,植物的生长取决于那些处于最少量状态的营养成分。每种植物需要一定种类和一定数量的营养物质,如果环境中缺乏其中一种,植物就会发育不良,甚至死亡。如果这种营养物质处于最少量状态,植物的生长量就最小。后来人们把这种思想称为"李比希的最低因子定律"。

耐性定律(law of tolerance)是美国生态学家谢尔福德 1913 年提出来的,一种生物的生存与繁殖,要依赖一种综合环境全部因子的存在,只要其中一种因子的量或质不足或过多,超过了该种生物的耐性限度(the limits of tolerance)或称"阈值",则该物种就不能存在,甚至灭绝。这一概念被后人称之为谢氏耐受性定律。在这一定律中,把最低和最高因子合并,把任何接近或超过耐受性下限或上限的因子都称为限制因子。可以说耐性定律是对最低因子定律的补充和完善。

在谢尔福德的基础上,1973 年,E. P. Odum 对耐受定律又做了以下 5 个方面的补充:①同一种生物对各种生态因子的耐性范围不同,对一个因子耐性范围很广,而对另一因子的耐性范围可能很窄。②不同种生物对同一生态因子的耐性范围不同。对主要生态因子耐性范围广的生物种,其分布也广。仅对个别生态因子耐性范围广的生物,可能受其他生态因子的制约,其分布不一定广。③由于生态因子的相互作用,当某个生态因子不是处在适宜状态时,则生物对其他一些生态因子的耐性范围将会缩小。④同一生物种内的不同品种,长期生活在不同的生态环境条件下,对多个生态因子会形成有差异的耐性范围,即产生生态型的分化。⑤同一生物在不同的生长发育阶段对生态因子的耐性范围不同,通常在生殖生长期对生态条件的要求最严格,繁殖的个体、种子、卵、胚胎、种苗和幼体的耐性范围一般要比非繁殖期的窄。如在光周期感应期内对光周期要求很严格,在其他发育阶段对光周期没有严格要求。任何一种生物,对自然环境中的各理化生态因子都有一定的耐性范围,通常生态学家用"广"和"狭"来表示生态因子对生物作用的相对程度(图 3.2)。耐性范围越广的生物,适应性越广。据此,可将生物大体划分为广适性生物和窄适性生物。

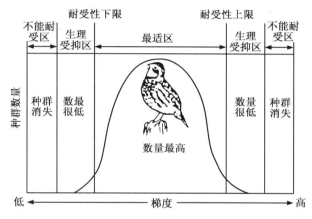

图 3.2　生物种的耐受性限度图解

生物对某生态因子耐受幅度很窄,而且在环境中又不稳定的因子,常常成为限制因子;反之,生物对某生态因子耐受幅度很宽,在环境中又很稳定的因子,一般不会成为限制因子。

3. 生态系统的生物组分

根据各生物组分在生态系统中对物质循环和能量转化所起的作用以及它们取得营养方式的不同,又将其细分为生产者(producer)、消费者(consumer)和分解者(decomposer)三大功能类群。

生态系统中的生产者、消费者、分解者和环境构成了生态系统的四大组成要素,它们之间通过能量转化和物质循环相联系,构成了一个具有复杂关系和执行一定功能的系统(图 3.3)。

(三)生态系统的结构

生态系统的结构指生态系统中组成成分在时间、空间上的分布和各组分间的能量、物质、信息流的方式与特点。具体来说,生态系统的结构包括 3 个方面,即物种结构、时空结构和营养结构。这 3 个方面是相互联系、相互渗透和不可分割的。

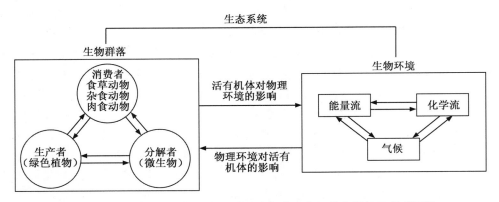

图 3.3 典型陆地生态系统中生物组分与非生物组分之间相互关系图解

1. 物种结构(species structure)

物种结构又称组分结构(components structure),是指生态系统中生物组分由哪些生物种群所组成,以及它们之间的量比关系。生物种群是构成生态系统的基本单元,不同的物种(或类群)以及它们之间不同的量比关系,构成了生态系统的基本特征。

2. 时空结构(space-time structure)

生态系统中各生物种群在空间上的配置和在时间上的分布,构成了生态系统形态结构上的特征。大多数自然生态系统的形态结构具有水平空间上的镶嵌性、垂直空间上的成层性和时间分布上的演替特征。

3. 营养结构(trophic structure)

生态系统的营养结构是指生态系统中由生产者、消费者和分解者三大功能类群以食物营养关系所组成的食物链、食物网。它是生态系统中物质循环、能量流动和信息传递的主要路径。生态系统中生物个体之间通过取食与被取食的关系所联系起来的链状结构称为生态系统的食物链(food chain)。当生物个体之间的取食和被取食对象不止一个的时候,食物链之间发生交叉,就形成了网状的营养关系,成为食物网(food web)。

(四)生态系统的功能

生态系统具有能量流动(energy flow)、物质循环(nutrient cycle)和信息传递(information transfer)三大功能。

能量流动和物质循环是生态系统的基本功能。能量是生命活动的动力,生态系统的能量来自辐射,能量沿着生产者→消费者→分解者单向流动,是驱动一切生命活动的齿轮。物质是生命活动的基础。生态系统中的物质,主要是指生物为维持生命所需的各种营养元素,它们沿着食物链在不同营养级生物之间传递,最终归还环境,并可被多次重复吸收利用,构成物质循环。

信息传递在能量流动和物质循环中起调节作用。生物与环境产生的物理信息(声、光、色、电等)、化学信息(酶、维生素、生长素、抗生素等)、营养信息(食物和养分)和行为信息(生物的行为、动作)在生物之间、生物与环境之间传递。能量和信息依附于一定的物质形态,把生态系统的各组分联系成为一个整体,推动或调节物质运动,三者不可分割,成为生态系统的核心。

生态系统的结构与功能是相辅相成的,结构是功能的基础,功能的强弱又是检验系统结构合理性的尺度。只有建立合理的生态系统结构,才能充分发挥生态系统的整体功能。

(五)生态系统的主要类型

地球上全部生物及其生活区域称为生物圈(biosphere),包含了边界大小不同、种类各式各样的生态系统。

根据环境特性划分的生态系统有海洋生态系统(marine ecosystem)、森林生态系统(forest ecosystem)、草原生态系统(steppe ecosystem)和淡水生态系统(freshwater ecosystem)。

根据人类干预程度划分的生态系统有自然生态系统(natural ecosystem)、人工生态系统(artificial ecosystem)和半自然生态系统(semi-natural ecosystem)。半自然生态系统的典型代表是农业生态系统(agroecosystem)。它有明显的边界,有大量人工辅助能的投入,属于开放性系统,并具有较高的净生产力。

二、农业生态系统

农业生态系统(agroecosystem)是指在人类的积极参与下,利用农业生物和非生物环境之间以及农业生物种群之间的相互关系,通过合理的生态结构和高效的生态机能,进行能量转化和物质循环,并按人类社会需要进行物质生产的综合体。农业生态系统是以农业生物为主要组分、受人类调控、以农业生产为主要目标的生态系统。作为一种被驯化了的生态系统,农业生态系统不仅受自然的制约,还受人类活动的影响;不仅受自然生态规律的支配,还受社会经济规律的支配。即农业生态系统是人类通过社会资源对自然资源进行利用和加工而形成的生态系统,农业发展策略与技术措施对农业生态系统有强烈和深远的影响。

(一)农业生态系统的组成与结构

1.农业生态系统的组成

农业生态系统基本组成包括生物和非生物环境两大部分。其生物是以人类驯化的农业生物为主,环境还包括了人工改造的环境部分。

(1)生物组分。农业生态系统的生物组分包括以绿色植物为主的生产者、以动物为主的消费者和以微生物为主的分解者。然而,农业生态系统中占据主要地位的生物是经过人工驯化的农业生物(包括各种大田作物、果树、蔬菜、家畜、家禽、养殖水产类、林木等),以及与这些农业生物关系密切的生物类群(包括农田杂草、病、虫等有害生物和对农业生物有益的天敌、生物防治菌、根瘤菌等),更重要的是增加了人类这一重要的系统调控者和主体消费者。由于人类有目的地选择和控制,农业生态系统中其他生物种类和数量一般较少,其生物多样性往往低于同地区的自然生态系统。农业生态系统的生物种类和数量受自然条件和社会条件的双重影响。生物种类和数量不但因为农业生物种群结构调整、品种更换而改变,而且还会因农药与兽药的施用等农业措施而变化。遗传育种和新品种引入会改变生态系统中的生物基因构成。

(2)环境组分。农业生态系统的环境组分包括自然环境组分和人工环境组分两部分(图3.4)。

自然环境组分和生态系统环境组分一样,也是从自然生态系统继承下来的,但受到人类不同程度的调控和影响。太阳辐射能是作物生长所需能量的最主要来源,也是农业生态系统能量的主要来源,是不可缺少的重要环境因子之一。另外,一切地球表面的地质地理因素和过程,都影响和制约着农业生态系统的质量和效率,是农业生态系统的重要环境条件。

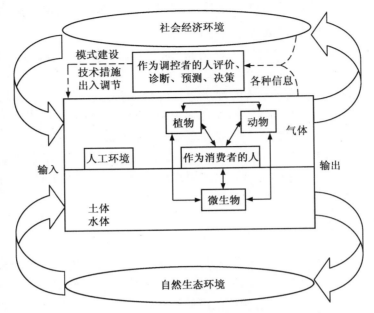

图 3.4　农业生态系统组成示意图

　　农业生态系统的人工环境组分包括生产、加工、储藏设备和生活设施,例如温室、禽舍、水库、渠道、防护林带、加工厂、仓库和住房等。农业生态系统的环境可以通过建水库、筑堤围、修排灌系统、开梯田、建防护林体系、挖塘抬田、平整土地、建房舍、造温室等环境改造工程而发生变化。这类环境工程成为农业生态系统独特的组分结构。有时人工环境组分在研究中时常部分或全部被划在农业生态系统的边界之外,归于社会系统范畴。

　　2. 农业生态系统的基本结构

　　农业生态系统的基本结构可以从组分结构、时空结构和营养结构来理解。

　　(1)农业生态系统的组分结构。农业生态系统的组分按行业可划分为农业、林业、畜牧业、渔业和农产品加工业,每个行业组分都是由特定的生物组分及与其密切相关的环境组分(包括自然环境与人工环境)构成的综合体。农业生态系统的组分结构(components structure)指农、林、牧、渔、加工各行业之间的量比关系,以及各行业内部的物种组成及量比关系。对农业生态系统组分结构的定量描述,常采用各行业用地面积占总土地面积的比例,或各行业产值占总产值的比例,以及各行业产出的生物能量占系统生物能总产出量的比例,或各行业蛋白质生产量占系统蛋白质生产总量的比例来表示。

　　在农业生态系统的生物结构中,可形成种植业、畜牧业、渔业的单一结构,也可将农、林、牧、副、渔各行业联系起来,合理布局,充分利用资源,形成多种多样的农业生态系统复合结构。理想的物种结构(组分结构)应能最大限度地适应和利用自然资源和社会资源,在同等物质和能量输入的情况下,借助结构内部的协调达到最高的生产效率和最佳的经济效益。

　　(2)农业生态系统的时空结构。农业生态系统的时间结构(temporal structure)指农业生物类群在时间上的分布与发展演替。随着地球自转和公转,环境因子呈现昼夜和季节变化,农业生态系统中农业生物经过长期适应和人工选择,表现出明显的时相差异和季节适应性。如农业生物类群有不同的生长发育阶段、生育类型和季节分布类型,适应不同季节的作物按人类需求可以实行复种、套作或轮作,占据不同的生长季节。

农业生态系统的空间结构(space structure)常分为水平结构与垂直结构。农业生态系统的水平结构(horizontal structure)指一定区域内,各种农业生物类群在水平空间上的组合与分布,亦即由农田、人工草地、人工林、池塘等类型的景观单元所组成的农业景观结构。在水平方向上,常因地理原因而形成环境因子的纬向梯度或经向梯度,如温度的纬向梯度、湿度的经向梯度,农业生物会因为自然和社会条件在水平方向的差异而形成带状分布、同心圆式分布或块状镶嵌分布。例如,湖北省洪湖市针对洪湖的自然特点,制定了全市以洪湖为中心的同心圆式8个带(层次)的生态经济发展规划(表3.1)。

表 3.1 湖北省洪湖市低湖区水土资源的带状分布和农业生产的水平结构

圈 层	发 展 方 向
1.湖心资源补偿增殖圈	生态保护
2.深水养殖圈	深水网箱养殖
3.湖岸水生经济作物圈	发展莲藕、芡实、菱等特色水生作物
4.滩林草畜禽共生圈	综合农作系统(因地制宜发展林、草、畜、禽等)
5.子湖立体养殖圈	特种水产基地
6.潜育地稻鱼共生圈	稻鱼共生
7.基本农田深度开发圈	发展优质粮食和其他农产品,发展加工业
8.庭院综合经济圈	发展庭院经济

农业生态系统的垂直结构(vertical structure)又称为立体结构,指农业生物类群在同一土地单元内,垂直空间上的组合与分布。在垂直方向上,环境因子因地理高程、水体深度、土壤深度和生物群落高度而产生相应的垂直梯度,如温度的高度梯度、光照的水深梯度。农业生物也因适应环境的垂直变化而形成各类层带立体结构。即在一定面积土地(或水域、区域)上,根据自然资源的特点和不同农业生物的特征、特性,在垂直方向上建立由多物种共存、多层次配置、多级物质循环利用的立体种植、养殖等的生态系统。

农业生态系统的垂直结构的设计是运用生态学原理,将各种不同的生物种群组成合理的复合生产系统,以达到最充分、最合理地利用环境资源的目的。组建农田生态系统的垂直结构需考虑地上部和地下部结构。地上结构指群体茎、枝、叶的分布特点,合理分布使群体的空间结构能最大限度地利用光、热、水、气、营养等资源,并有效地保护土壤少受或不受侵蚀,提高对不良环境因子的抗性。地下结构指种群根系在土壤中的分布特点,合理搭配使群体能最大限度、均衡地利用不同层次的土壤水分和养分,充分发挥种间互利关系,实现用养结合。农业生态系统的垂直结构有立体种植模式、立体养殖模式和立体种养模式,这些优化的农业生态系统形成了我国独具特色的立体农业模式。

(3)农业生态系统的营养结构。农业生态系统的营养结构受到人类的控制。农业生态系统不但具有与自然生态系统类同的输入、输出途径,如通过降雨、固氮的输入,通过地表径流和下渗的输出,而且有人类有意识增加的输入,如灌溉水,化学肥料,畜禽和鱼虾的配合饲料;也有人类强化了的输出,如各类农林牧渔的产品输出。有时,人类为了扩大农业生态系统的生产力和经济效益,常采用食物链"加环"来改造营养结构;为了防止有害物质沿食物链富集而危害人类的健康与生存,而采用食物链"解列"法中断食物链与人类的连接从而减少对人类健康的危害。

3.建立合理的农业生态系统结构

合理的农业生态系统结构的标志:

(1)资源优势得到充分发挥并保持永续利用。系统中生物群体与环境资源组合之间相互适应,能充分发挥当地资源优势,尽可能多地把环境资源的潜在生产力转化为现实的生产量,并保持资源的永续利用。由于各地的地理位置不同,形成独特的气候条件、土壤类型和生物种类,这些都是自然资源。人类只有在尊重自然规律的前提下,合理配置农、林、牧、渔等生物种群,使它们协调生长,依照人类生活所需的目标,进行能量转化、物质循环,才能生产尽可能多的产品。根据自然资源特点,从最佳结构、土地资源利用、耕作制度等方面促进生态目标与经济目标的统一。

(2)系统保持生态平衡。生态平衡就是在一定时间、空间内,生态系统各部分的结构和功能处于相互适应的动态平衡中,表现为结构平衡、功能平衡、输入与输出平衡。农业生态系统的生态平衡,表现为农、林、牧、副、渔各行业在充分、合理利用自然资源上与定位和定量协调配合上,做到水分供需平衡,有机物生产与分解回归土壤的平衡,土壤侵蚀与沉积的平衡,能量充分利用与转化的平衡。

(3)系统具有多样性与稳定性。多样性是指农业生态系统组成成分多少、生物种群结构的繁简、食物链长短、食物网的复杂程度、能量转化和物质循环的层次多少等。稳定性是指生物种群在遇到生态环境大幅度变化时,由于生物种群的负反馈作用,经一段时间后,恢复原状的能力。要求系统中各种生物群体之间能科学衔接、紧密配合,实行多样种植和多种经营,使能量和物质在转化循环中得到多级利用与充分利用,从而实现高光能固定率和高生物能利用率,最终获得最高的系统产量和优质多样的产品。

总之,合理的农业生态系统结构应最终获得最高的系统产量和优质多样的产品,获得较高的经济效益、较好的社会效益和良好的生态效益,有利于农业生产的可持续发展。

(二)农业生态系统的基本功能

农业生态系统通过由生物和环境构成的有序结构,可以把环境中的能量、物质、信息和价值资源,转变成人类需要的产品。农业生态系统具有能量转换功能、物质转化功能、信息转换功能和价值转换功能,在这种转换之中形成相应的物质流、能量流、信息流和价值流。

1.物质流

农业生态系统物质循环是物质流的基本形式,其中物质不但有天然元素和化合物,而且有大量人工合成的化合物。即使是天然元素和天然化合物,由于受人为过程影响,其集中和浓缩程度也与自然状态有很大差异。

农业生态系统中的物质流特征符合一般的生态系统物质流的主要特点,其基本作用形式是物质由简单的无机态通过生物活动转变为复杂的有机态,经过多层次的代谢和利用之后,再转变为简单的有机态的再生过程。但是农业生态系统的物质流又有自身的明显特点,这是由其本身的社会作用和经济作用所决定的,即农业生态系统是一个人类驯化的生态系统,物质流在该系统中往复再生的比例很低,大量的生物合成和固定的物质由于人类和社会的需要被转移到系统之外,因此,是一个需要及时和大量回补物质的特殊生态系统。

2.能量流

与自然生态系统相似,农业生态系统利用太阳能,通过植物、草食动物和肉食动物在生物之间传递,形成能量流动。由于农业生态系统的特殊定位和核心功能是提高生物的生产力,因此为了促进其生产力快速形成和提高自然资源利用率,通常还利用煤炭、石油、天然气、风力、水力、人力和畜力为动力形成以农机生产、农药生产、化肥生产、田间排灌、栽培操作、加工运输等形式出现的辅助能量流动。

3.价值流

(1)农业生态系统价值流的含义。农业生态系统的价值流是指农业生态系统在人类主观意识调控下,将投入的人工成本通过物质循环、能量流动以及信息传递实现价值量转移及增值,这些价值产物要么以产品形式在价值链中流转,要么以价值形式来体现物质存量和能量存量的效用。

(2)农业生态系统价值体现的种类。价值可在农业生态系统中转换成不同的形式,并且可以在不同的组分间转移。根据国际上农业生态系统价值流种类的普遍分类方式,农业生态系统的价值体现形式可分为直接使用价值、间接使用价值和非使用价值。此外,也可以将农业生态系统价值体现形式按照其不同服务职能范畴划分为生态价值、经济价值和社会价值。由于农业的非生产功能具有明显的外部性和公共品属性,其非生产功能价值并未纳入农业的收益之中,因而给评价农业的社会价值和经济价值带来很大偏差,尤其是近年来随着社会的发展和城镇化加快,农用地的征用日益频繁,在制定相应的补偿标准时,更多地考虑了农业的生产功能,导致补偿标准过低。因此,从社会认识和经济发展的层面出发,核算农业的非生产功能产生的经济价值十分重要。

(3)农业生态系统价值流的传递过程。农业生态系统价值流的传递,主要包括 3 个过程:①准备过程。包括劳动力的更新,即由生活消费恢复劳动者(主要指人和畜力)的精力体力及后备劳力的培养;物化劳动的准备,即购买必要的生产资料(作物种子、林果种苗、种畜种禽等);原材料储备以及信息准备,即通过国家政策的理解和市场预测,制订具体计划等。②物化或凝结。本过程具体在生产过程中进行,劳动者运用一定的技术手段和劳动技巧消费物化劳动和活劳动,并把劳动时间物化在产品中,或将"能值"凝结在产品中。③实现过程。产品经过包装、贮藏、运输进入交换领域或系统内最终消费领域,到达价值流的终点。如果产品未被系统内最终消费领域使用,价值不能实现,则价值流阻断或终止。

4.信息流

(1)农业生态系统信息流的概念。各种信息在农业生态系统的组分之间和组分内部的交换和流动称之为农业生态系统的信息流。信息流是农业生态系统的基本功能之一,也是农业生态系统调控的基础。除了自然信息流的传递外,农业生态系统具有社会信息传递的特殊功能,其共享性、可处理性、社会性、媒介性、可转化性等使它的传递成为可能,并且通过传递而实现了社会信息的价值。

(2)农业生态系统信息流的种类。农业生态系统中信息储存量大,种类多而复杂,通常可以归纳为以下 5 类:物理信息(physical information)、化学信息(chemical information)、行为信息(behavioral information)、营养信息(nutritional information)和社会信息。这5类又可分为2大类,即自然信息和社会信息,其中物理信息、化学信息、行为信息和营养信息为自然信息,这些信息在传递的过程中伴随着一定的物质和能量的消耗。

5.农业生态系统生态服务功能

生态服务是指生态系统和生态过程所形成及所维持的人类赖以生存的自然效用。生态服务不仅为人类提供食物、医药和其他生产生活原料,还创造与维持了地球的生命支持系统,形成了人类生存所必需的环境条件,同时还为人类生活提供了休闲、娱乐和美学享受。农业生态系统除了直接的生产功能以外,同时具有普通生态系统的生态服务功能,并且随着人类生态环境保护意识的增强,农业生态系统生态服务功能重要性日益提高。

依据最新的生态系统评估可以把生态服务划分为供给(provision)、调节(regulating)、文化(cultural)、支持(supporting)4大类20多个指标。其中生态供给服务包含供给食物、木材、纤维、遗传资源、生物化学物质、天然药材和药物、淡水等;调节服务包含调节空气质量、气候、水源、控制水土流失、净化水源、废物处理、控制疾病及病虫害、授粉、控制自然灾害指标等;文化服务包含精神和宗教价值、审美价值、休闲和生态旅游等;支持服务则包含光合作用、养分循环、土壤形成、初级生产、水循环等。中国学者谢高地等(2008)将农业生态系统的生态服务划分为食物生产、原材料生产、景观愉悦、气候调节、气体调节、水源涵养、土壤形成与保持、废物处理、生物多样性维持9大类型,并描述了各大类型的服务过程概况。

(三)农业生态系统与自然生态系统的比较

1.农业生态系统结构与功能的特殊性

农业生态系统通常被理解为农区以种植业为中心的人类控制的生态系统。农业生态系统由于人类的强烈参与,其结构、功能、生产力等方面已发生了显著变化。农业生态系统有别于自然生态系统,二者在结构与功能上存在差别。

(1)农业生态系统生物构成不同于自然生态系统。自然生态系统的生物种类构成是在特定环境条件下,经过生物种群之间、生物与环境之间的长期相互适应形成的自然生物群落,具有特定环境下的生态优势种群和丰富的物种多样性。农业生态系统中最重要的生物种类是经过人工驯化培育的农业生物以及与之有关的生物。人类为了自身生存的需要,有意识、有目的地控制对人类无利用价值和对农业生物有害的生物,以便减少有害或无用生物对环境资源的竞争与消耗,使农业生态系统生物种类急剧减少,物种多样性降低。同时,人类自身数量的急剧增加,成为农业生态系统中最主要的消费成员。此外,农业生物种群与群落结构通常实行人工配置,农业生物个体生长和种群增长受人类的调控,个体生长速率加快,寿命缩短,种群密度增大,繁殖系数提高,同化资源的能力显著加强,有别于自然生物种群和群落结构。

(2)农业生态系统的环境条件不同于自然生态系统。人类在驯化改良自然生物成为农业生物的同时,也在对自然生态环境进行调控和改造,以便为农业生物生长发育创造更为稳定和适宜的环境条件,使环境资源更加高效地转化为人类所需的各种农副产品。例如,人类通过平整农田、施用肥料、修建水库、灌溉排水、饲料加工、建造畜舍和禽舍、病虫草害防治等措施,调节农业生物生长发育的光、热、水、气、营养、有害生物等环境条件,使农业生态环境显著不同于自然生态环境(图3.5)。

(3)农业生态系统结构与功能不同于自然生态系统。农业生态系统是在自然生态系统

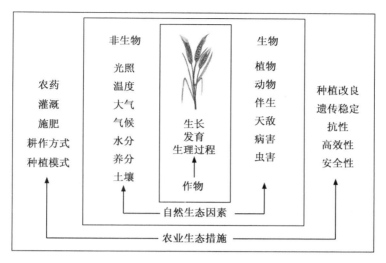

图 3.5　农业生态系统的环境条件

基础上的一种继承,从系统的结构组成上,既包含了自然生态系统的组分,同时也包含了社会经济因素的成分。农业生态系统的生产是物质生产的生物学过程和人类农业劳动过程的集合体。生物学过程是生物与环境之间进行物质和能量交换而完成生长发育的生态过程。人类农业劳动过程包括人类处理人与自然之间的物质能量交换过程(即技术过程)以及通过生产关系、劳动、分配等形成的人与人之间的经济过程。农业生产中的生态过程、技术过程与经济过程构成了 3 个系统,即农业生产的生物系统、农业技术系统和农业经济系统(图 3.6)。

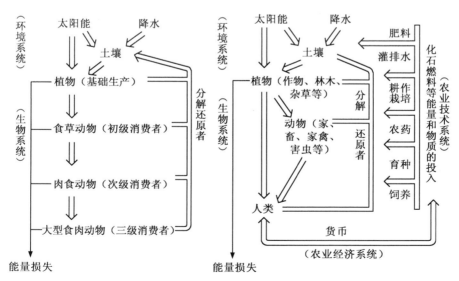

图 3.6　农业生态系统与自然生态系统结构的比较

(资料来源:沈亨理等,1996)

农业生态系统中的生物系统是研究的主体;农业技术系统经常只作为调控因素;农业经济系统既作为调控因素,其中的经济效益又是农业生态系统的重要目标。此外,农业生态系统在自然生态系统能量流动、物质循环、信息传递三大功能基础上,添加了人类社会劳动过程中的价值转换功能,具有四大功能。农业生态系统与自然生态系统在结构、功能上的主要区别列于表 3.2。

表 3.2　农业生态系统与自然生态系统在结构与功能上的比较

特征	农业生态系统	自然生态系统	特征	农业生态系统	自然生态系统
净生产力	高	中等	人为调控	明显需要	不需要
营养变化	简单	复杂	时间	短	长
物种多样性	少	多	生境不均匀性	简单	复杂
矿物质循环	开放式	封闭式	物候	同时发生	季节性发生
熵	低	高	成熟程度	未成熟的	成熟的

2. 农业生态系统的人工干预与开放性

(1)农业生态系统的稳定机制不同于自然生态系统。自然生态系统物种多样性十分丰富,生物之间、生物与环境之间相互联系、相互制约,建立了复杂的食物链与食物网,形成了自然的自我调节稳定机制,保证自然生态系统相对稳定发展。农业生态系统的生物种类减少,食物链结构变短,农业生物对最佳环境条件依赖性不断增加,抗逆能力减弱,自然调节稳定机制被削弱,系统的自我稳定性下降,因此,农业生态系统中需要人为地合理调节与控制才能维持其结构与功能的相对稳定性。例如,通过适当的人力、物力、资金等辅助能量的投入,实行"能量补给",降低农业生物原来用于抗御逆境的自我维持活动的能量消耗,增加系统的稳定性,实现高产稳产。

(2)农业生态系统的生产力特点不同于自然生态系统。农业生态系统中的生物类群多数是按照人类的目的(如高产、优质、高抗等)驯化培育而来的,物质循环与能量转化能力得到进一步的加强和扩展,呼吸消耗降低,因而农业生态系统比同一地区的自然生态系统具有较高的生产力和较高的光能利用率。例如,热带雨林的初级生产力约 $7.5 \ t/hm^2$,而一年两季的水稻谷物产量可达 $15 \ t/hm^2$,干物质生产可达 $30 \ t/hm^2$。全球绿色植物的光能利用率平均为 0.1%,而农作物平均为 0.4%,高产的草地为 $2.2\% \sim 3.0\%$,高产的农田为 $1.2\% \sim 1.5\%$。

除了强调农业生物自身的同化效率和积累能力所形成的自然生产力,农业生态系统更注重农业生物的经济生产力,即各种农业生物提供经济产量的能力。经济产量是人类干预生态系统的目标,表现为可以被人类利用的产品数量及其价值量的大小。经济生产力最终表现为纯收入的多少。这是自然生态系统所不具有的生产力特点。

(3)农业生态系统的开放程度高于自然生态系统。自然生态系统的生产是一种自给自足的生产,生产者所生产的有机物质,几乎全部保留在系统之内,许多营养元素基本上可以在系统内部循环和平衡。而农业生态系统的生产除了满足日益增长的人类生活需求以外,还要满足市场与工业等行业发展所必需的商品和原料。这样就有大量的农、林、牧、副、渔产品离开系统,留下少部分残渣等副产品参与系统内再循环。为了维持系统的再生产过程,除了太阳能以外,还要大量向系统输入化肥、农药、机械、电力、灌水等物质和能量。此外,除了人类有意识地输入和输出外,无意识地输入和输出也会增加,如农药、化肥的施用带来的环境污染以及开垦坡地造成的水土流失等。农业生态系统的这种"大进大出"现象,表明了农业生态系统的开放程度远远超过自然生态系统。

在自然生态系统中,初级生产者转化固定的能量只有 5％～10％ 为草食者采食利用而进入草牧食物链,约 90％以上的能量就地留下,储存于活的生物体内或有机残屑中,可供系统自我维持之用。在以生产农产品及其他生产、生活资料为目的的农田生态系统中,输出到系统外的能量占系统总产能的比例可以达到 80％～90％,留下可用于系统自我维持的能量已很少。人们为了进行持续的农业生产,以大量投入人工辅助能特别是从系统外输入工业能的方式,来弥补系统自我维持能量的不足。人工辅助能的投入,是农业生态系统与自然生态系统最重要的区别。

农业生态系统是为了获取农产品而人工建立起来的生态系统。有以下不同于自然生态系统的养分循环特点:①农业生态系统有较高的养分输出率与输入率。②农业生态系统内部养分的库存量较低,但流量大,周转快。③农业生态系统的养分保持能力较弱,流失率较高。④农业生态系统养分供求同步机制较弱。

3.农业生态系统的多重适应性

(1)农业生态系统服从的规律不同于自然生态系统。农业生态系统的生产既是自然再生产过程,也是社会再生产过程。所以,农业生态系统的存在与发展应同时受到自然规律和社会经济规律的支配。例如,在确定优势生物种群组成时,一方面要根据生物的生态适应性原理,做到"适者生存";另一方面还要根据市场需求规律和经济效益规律,分析该生物种的市场前景和经济规模。同时,由于社会经济技术条件区域差异性的影响,同一自然生态类型区常形成不同发展水平的农业生态类型。例如,我国东、中、西部地区农业生态系统的差异,一方面是由自然环境因素不同造成的,而更重要的是由长期以来农业技术经济水平上的差异形成的。

(2)农业生态系统运行的"目标"不同于自然生态系统。生态系统演变的最终状态若称为系统运行"目标"的话,自然生态系统运行的"目标"是自然资源的最大限度生物利用,并使生物现存量达到最大。而农业生态系统的"目标"是使农业生产在有限自然与社会条件制约下,最大限度地满足人类的生存和持续发展的需要。

第二节　典型农业生态系统简介

农业生态系统种类繁多,根据生物类型、环境特点及功能等可划分为农田生态系统、草地生态系统、果园和经济林生态系统、畜牧生态系统、水生生态系统和复合农业生态系统等类型。

一、农田生态系统

农田生态系统(farmland ecosystem)是人类为了满足生存需要,积极干预自然,依靠土地资源,利用农田生物与非生物环境之间以及农田生物种群之间的关系来进行人类所需食物和其他农产品生产的半自然生态系统,其最重要的生产功能是提供足够的农产品以满足人类的需要,是人类最基本物质能量的主要来源,提供着全世界66%的粮食供给。

农田生态系统是由农田生物部分和非生物部分以及人类的生产、经济活动组成的复杂的统一体。非生物部分以环境为核心,包括光、热、水、气、土壤等,是生态系统物质和能量的基础。生物部分包括植物(农作物)、动物、微生物,是生态系统中进行物质循环和能量传输的主体部分。人类活动使生态系统具备和谐的结构以及高效而又经济的物质、能量传输和转换的功能,使自然资源得到充分合理的利用,从而使生态系统的经济效益和生态效益得以提高,为人类提供更多优质生物产品。农田生态系统既受控于所在地区的自然环境条件,同时也随人类文明进步和科学技术发展而不断变化。自然条件和人为活动影响的叠加,产生了多种多样的农田生态系统。

中国耕地面积约 1.34×10^8 hm²,约占全国陆地面积的14%。按地形和地貌可分为平原型农田生态系统,如黄淮海平原、东北平原、长江中下游平原、珠江三角洲农田生态系统等;高原农田生态系统,如黄土高原农田生态系统;丘陵型农田生态系统,如南方红黄壤丘陵农田生态系统;高山农田生态系统和荒漠地区等。

按照水资源条件,则可将我国农田生态系统大致划分为三大类型,即稻田生态系统、旱作农田生态系统和灌溉农田生态系统。

1. 稻田生态系统

我国水稻田面积达 3.166×10^7 hm² 以上,占全国耕地面积的23.8%,其分布遍及全国,南起海南省三亚市,北至黑龙江省漠河市;东自台湾,西达新疆;低自东南沿海的潮田,高至海拔2 700 m以上的西南高原。在暖温带及其以北的水稻田占全国水稻田的10%,属于北方稻区,主要分布于河谷平原地区;北亚热带水稻占全国的54%,主要分布在长江各大小支流河谷平原,集中在太湖、洞庭湖、鄱阳湖及川西平原;中亚热带及其以南的水稻占全国的36%,包括华中、华南和西南,分布形式多样,在珠江三角洲、汉江三角洲和台湾西部平原分布比较集中,在丘陵、山区和山间盆地比较分散。从全国范围来看,我国水稻田90%集中分布于秦岭-淮河以南,且以东南部最为密集。

2. 旱作农田生态系统

旱作农业是指在降水量偏少、有水分胁迫而无充分灌溉条件的半干旱和半湿润偏旱地区,主要依靠天然降水从事农业生产的雨养农业。旱作农田生态系统带有浓厚的"顺应天时"的色彩,强烈地受制于自然降水条件。旱作农田生态系统的生产潜力,很大程度上是由自然降水的丰缺及其时空分布状况决定的。风调雨顺的年份,旱作农田生产水平较高;干旱年份或降水季节分配失衡而导致作物水分供求错位的年份,旱作农田生产受损减产甚至绝收。因此,旱作农田生态系统是一种典型的粗放经营、功能脆弱、可持续发展基础薄弱的农田生态系统。

我国旱作农田面积达 6.714×10^7 hm² 以上,占耕地总面积的 50.1%,其中,北方地区以山西、内蒙古、辽宁、吉林、黑龙江、陕西、甘肃、宁夏、青海、河南为主要旱作农业区,旱作农田比重为 $50\% \sim 90\%$;南方地区以云南、贵州、四川、重庆、安徽为主要旱作农业区,旱作农田比重在 50% 以上。综合考虑各地区的自然状况、社会经济发展条件、农业区域特征等因素,将全国分为西北、华北、东北、西南四大旱作区。

3. 灌溉农田生态系统

一般意义上的灌溉农田系统指具有灌溉条件的旱地农田,介于水(稻)田生态系统和旱作农田生态系统之间,灌溉农田生态系统亦为开放度极高的人工生态系统。灌溉农田与水田、旱作农田、荒漠或其他灌溉农田毗连,其边界主要取决于灌溉水源条件。区内光热资源丰富,光温水匹配较好,作物产量较高。越干旱的地区,灌溉增产幅度越大。

全国实有耕地中约 1/3 为灌溉农田,主要集中在我国东部和南部,实行多熟种植。该区域是我国粮食的重要产区,生产的粮食占全国的 2/3 以上,这是我国人口、经济、文化的集中区。但该区域人、地矛盾突出,农业效益低下,地下水超采,土壤肥力下降和农业面源污染严重。

绿洲农业为分布于干旱荒漠地区有水源灌溉的农业,是较特殊的灌溉农业,以干旱、风沙和盐碱为主要环境特征。绿洲农田生态系统主要分布于准噶尔盆地和塔里木盆地、河西走廊、黄河河套平原等人工引水灌溉和农耕的荒漠绿洲农区。人类活动是绿洲存在和发展的动力,没有人工灌溉就没有绿洲农业。绿洲农区盛产棉花、小麦、水稻和玉米等多种作物,且优质高产。灌溉水资源短缺、农田土壤肥力下降、土壤次生盐碱化是绿洲农田生态系统面临的主要问题。

二、草地生态系统

(一)草地生态系统概况

草地生态系统(grassland ecosystem)是以饲用植物和草食动物为主体的生物群落与其生存环境共同构成的动态系统。草地生态系统占陆地面积的 24%,其生物量占全球植被生物量的 36%。草地生态系统的生产者主要包括禾本科、豆科、菊科、莎草科等不同科植物。消费者包括直接以草原植物为食物的动物如牛、马、羊、骆驼、鹿、野生黄羊、野驴等以及多种昆虫、兔、鼠等,它们被称为初级消费者,而以这些动物为食的狼、狐狸、蛇等称为次级消费者。

(二)草地生态系统类型与特征

中国草地生态系统总面积约 4×10^8 hm²,其中北方天然草原生态系统的面积约 3.13×10^8 hm²,占草地面积的 78%,是草地生态系统的主体。按照《中国生态系统》一书中的 5 级分类单位,草地生态系统可分为温性草原生态系统、高寒草地生态系统、暖性草地生态系统、热性草地生态系统、草甸生态系统、沼泽草地生态系统和荒漠草地生态系统 7 个目。

1. 温性草原生态系统

温性草原生态系统主要指分布在半湿润、半干旱、部分干旱气候条件下的天然草原生态系统,主要分布在海拔 800～1 500 m 的内蒙古高原及其临近地区,包括松辽平原、陇中和陇东黄土高原、陕北和晋西北黄土高原等,属于辽阔的欧亚大陆草原的一部分。温性草原生态系统目可分为草甸草原生态系统、典型草原生态系统和荒漠草原生态系统 3 个属。典型草原生态系统又称真草原生态系统或干草原生态系统,是温带大陆性半干旱气候条件下形成的草原生态系统类型,其植物主要为真旱生与广旱生多年生丛生禾草,在某些条件下可由灌木和小半灌木组成,主要分布于呼伦贝尔高平原西部、锡林郭勒高平原大部、阴山北麓、大兴安岭南部和西辽河平原等地。对典型草原生态系统的保护与利用措施主要包括建立合理的放牧制度和割草制度。

2.高寒草地生态系统

高寒草地生态系统是指在山地森林线以上到常年积雪带下限之间的由适冰雪与耐寒旱的多年生半灌木、小灌木和草本植物成分组成的各类高寒生物群落与其周围环境构成的有机整体。高寒草地生态系统以放牧利用为主,主要分布在中国西部高山和青藏高原海拔 3 500 m以上地区,在分布规律上具有高原地带性和垂直地带性。高寒草地生态系统目可分为高山垫状植被生态系统、高山泥石滩稀疏植被生态系统、高寒草甸生态系统、高寒草原生态系统和高寒荒漠生态系统 5 个属。

3.暖性草地生态系统

暖性草地生态系统是指在暖温带湿润、半湿润气候条件下,生产者以多年生草本植物或者其中散生灌木或者零星乔木的生态系统,是森林生态系统经过历史上长期砍伐和农业开垦后形成的较为稳定的生态系统。暖性草地生态系统主要分布在晋陕黄土高原、山东、辽东半岛低山丘陵以及燕山、太行山和秦岭等山地,部分分布在热带和亚热带山地。暖性草地生态系统目可分为暖性草丛生态系统和暖性灌草丛生态系统 2 个属。

4.热性草地生态系统

热性草地生态系统是指在中国热带、亚热带气候条件下,生产者以多年生草本植物为主体的生态系统类型,是天然森林在烧荒、开垦以及其他人类活动和气候变化影响下形成的稳定的生态系统,主要分布在云南、广西、江西、四川、西藏和江苏等省区。热性草地生态系统目包括热性草丛生态系统、热性灌草丛生态系统和热性稀树草地生态系统 3 个属。

5.草甸生态系统

草甸生态系统是一种特殊的草地生态系统,其生产者以在中度湿润条件下生长和发育的多年生中生草本植物为主,属于隐域性植被。草甸生态系统目可分为典型草甸生态系统、沼泽草甸生态系统和盐生草甸生态系统 3 个属。典型草甸生态系统包括羊草、结缕草、无芒雀麦等多种类型,主要分布在松嫩平原;沼泽草甸生态系统主要分布在川西高原、青南高原、内蒙古高原、新疆等地势低洼、排水不畅的低地;盐生草甸生态系统主要分布在沿海和地势低洼的内陆地区。

6.沼泽草地生态系统

沼泽草地生态系统是指在地表过湿或积水的地段上,以湿生或者沼生草本植物为主组成的草本植物群落和其特殊的消费者、分解者及其无机环境构成的有机整体。沼泽草地生态系统是湿地生态系统中类型最多、面积最大、分布最广的一种类型,在全国各地都有分布。

7.荒漠草地生态系统

荒漠草地生态系统可分为草原荒漠生态系统和荒漠生态系统2个属。荒漠草地生态系统主要分布于新疆、内蒙古以及宁夏、青海、甘肃等省区的高原与山地。在年降水量低于250 mm、干燥度大于4的极端干旱气候条件下,生产者主要由旱生、超旱生的小灌木、小半灌木为优势种构成的植物群落,其中混有一定数量的强旱生多年生草本植物和一年生草本植物。

三、果园和经济林生态系统

果园和经济林生态系统又称商品林生态系统,是在产地条件较好的地段,以市场需求为导向,采用良种和高科技手段,集约经营,发展果园和经济林来满足人民的生活需求的农业生态系统,其目标是在短期内缓解木材、果实供需矛盾并实现系统产量和经济效益的最大化,同时又兼有美化和保持环境的作用。主要包括果园生态系统和经济林生态系统两大类型。

(一)果园生态系统

1.果园生态系统概况

果园生态系统(orchard ecosystem)是在人类操作下,以生产水果、干果等果实类产品以满足人类生活需求的农业生态系统。系统中的生物组分是以人为栽培的果树为主,同时存在间作的农作物和饲养的畜禽、蜜蜂、昆虫以及土壤原生动物和微生物等,非生物组分除了自然因素外,也加入了人为的生态因子,如耕翻、灌溉、施肥等。果园生态系统的结构比较简单,因为果园中所种植物和饲养的动物种类较少,食物链短小而又单纯。

2.我国果园生态系统主要类型

果园生态系统可按种植果树类型划分。果木类作物可分为水果和干果两类。我国地域广阔,环境类型多样,因此果木类作物种类丰富,北方水果主要有葡萄、苹果、梨、桃、李子、杏、草莓、柿子、山楂、红枣、樱桃等;南方水果主要有香蕉、龙眼、荔枝、芭蕉、桃金娘、锥栗、橄榄、杨梅、酸豆、油甘子、榴莲、人心果、腰果、油梨、番石榴、甜蒲桃、菠萝蜜、杧果、山竹、柑橘、红毛丹等;常见的干果有板栗、锥栗、榛子、腰果、核桃等。

按照生产方式和集约度可划分为专业性果园、果农兼作果园和庭院式果园等类型。

(1)专业性果园。专业性果园因专营一种果树和综合经营多种果树而分,规模自百亩以下至千亩以上,大小不等,因土地、资金、劳力等条件而异。以生产优质果品、获取最大经济效益为目的,宜在这类果树最适的栽植地区,选用最适宜的品种建园。大型果园要有配套的生产设施和机具,并配有包装、贮运、加工和信息服务等条件。

(2)果农兼作果园。果农间作果园是中国农业生产多种经营的一种特有形式。规划时,要考虑到粮食和果品生产两个方面,以农业为主,选择适宜的间作果树,充分利用空间、土壤及水肥资源,形成相互补益的生态环境。中国北方利用梯田边缘,南方则利用水田的垄背栽种果树。风沙地区以果树作防护林,对开发山区、改造沙荒、提高收益具有重要意义。

(3)庭院式及观光果园。以服从城市、公园、建筑等的整体布局为前提,选择观赏、食用兼用,不同熟期与花期的品种,使周年花果相继,美化环境。观光果园包括观赏园和绿色果品生产园两个部分。园地面积一般为 3.33~6.67 hm²。观赏园与绿色果品生产园面积比为 3:2左右,每个观赏品种的植株数为 30~50 株。观光果园是融果品生产、休闲旅游、科普示范、娱乐健身于一体的新型果园。它以果园景观、果园周围的自然生态及环境资源为基础,通过果树生产、产品经营、农村文化及果农生活的融合,为人们提供游览、参观、品赏、购买、参与等服务;它以果品生产为基础,通过对园区规划和景点布局,突出果树的新、奇、特,展示果园的韵律美和自然美,促进果品生产与旅游业共同发展,提高果园的整体产出效益;它将生产、生活、生态与科普教育融为一体,用知识性、趣味性和参与性去实现果树生产的商业效益。观光果园主要类型有:采摘观光型果园、景点观光型果园和景区依托型果园。

(二)经济林生态系统

1. 经济林生态系统概述

经济林生态系统(economic forest ecosystem)是以生产木材、竹材、薪材和其他工业原料等为主要经营目的的农业生态系统,包括用材林、薪炭林和经济林。经济林生态系统物种相对匮乏,层次简单而清晰。我国地处北纬 4°~53°,跨越寒、温、热三个气候带,由于地带性(主要指纬度)和非地带性(地形、地貌和海拔高度)因素的影响,使各气候带的气候条件差异很大,再加上人们长期利用、培育经济林以及经济林自身的生物学特性,形成了我国经济林分布带。我国有经济价值的经济林树木种类有 1 000 多种,已经发现的木本油料树种就有 200 多种。

2. 主要类型与特征

我国经济林生态系统主要有南方的油茶;北方的核桃、山杏;西北的扁桃;东北的榛子、文冠果;华北的花椒;华东的香榧、山核桃;华南的油棕、椰子等。

我国已知的香料树木有 100 多种,已投入香料和精油生产的有几十种,产品有 100 多种,如山苍子油、芳香油、桂花浸膏、桂皮、八角茴香等,在国际上享有盛誉。在常用的 500 多味中草药中木本经济植物占 60%。

经济林生产的意义如下:

(1)具有较好的生态效益。经济林的快速发展,提高了森林覆盖率,起到绿化国土、美化环境、保持生态平衡的作用。

(2)经济林产品多样化、用途广。经济林产品种类繁多,不仅为工农业生产提供产品和原料,同时为人民生活直接提供果品、油料、粮食、调料、香料、饮料及多种珍贵中药材。在棉纺工业浆纱织布和染印上,用橡实淀粉代替粮食淀粉,可以节省很多粮食。壳斗科除栗属外,其他各属的种子统称为橡子。

(3)经济林一年种植多年收益,且收益早、寿命长,适应性强。许多经济林木适合山区发展,而且种植后只需 3~5 年就可以开始收益。山区可以充分发挥山区资源优势和经济林资源优势。经济林种植也是转移农村剩余劳动力的一种职业,是促进农村经济发展和社会稳定的支柱产业,可以把山区资源开发直接融于生态环境建设中,最终实现山区生态经济的可持续发展。

(4)经济林为出口创汇提供多种产品。

四、畜牧生态系统

（一）畜牧生态系统概况

畜牧生态系统（animal husbandry ecosystem）是利用饲用作物、饲料和动物为主体的生物群落与其生存环境之间的关系来满足人类所需的动物产品，具有多种经济、生态和社会功能的复合生态系统。畜牧生态系统是人类与自然界进行物质交换的极重要环节，其最重要的生产功能是提供足够的肉、奶、蛋等动物性产品以满足人类的需要。一般情况下，发达国家畜牧业产值约占农业总产值的 50％以上，如美国为 60％，英国为 70％，北欧一些国家为 80％～90％。

（二）畜牧生态系统类型与特征

世界各国的畜牧生态系统类型多样，差异很大。按饲料种类、畜种构成和经营方式，可分为牧区畜牧业、农区畜牧业和城郊畜牧业；根据家畜与植物的关系以及家畜生产方式等情况，可以归纳为复合畜牧生态系统、草地畜牧生态系统和集约化畜牧生态系统 3 种类型。

1.复合畜牧生态系统

复合畜牧生态系统是以动物生产为主体，动物生产和植物生产相互结合的、相对独立的、开放式的生产经营性人工生态系统。系统边界可大可小，视研究对象与研究目的而定。我国广大农区，以农户为单元的复合畜牧生态系统大量存在，这种农户型复合畜牧生态系统生产输出的主要畜产品目前占国内市场的较大份额。农户把饲养家畜视作为家庭副业，从属于种植业，是一种自给自足的生产活动。随着农畜产品生产的专业化、商品化和规模化发展，在我国部分农业与农村经济发展较快的地区又出现了种植业和畜牧业分离的趋势。

复合畜牧生态系统的优点主要体现在：一是可以形成植物生产与动物生产循环链，综合效益高，风险较低；二是可以协调发展畜牧业与种植业，满足人们对农畜产品的多样化需求，为社会经济发展提供更多机会；三是可以通过系统资源整合，系统结构优化，系统能力提升，获得额外利润。

2.草地畜牧生态系统

草地畜牧生态系统是以草食动物生产为主体，动物生产与植物生产紧密结合的、生产经营性半人工的生态系统，主要分布于湿润的森林区与干旱的荒漠区之间；其亚（子）系统类型较多，生物多样性复杂，系统边界的空间尺度大小不一。草地畜牧生态系统是人类建立最早的半人工畜牧生态系统，按照动植物的关系以及经营方式可以归纳为游牧生态系统、定居放牧生态系统、草地农场生态系统 3 种亚型。

在草地畜牧生态系统中保持适当比例的草地和适宜数量的家畜，使整个系统的生产具有弹性，因而比较稳定，可以增加系统抗御自然灾害的能力。草地生产受气候变化的影响不如农田作物那么严重。草地畜牧生态系统存在的问题主要有两个方面：一是牧区仍处于靠天养畜的状态，气候条件恶劣、自然灾害频繁是造成放牧家畜生产不稳定的重要因素；二是草场严重超载造成草地严重退化，草地改良速度赶不上草地退化的速度。

3.集约化畜牧生态系统

集约化畜牧生态系统是以人工调控的动物生产为主体，动物与植物生产相分离，半开放式、家畜密集经营的人工生态系统。根据饲养对象不同，集约化畜牧生态系统简单归纳为集约化养猪生态系统、集约化奶牛生态系统、集约化家禽生态系统等几种亚类型。该类型生态系统在运行管理中采用先进的技术和设施装备,以程序化作业方式,按照固定生产周期,均衡地、批量地进行规格化或标准化生产,因此饲料利用率、家畜生产效率和劳动生产率均较高。地理分布一般靠近城镇畜产品消费市场,交通便利,信息畅通,但集约化畜牧生态系统中动物粪便的处理是一个重要问题。

五、水生生态系统

(一)水生生态系统概况

水生生态系统(aquatic ecosystem)是水生生物群落与水环境相互作用、相互制约,通过物质循环和能量流动,构成的具有一定结构和功能的动态平衡系统。按水的盐分高低可分为淡水生态系统和海洋生态系统;水生生态系统一方面是人类赖以生存的重要环境条件之一,另一方面为人类提供水产品。我国水产资源非常丰富,种类多而分布广。主要海产经济动植物有700种以上,淡水水产资源以鱼类为主,有40余种,此外还有大量的虾、蟹、贝类、龟鳖类及水生经济植物如莼菜等。

(二)水生生态系统类型与特征

(1)淡水生态系统可以分为两类:一类是动水生态系统,即河流生态系统,另一类是静水生态系统,即池塘、湖泊、水库生态系统。两者都包括周边的淡水湿地。池塘生态系统是最主要的淡水农业生态系统之一,属于静水生态系统。池塘生态系统的组成是大量的鱼虾类消费者、少量的藻类生产者以及微生物分解者,鱼等水产品的饵料全部是由人工投喂的高效饲料,这是一个生产高效同时又是相当脆弱的生态系统。水体中营养元素的缺乏或过多导致鱼类的生长受到抑制是鱼类养殖低产的主要原因之一,而另一个原因则是养殖池塘中的生态系统结构单一,体系十分脆弱,很容易受到外界因素的影响。水产养殖池塘中,养殖的鱼的种类单一,一般是市场上经济价值较好的鱼类,例如:草鱼、鲢鱼。养殖池塘生态系统是一个相对较为脆弱的小生态系统,要维持这个系统的健康,可通过增加该系统中生物成分,使得它的结构变得相对稳定。可行的方案有:适当施加磷肥,平衡水中的氮磷比;混合放养活动于水体不同水层的鱼类,使得水体中的营养物质得到充分的利用;种植水生植物改善水质,增加水中的溶解氧量;池塘消毒;人工充入氧气。

(2)海洋生态系统分为河口生态系统和浅海生态系统两类。其中河口是指地球上陆海两类生态系统之间的交替区。浅海区域是介于海滨低潮带以下的潮下带至深度200 m左右大陆架边缘之间,属海滨浅水地区。海洋动物非常丰富,食物链长而且复杂,且生食链比腐食链重要。海洋植物体态矮小,大型水生动物少,浮游动物是重要联系者。

六、复合农业生态系统

复合农业生态系统(compound agroecosystem)是在人类农业生产活动不断干预和影响下,一定农业地域内相互作用的生物因素以及社会、经济和自然环境等非生物因素构成的,具有特定功能的复合体。如农林牧复合农业生态系统就是农、林、牧(渔)有机结合起来的较为复杂的人工生态经济系统。这种经营方式实行一地多用,能在单位土地面积上生产出更多的农林产品,以满足不断增长的生产和生活需要,目的是解决农林、农牧、林牧之间用地的矛盾,从而减轻森林生态系统的压力。主要的复合农业生态系统如下。

(一)种植业与林业相结合的生态系统

通过林粮间作、林药间作等方式把多年生木本植物与栽培作物结合的农林结合模式最为常见。农林间作在我国有许多成功的模式,如沿海农田防护林、河南和安徽的桐农间作、河北的枣农间作、江苏的稻麦与池杉间作、热带地区的胶茶间作及桉树与菠萝间作等。这些模式已从小规模的农林结合的土地利用,逐渐发展成规模较大的区域性气候、地形、土壤、水体、生物资源的综合开发,实现多级生产,形成了稳定、高效的复合循环农业生态系统。一般林木包括泡桐、枣树、杨树、杉木、茶树、果树等,农作物包括小麦、水稻、玉米、棉花、花生、油菜、大豆、药用作物等。系统成功的关键是作物的种间关系及生态位互补关系的合理利用。

(二)种植业与畜牧业相结合的生态系统

种植业与养殖业相结合,二者可以通过一定的生产技术,在不同土地单元里实现,也可以在同一土地单元里将种植业和养殖业结合起来。发展草牧业,增加青贮玉米和苜蓿等饲草料种植,实施种养结合模式,能够促进粮食-经济作物-饲草料三元种植结构协调发展。

(三)种植业与渔业相结合的生态系统

将种植业和渔业有机地结合起来,可充分高效地利用各种资源,从而提高综合效益,例如基塘系统模式(鱼塘养鱼、塘基种桑、桑叶喂蚕、蚕沙喂鱼)、稻田养殖模式(稻田养殖鸭、虾、蟹、鳖、蛙)技术等。各种生物之间互为条件,相互促进,形成良性循环的生态系统。

(四)畜牧业与渔业相结合的生态系统

在畜牧业与渔业的连接方面,有鱼塘养鸭技术、塘边养猪技术等。利用鲜畜禽粪作为养鱼的肥料和饲料,直接投喂;或者将干禽粪作为鱼配合饲料的重要组成部分。

(五)综合农业的生态系统

综合农业是种植业、林业、牧业、渔业及其延伸的农产品加工业、农产品贸易与服务业等密切联系协同作用的耦合体,表现为各业间的相互作用和农林牧副渔业的一体化。综合农业是建立农业循环经济产业链的基础,其生物结构模式比较复杂,可以因地制宜地进行组合。例如山区半山区可实施牧、能、林一体化建设,以沼气利用为主的林果种植及养殖业并举的生态农业工程;平原地区可实施农、牧、能、商或农、渔、能、商一体化建设,例如桑基鱼塘和以沼气为纽带的蔬菜花卉种植业、养殖业与加工业并举的生态农业工程等。

从树立大食物观,构建多元化食物供给体系出发,在保护好生态环境的前提下,依据生物群落与系统水平和垂直结构原理,合理规划农业生态系统的结构和区域布局,使其与市场需求和区域资源环境相适应,宜粮则粮、宜经则经、宜牧则牧、宜渔则渔、宜林则林。

思　考　题

1.农业生态系统的组分、结构与功能是什么?

2.为什么要调整和如何构建理想的农业生态系统复合结构(物种结构、组分结构、营养结构)?

3.简述农业生态系统中能量流、物质流与价值流之间的关系。

4.农业生态系统与自然生态系统的主要区别是什么?

5.中国典型农业生态系统主要包括哪些类型?各自的分布状况和特征如何?

参 考 文 献

［1］陈阜.农业生态学.2版.北京：中国农业大学出版社,2011.

［2］陈源泉,高旺盛.中国粮食主产区农田生态服务价值总体评价.中国农业资源与区划,2009,30(1):33-39.

［3］傅娇艳,丁振华.湿地生态系统服务、功能和价值评价研究进展.应用生态学报,2007,18(3)：681-686.

［4］骆世明.农业生态学.3版.北京：中国农业出版社,2017.

［5］沈亨理.农业生态学.北京：中国农业出版社,1996.

［6］王建江,云正明.重力生态学与农田系统生产力.生态学杂志,1990,9(5):42-45.

［7］谢高地,甄霖,鲁春霞,等.一个基于专家知识的生态系统服务价值化方法.自然资源学报,2008,23(5):911-919.

［8］赵军,杨凯.生态系统服务价值评估研究进展.生态学报,2007,27(1):346-356.

［9］周玉荣,于振良,赵士洞.我国主要森林生态系统碳贮量和碳平衡.植物生态学报,2000,24(5):518-522.

［10］祝文烽,王松良,Claude D C.农业生态系统服务及其管理学要义.中国生态农业学报,2010,18(4):889-896.

第四章 农业生态系统的物质循环

本章提要

● **概念与术语**

生物地球化学循环（biogeochemical cycle）、生物小循环（biological cycle）、地质大循环（geological cycle）、气相型循环（gaseous type cycle）、沉积型循环（sedimentary type cycle）、库（pool）、流（flow）、生物量（biomass）、周转率（turnover rate）、周转期（turnover time）、循环效率（efficiency of cycle）、温室气体（greenhouse gases）、温室效应（greenhouse effect）、点源污染（point source pollution）、面源污染（diffused pollution）、生物富集（bioconcentration）、富营养化（eutrophication）。

● **基本内容**

1. 生物地球化学循环的类型。

2. 碳的地质大循环与生物小循环及农业生产对碳循环的影响。

3. 水的地质大循环与农田水分平衡。

4. 氮的地质大循环与农业氮素的平衡及调控。

5. 磷的地质大循环与农业磷素的平衡及调控。

6. 钾的地质大循环与农业钾素的平衡及调控。

7. 有机质在农田养分平衡中的作用及利用途径。

8. 温室效应与农业固碳减排。

9. 农业节水技术途径。

10. 物质循环中的各类农业环境污染问题。

物质是生态系统中生物有机体维持生存和发展所必需的营养元素及由其构成的各类无机和有机化合物的统称，是生命和生态系统存在的基本形式。物质循环执行着系统内能量流动、信息传递等载体功能。农业生态系统中的物质循环因受人类活动的调控与干扰，同自然生态系统的循环又有明显不同，既存在着物质循环效率提高的优点，同时也存在着某些环节循环不畅等问题。因此，了解农业生态系统中物质循环的规律及问题，对分析系统的健康状况、保证系统功能的正常运转及对农业生态系统的结构优化有重要意义。本章将重点介绍农业生态系统中碳、水及氮、磷、钾等营养元素的流动和循环特征、存在的问题及其调控对策。

第一节　物质循环概述

一、物质循环的基本概念和类型

(一)物质循环的概念

生物地球化学循环(biogeochemical cycle)是指各种化学元素和营养物质在不同层次的生态系统内,乃至整个生物圈里,沿着特定的途径从环境到生物体,从生物体再到环境,不断地进行流动和循环的过程。

几乎所有的化学元素都能在生物体中发现,但在生命活动过程中,只需要30~40种化学元素。这些元素根据生物的需要程度可分为两类:

1.大量营养元素(macronutrients)

这类元素是生物生命活动所必需的,同时在生物体内含量较多,包括碳(C)、氢(H)、氧(O)、氮(N)、磷(P)、钾(K)、硫(S)、钙(Ca)、镁(Mg)、钠(Na)、氯(Cl)、铁(Fe)。其中碳、氢、氧、氮、磷5种元素既是生物体的基本组成成分,同时又是构成三大有机物质(糖类、脂类、蛋白质)的主要元素,是食物链中各种营养级之间能量传递中最主要的物质形式。

2.微量营养元素(micronutrients)

这类元素在生物体内含量较少,如果数量太大可能会造成毒害,但它们又是生物生命活动所必需的,无论缺少哪一种,生命都可能停止发育或发育异常。这类元素主要有铜(Cu)、锌(Zn)、硼(B)、锰(Mn)、钼(Mo)、钴(Co)、铬(Cr)、氟(F)、硒(Se)、碘(I)、硅(Si)、锶(Si)等。

(二)物质循环的类型

生态系统中,各种元素往往是以化合物形式进行转移和循环的,由于这些物质的化学特性不同,形成了不同特点的物质循环类型。

1.按循环经历途径与周期分类

生物地球化学循环依据其循环的范围和周期,可分为地质大循环和生物小循环两类:

(1)地质大循环。地质大循环(geological cycle)是指物质或元素经生物体的吸收作用,从环境进入生物有机体内,然后生物有机体以死体、残体或排泄物形式将物质或元素返回环境,进入五大自然圈层的循环。五大自然圈层是指大气圈、水圈、岩石圈、土壤圈和生物圈。地质大循环具有范围大、周期长和影响面广等特点。地质大循环几乎没有物质的输出与输入,是闭合式的循环。

(2)生物小循环。生物小循环(biological cycle)是指环境中元素经生物体吸收,在生态系统中被相继利用,然后经过分解者的作用,回到环境后,很快再为生产者吸收、利用的循环过程。生物小循环具有范围小、时间短和速度快等特点,是开放式的循环(图4.1)。

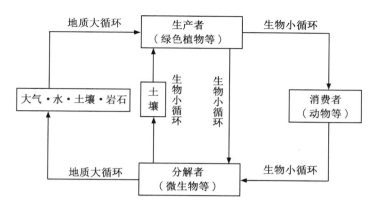

图 4.1　陆地生态系统中元素的生物小循环与地质大循环

2.按物质循环过程中存在的主要形式分类

根据不同的化学元素、化合物在 5 个物质循环库中存在的形式、库存量的大小和被固定时间的长短,可将物质循环分为以下两大类型。

(1)气相型循环(gaseous type cycle)。元素或化合物可以转化为气体形式,通过大气进行扩散,弥漫了陆地或海洋上空,这样在很短的时间内可以实现大气库和生物库直接交换,或通过大气库与土壤库的交换后再与生物库交换,从而被生物重新利用。这种类型的物质循环比较迅速,如碳、氮、氧、水、氯、溴和氟等。

(2)沉积型循环(sedimentary type cycles)。许多矿物元素的储存库主要在地壳里,经过自然风化和人类的开采冶炼,从陆地岩石中释放出来,为植物所吸收,参与生命物质的形成,并沿食物链转移。然后动植物残体或排泄物经微生物的分解作用,将元素返回环境。除一部分保留在土壤中供植物吸收利用外,一部分以溶液或沉积物状态进入江河,汇入海洋,经过沉降、淀积和成岩作用变成岩石,当岩石被抬升并遭受风化作用时,该循环才算完成,在此过程中几乎没有或仅有微量进入大气库中。如磷、硫、碘、钙、镁、铁、锰、铜、硅等元素属于此类循环。这类循环是缓慢的、非全球性,并且容易受到干扰,成为"不完全"的循环,受到生物作用的负反馈调节,变化较小。

循环类型决定了循环速率的大小。根据周转率计算,大气库中的 CO_2 通过生物的光合作用和呼吸作用,约 300 年循环 1 次;氧气通过生物代谢,需要约 2000 年循环 1 次;全球水库通过生物圈的吸收、分解、蒸发和蒸腾,完成 1 次循环约需 200 万年;岩石库中沉积型循环的物质通过风化完成一个循环则需要几亿年。

二、物质循环的相关术语概述

(一)库与流

1.库(pool)

物质在运动过程中被暂时固定、贮存的场所称为库。库有大小层次之分,从整个地球生态系统看,地球的五大圈层(大气圈、水圈、岩石圈、土壤圈和生物圈)均可称为物质循环过程中的库。而在组成全球生态系统的亚系统中,系统的各个组分也可称为物质循环的库,一般包括植物库、动物库、大气库、土壤库和水体库。每个库又可继续划分为亚库,如植物库可分为作物、林木和牧草等亚库。

根据物质的输入和输出率,物质循环的库可归为两大类:一为贮存库(reservoir pool),其容量相对较大,物质交换活动缓慢,一般为非生物组分的环境库,如岩石库;二为交换库(exchange pool),其容量相对较小,与外界物质交换活跃。例如,在海洋生态系统中,水体中含有大量的磷,但与外界交换的磷量仅占总库存的很小部分,这时海洋水体库是磷的贮存库;浮游生物与动植物体内含有磷量相对少得多,与水体库交换的磷量占生物库存量比例高,则称生物库是磷的交换库。

处于生态平衡条件下的生态系统,每个库的输入与输出基本是持平的,从而保持系统的稳定性。但在某些情况下,由于受到外力的干扰可能出现不平衡状况,如人类对化石燃料的开采和燃烧,造成岩石圈内的 C 库输出大于输入。当出现这一情况时,我们一般将产生和释放物质的库(即输出大于输入)又称为源(source),而将吸收和固定物质的库(即输入大于输出)称为汇(sink)。如岩石圈中的化石能源库因被开采利用,是 CO_2 的源,而海洋库则是 CO_2 重要的汇。

2.流(flow)

物质在库与库之间循环转移的过程称为流。生态系统中的能流、物流和信息流使生态系统各组分密切联系起来,并使系统与外界环境联系起来。没有库,环境资源不能被吸收、固定和转化为各种产物;没有流,库与库之间就不能联系、沟通,则会使物质循环短路,生态系统必将瓦解。

(二)周转率与周转期

周转率(turnover rate)和周转期(turnover time)是衡量物质流动(或交换)效率高低的两个重要指标。周转率(R)是指系统达到稳定状态后,某一组分(库)中的物质在单位时间内所流出的量(F_O)或流入的量(F_I)与库存总量(S)的比值。周转期是周转率的倒数,表示该组分的物质全部更换平均需要的时间。物质在运动过程中,周转速率越高,则周转 1 次所需时间越短。

$$周转率(R) = \frac{F_I}{S} = \frac{F_O}{S}$$

$$周转期(T) = 1/周转率 = 1/R$$

物质的周转率用于生物的生长称为更新率(refresh rate)。某段时间末期,生物的现存量相当于库存量(S);在该段时间内,生物的生长量(P)相当于物质的输入量(F_I)。不同生物的更新率相差悬殊,1 年生植物当生育期结束时生物的最大现存量与年生长量大体相等,更新率接近 1,更新期为 1 年。森林的现存量是经过几十年甚至几百年积累起来的,所以比净生产量大得多。如某一森林的现存量为 324 t/hm²,年净生产量为 28.6 t/hm²,其更新率=28.6/324=0.088,更新期约为 11.3 年。至于浮游生物,由于代谢率高,现存生物量常常是很低的,但有着较高的年生产量。如某一水体中的浮游生物的现存量为 0.07 t/hm²,年净生产量为 4.1 t/hm²,其更新率=4.1/0.07=59,更新期只有 6.32 d。

(三)循环效率(efficiency of cycle)

当生态系统中某一组分的库存物质,一部分或全部流出该组分,但并未离开系统,并最终返回该组分时,系统内发生了物质循环。循环物质(F_C)与输入物质(F_I)的比例,称为物质的循环效率（E_C）。

$$E_C = F_C / F_1$$

物质循环效率是衡量生态系统功能强弱的重要标志，一般来说，E_C 值越高，表示该系统的机能越强，农业生态系统的优化设计目标之一就是提高物质在系统内的循环转化效率，使系统的循环效率尽可能接近 1。

第二节 农业生态系统的物质循环

一、碳循环

（一）碳的地质大循环

碳的地质大循环是指储存于生物残体或排泄物中的碳形成碳酸盐，沉积于地层或海底，从而进入岩石圈，或经过地质运动被深埋于地下形成化石燃料，使其较长时期储存于地层；后经过地质环境变迁或人类开采使用，储存于碳酸盐矿物或化石能源中的碳又重新进入大气，参与生态系统物质循环的过程。

在农业生态系统中，农作物首先通过光合作用固定 CO_2 进行初级生产，其后固定于籽实部分的碳通过食物传递至人类；固定于秸秆或籽实中的碳通过饲料传递至饲养动物；人、畜和农作物通过呼吸作用，消耗一部分碳源并以 CO_2 形式排入大气。储存于人、畜和农作物残体及排泄物中的碳，一方面，通过微生物的分解作用，以 CO_2 形式排入大气；另一方面，通过沉积作用离开土壤圈而形成化石能源。储存于化石能源的碳经过开采，用于农用设备（如农机、烘干设备和农户炊事等），燃烧利用之后，最终以 CO_2 形式排入大气（图 4.2）。

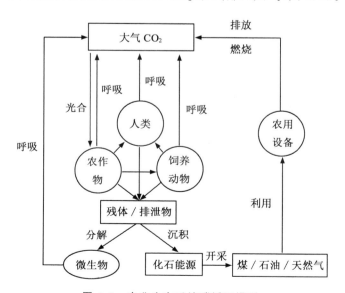

图 4.2　农业生态系统碳循环模型

(二)农田生态系统的碳循环与平衡

农田生态系统的碳循环以农作物通过光合作用将大气 CO_2 转化为碳水化合物为起点。固持于秸秆中的碳有两种可能流向:一是还田输入土壤,被微生物分解,其中一部分碳源形成土壤有机质而储存于土壤,另一部分通过微生物的呼吸作用以 CO_2 形式排放进入大气;二是用作饲养动物的饲料原料而直接离开农田生态系统。固持于籽实中的碳,通过食物链而离开农田生态系统。此外,农作物的呼吸作用消耗一部分光合固定的碳源,而以 CO_2 形式排入大气。

农田生态系统的碳平衡包括碳固持和碳排放两个过程。农田生态系统的碳固持总量主要为农作物进行光合生产所固定的总碳量。碳排放总量包括土壤呼吸(微生物与根系)、植株呼吸和间接碳排放量。间接碳排放总量是指农作物从播种到成熟整个生育期种子、化肥、农药、机械和灌溉等农业生产资料投入造成的碳排放量(Lal,2004)。

(三)农业生产活动对碳循环的干扰

1. 农地利用方式对碳循环的影响

不同土地利用方式对农业土壤碳库储量和排放通量具有重要影响。全球农业土壤碳库储量为 1.42×10^{17} g 碳,占全球陆地土壤碳库总储量的 $8\% \sim 10\%$。中国土壤数据库显示,我国旱地农业土壤有机碳含量为 $(2.34 \sim 10.46)$ g/kg,灌区农业土壤有机碳含量为 $(0.53 \sim 3.56)$ g/kg,水田土壤有机碳含量为 $(10.36 \sim 24.95)$ g/kg。研究表明,不同农地利用方式下土壤碳库储量和土壤呼吸碳排放通量变异较大。例如,在旱地农田系统中,土壤有机碳含量表现为:果园(10.00 g/kg)>菜地(9.67 g/kg)>高投入玉米田(9.31 g/kg)>大豆地(7.73 g/kg)>低投入玉米田(7.67 g/kg)。在黄土高原草地农业系统,每平方米土壤呼吸碳排放量表现为:林牧复合系统(2.51 g 碳)>栽培草地系统(2.34 g 碳)>农林复合系统(1.84 g 碳)>天然草地系统(1.69 g 碳)>作物地系统(1.31 g 碳)。

2. 农田生产方式对碳循环的影响

土壤碳固持(carbon sequestration)是碳循环的关键环节之一。不同农田生产方式对土壤固碳潜力具有重要影响。据 Lal 研究,保护性耕作、覆盖作物种植、有机肥施用、农牧结合、多样化种植和农林间作等推荐农业管理措施(recommended management practice,RMP)具有良好的土壤固碳潜力,平均固碳速率每年为 $(4 \sim 8) \times 10^8$ t。而大多数非 RMP 农田生产方式需要消耗一定碳源而促进碳排放。例如,生产 1 kg N、P_2O_5 和 K_2O 分别需要消耗碳 0.86 kg、0.17 kg 和 0.12 kg,生产 1 kg 除草剂、杀菌剂和杀虫剂分别需要消耗碳 4.7 kg、5.2 kg 和 4.9 kg;翻耕碳排放量为 15 kg/hm²,深松碳排放量为 11 kg/hm²,而旋转锄锄草作业碳排放量为 2 kg/hm²。

3. 农业经营方式对碳循环的影响

目前,我国的农业经营方式主要有以下 3 种类型:以大型农场为主体的现代集约化经营、以新型职业农民为主体的适度规模经营以及基于家庭联产承包责任制的小农户经营。不同农业经营方式对化石燃料的消耗水平具有较大差异,从而对碳循环具有重要影响。由于规模化经营的土地面积较大,目前,从播种、施肥、植保、收获至籽粒运输与储存,基本实现全程机械化。农业生产机械化水平提高导致化石燃料的消耗程度增加,从而使得 CO_2 大量排放。然而,小农户经营模式由于经营土地面积较小,依然采用传统的劳动密集型农业生产方式,农业机械化程度较低,因此,对化石燃料的消耗较少而导致 CO_2 排放较少。

积极稳妥推进碳达峰碳中和是中国重大决策部署。农业生态系统既可以是碳源,又可以是碳汇。提升农业生态系统碳汇能力,是应对气候变化的重要途径之一。农业生产活动对该系统的碳循环具有重要影响,其强烈干扰可能会打破碳循环的源汇转换平衡。例如,在温带地区,自然生态系统向农业生态系统转换导致约 60% 的土壤有机碳转化为 CO_2 进入大气,而在热带地区,这一比例高达 75%。据研究,自 18 世纪中叶以来,大气 CH_4 浓度增加近 1 倍,其中 70% 以上来源于农业生产活动,如水稻种植面积扩大和反刍性畜饲养数量增长等。然而,适当的土地利用方式和管理实践措施也可以促进农业系统由碳源转为碳汇,从而降低碳源温室气体的排放。

二、水循环

(一)水的地球化学循环

1. 水的分布

地球上的水以液体(咸水或淡水)、固体(冰)和水汽的状态存在,总体积约 1.5×10^9 km^3,海洋中液态咸水约占总量的 97%,大部分在南半球;余下的 3% 为淡水,其中,3/4 是以固体形态固定在两极的冰盖和冰川中,剩余的 1/4 约占地球总水量的 0.75%,才真正是陆地或淡水生物的主要水源(表 4.1)。

表 4.1　全球淡水及其在各种存在形式中的分配　　　　　　　　　　　　　%

全球淡水存在形式	比例	全球淡水存在形式	比例
极地、冰盖、冰川、冰山	77.23	江河淡水	0.003
到 800 m 深为止的地下水	9.86	地球矿物中含水	0.001
地下 800~4 000 m 深的地下水	12.35	动植物和人体含水	0.003
土壤水分	0.17	大气中含水	0.04
淡水湖泊	0.35	合计	100.0

2. 全球水循环

全球水循环包括 3 条途径,即海洋水循环、内陆内部的水循环与海洋与大陆之间的水循环(图 4.3)。受太阳能、大气环流、洋流和热量交换等影响,水在水圈内各组成部分之间不停地运动着。降水、蒸发和径流是水循环过程的 3 个最主要环节。这三者构成的水循环途径决定着全球的水量平衡,也决定着一个地区的水资源总量。降水和蒸发在不同区域和季节有很大差异,而地表径流则与降水强度、地表覆盖度等因素有关。植被对水循环有很大的影响,可以影响降水、土壤水及地表水的再分配。

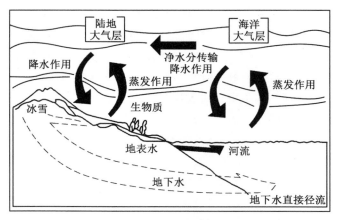

图 4.3　全球水循环示意图

3.人类活动对水循环的干扰

人类生产活动在一定程度上改变了水循环的过程和循环效率。人类对水循环的干扰具体表现在:①土地利用的变化,致使区域蒸发、降水发生变化。②修建大型的水利、围湖造田和灌溉工程等活动,改变流域水平衡和水环境。③过度开采地表水和地下水,使河流干涸,地下水位出现漏斗,海水入侵等现象。④破坏植被影响到蒸发、降水及水土流失,从而导致区域水平衡失调。⑤水体污染,导致循环水的质量发生变化。

4.我国水资源分布特点及开发利用方面存在的问题

我国水资源的地区分布呈现东南多、西北少的特点,由东南沿海地区向西北内陆地区递减,分布极不均匀。按年降水量 400 mm 划界,北起东北的胡玛经过锡林浩特,沿阴山山脉一带折向宁夏固原,再向西南的阿坝、甘孜等地。全国有 50% 的国土处在年降水量少于 400 mm 的干旱、半干旱少水地带。这一地带生态环境脆弱,农业生产力水平较低,水是主要的限制因素。

我国水资源开发利用方面存在的问题主要有:①水资源短缺与用水浪费现象并存。在时间上,呈现为夏、秋两季多,冬、春两季少;在空间上,南方水资源相对丰富,中部、北部地区水资源严重匮乏。同时,农业用水浪费严重,如干旱地区地表渠系利用系数不足 0.4。②水污染严重,水环境恶化。据统计,在全国七大江河水系的 741 个监测断面中有 29.1% 的断面符合Ⅲ类以上水质,30.0% 为Ⅳ、Ⅴ类水,40.9% 属于劣Ⅴ类水。全国近一半城镇农村(3.6 亿人)饮用水源地水质不符合标准。农业化学品的过量投入、废弃物的随意排放和养殖业的污染被认为是造成农村水环境恶化的根源。③过量开采地下水。华北地区是我国地下水严重超采区,地下水超采形成巨大的漏斗,导致地面沉降、道路断裂、房屋开裂倒塌和海水入侵等一系列问题。另外,西北内陆河流域下流地下水超采,绿洲萎缩,终端湖泊干涸,向荒漠化发展。

(二)农田生态系统中的水的循环与平衡

1.农田生态系统水的循环与平衡

(1)农田生态系统内的水循环。植物通过根吸收土壤中的水分,进入植物体的水分,只有

1%～3%参与植物体的构建并进入食物链,被其他营养级所利用,其余 97%～98% 通过叶面蒸腾返回大气中,参与水分的再循环。例如,生长茂盛的水稻,每公顷一天大约吸收 70 t 的水,这些被吸收的水分仅有 5% 用于维持原生质的功能和光合作用,其余大部分成为水蒸气后从气孔排出。不同的植被类型,蒸腾作用是不同的,其中森林植被的蒸腾最大,它在水的生物地球化学循环中的作用最为重要。

农田水分循环的生态学意义:①水是植物光合作用的原料之一,直接参与植物的组织构建。②水分参与植物的各种生理生化过程。③水分在植物体内流动过程中,把土壤养分通过上升的蒸腾流送往作物生长发育的活跃部分。④水分是作物和环境因素的调节者。

(2)农田生态系统的水分平衡。与自然界水分循环不同,由于人类的调控作用,农田生态系统的水分循环明显增加了两个重要过程,即灌溉与排水。根据农田生态系统的水分循环过程分析,降水、蒸散(包括蒸发与蒸腾)、渗漏、侧渗、灌溉、地下水上升、排水以及农田持水是整个循环的主要过程(图 4.4),其水量平衡方程为:

$$R+I+U=ET+P+S+D+O$$

式中:R 为降雨量;I 为灌水量;U 为地下水上升的量;ET 为蒸散量(包括叶面蒸腾和土表水面蒸发);P 为渗漏量,下界面垂直净溢出的水分;S 为侧渗,净侧向移出的水分;D 为排水量(包括径流量);O 为农田持水量增加量。

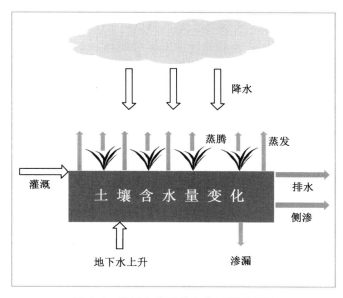

图 4.4　农田生态系统水分平衡示意图

2. 节水农业的技术措施

节水农业技术措施可概括为工程节水、农艺节水、生物节水和管理节水 4 个方面。

(1)工程节水技术措施。①水资源优化配置技术:通过跨流域调水和用水部门之间水资源科学分配,改变区域内水资源的分布状况,提高水资源利用效率。②非常规水利用技术:主要包括雨水汇集利用技术、微咸水利用技术、劣质水与污水利用技术和海水淡化利用技术等。③节水灌溉工程技术措施:包括渠道防渗技术、低压管道输水技术、改进地面灌溉技术、研发和推广喷灌技术和微灌技术、推广覆膜灌溉技术与地下灌溉技术等。

（2）农艺节水技术措施。①耕作蓄水保墒技术：主要包括中耕保墒、等高耕作、深翻耕和深松耕等。②覆盖蓄水保墒技术：常用的有地膜覆盖和秸秆覆盖两种形式。③水肥耦合技术：通过对土壤肥力进行测定，建立肥、水、作物产量为核心的耦合模型和技术，合理施肥、培肥地力，实现以肥调水、以水促肥，充分发挥水肥的协同效应和耦合机制，提高作物抗旱能力和水分利用效率。④化学制剂保水节水技术。

（3）生物节水技术措施。生物节水是指利用和开发生物体自身的生理和基因潜力，在同等水量供水条件下能够获得更多的农业产出，主要通过提高植物水分利用效率实现。包括抗旱节水作物品种选育、节水品种替代种植等。

（4）管理节水技术措施。包括地表水和地下水联合运用技术、墒情监测与控制灌溉技术、产权与水价管理等方面。

三、氮循环

（一）氮的地球化学循环

1. 氮的地球化学循环概述

全球氮素储量最多的是岩石库，占总氮量的 94％，难以参与循环，其次是大气、煤炭等化石燃料中也含有大量的氮。大气中的氮约占总氮量的 6％，以分子态的氮存在，不能为大多数生物直接利用。氮气只有通过固氮菌和蓝绿藻等生物固氮、闪电和宇宙线的固氮以及工业固氮的途径，形成硝酸盐或氨的化合物，才能被生物利用。

自然界的氮素循环可分为 3 个亚循环，即元素循环、自养循环和异养循环。反硝化和固氮是氮素循环中两个重要的流。据粗略估计，陆地系统每年反硝化的氮素总量为$(1.08 \sim 1.60) \times 10^{14}$ g，海洋生态系统的反硝化的氮素总量每年为$(2.5 \sim 17.9) \times 10^{13}$ g，其中产生的 N_2O 为 $(2.0 \sim 8.0) \times 10^{13}$ g，N_2O 主要流向平流层，少部分进入土壤和水系统。海水和淡水系统中的生物固氮量每年为$(3.0 \sim 13.0) \times 10^{13}$ g，陆地系统生物固氮量为 1.39×10^{14} g。随着人类需求增加与工业的发展，工业固氮量正逐年增加，20 世纪 90 年代工业固氮量平均每年为$(8.0 \sim 9.0) \times 10^{13}$ g。总体上，陆地系统的氮逸出大于进入，水系统则是进入大于逸出，因此，大循环的净结果是陆地上的 N 通过大气圈流入海洋。有机氮和硝酸盐是江河流水中的重要化合物，据 Soderlund 和 Svensson（1975）估计，每年有$(1.3 \sim 2.4) \times 10^{13}$ g 流入海洋，海水中的有机氮通过浪花散逸到大气圈中，之后以干、湿沉降方式进入陆地系统的量为$(1.0 \sim 2.0) \times 10^{13}$ g，另外有 3.8×10^{13} g 有机氮进入水系统的沉积物中。

2. 人类活动对氮循环的影响

人类的日常生活与生产活动对氮的地质大循环和生物小循环时刻存在着干扰，特别是不合理的活动带来严重的后果，主要表现如下。

（1）含氮有机物的燃烧产生的大量氮氧化物（NO_x）污染大气，一些氮氧化物是温室气体的成分之一。氮氧化物是指一系列由氮元素和氧元素组成的化合物包括 N_2O、NO、N_2O_3、NO_2、N_2O_4、N_2O_5，大气中主要以 NO 和 NO_2 的形式存在。氮氧化物的产生主要来自自然界本身和人类活动。其中自然界产生的氮氧化物每年约为 5×10^8 t。人类活动产生的氮氧化物

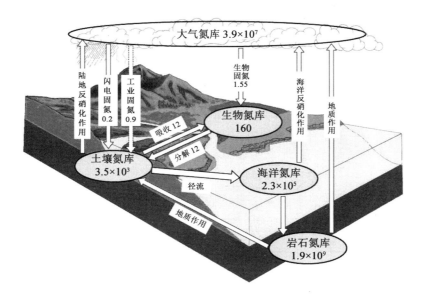

图 4.5 全球氮的地质大循环简图（单位：10^{14} g/a）

（资料来源：Schlesinger，1997）

主要来源于含氮化合物的燃烧（约占 99%）与亚硝酸（盐）、硝酸（盐）的工业生产和使用（约中 1%）。尽管人类活动产生的氮氧化物约为自然产生的 1%，但产生地点往往是在人类活动环境区域内，且局部浓度较高，危害大。

（2）发展工业固氮，忽视或抑制了生物固氮，造成氮素局部富集和氮素循环失调。20 世纪末全世界每年消耗氮肥 1.2×10^8 t 以上。大量施用氮肥不仅抑制了生物固氮的自然生产过程，同时施入土壤中的氮肥并不能完全被作物吸收，约有 1/3 以不同的形式进入周围的地表水、地下水和大气环境之中。地下水和地表水中 NO_3^-、NO_2^- 和 NH_4^+ 含量的增加，是导致水体污染的主要原因；而 NH_3 的挥发和氮氧化物的释放则是造成大气污染的原因之一。据报道，化学氮肥的施用每年产生的 N_2O 约为 1.5×10^6 t，占人类活动向大气输入 N_2O 的 44%，占全球每年向大气输入 N_2O 总量的 13%。

（3）城市化和集约化农牧业使人畜废弃物的自然再循环受阻。城市生活废弃物含有大量的养分，特别是 N、P 和 K，但由于能否安全利用等多种原因，这部分废弃物难以被有效利用而处于长期存放状态，因此阻碍了 N 的再循环。畜牧业废弃物目前利用率不断提高，但在临时堆放和腐熟过程中存在着较为严重的氮氧化物挥发或淋失现象，形成非点源污染。

（4）过度耕垦使土壤氮素含量特别是有机氮含量下降，土壤整体肥力持续下降。频繁的土壤耕作加速了土壤中含氮有机物的分解，土壤有机质含量降低是导致土壤肥力下降的重要原因，这一现象在东北沼泽黑土区尤为明显。同时，在黄土高原、南方丘陵区等陡坡地区及农牧交错区等风沙区的开垦种植，加重了这些区域水土流失，带走了大量的氮素。据统计，我国每年水土流失量高达 5×10^9 t，带走的氮素相当于化肥进口量。大量氮素从土壤速效库直接进入淡水域及海洋库，降低了生物小循环的循环效率。

(5)因化肥使用量过大、施用方式不当及其他管理措施不当导致的氮的挥发、淋失、径流和反硝化,对大气、土壤和水体的氮库产生了一定的影响,甚至造成污染。

(二)农业生态系统中氮的循环与调控

1.农业生态系统中氮的循环、平衡及问题

(1)农业生态系统氮素循环与平衡一般模式。陆地农业生态系统中,氮素通过不同途径进入土壤亚系统,在土壤中经各种转化和移动过程后,又按不同途径离开土壤亚系统,进入以作物亚系统为主的其他系统,形成了"土壤-生物-大气-水体"紧密联系的氮素循环(图4.6)。

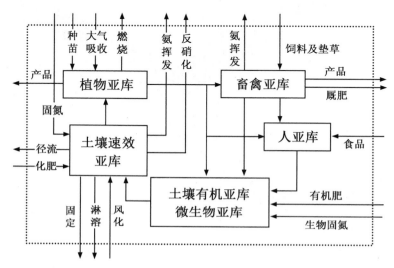

图 4.6 农田生态系统内的氮素循环与平衡图

(资料来源:沈亨理,1996)

归纳起来,一个陆地农业(农田)生态系统中氮素的流动大约可包括 30 条途径。除生物小循环的固定流以外,还有 10 条输入流和 10 条输出流。

(2)农业生态系统的氮素主要输入途径。大气库是农业生态系统的氮素主要源,输入农业系统的生物小循环的途径主要有 4 条:①生物固氮(bio-nitrogen fixation):即通过豆科作物和其他固氮生物固定空气中的氮。生物固氮主要有共生固氮作用、自生固氮作用和联合固氮作用 3 种类型,其中共生固氮作用贡献最大。共生固氮是指某些固氮微生物与高等植物或其他生物紧密结合,产生一定的形态结构,彼此进行着物质交流的一种固氮形式。据估计,农业生态系统中的豆科植物——根瘤菌的共生固氮量占整个生物固氮量的 70%。②化学固氮:是用高温、高压和化学催化的方法,将大气中的 N_2 和 H_2 合成 NH_3 的过程。该技术由德国化学家弗里茨·哈伯(Fritz Haber)20 世纪初发明。③大气固氮:是指雷电、太阳高能辐射和火山爆发等使空气中的 N_2 转换成 NH_3 或 NO_3^- 的过程,再以 NH_4^+ 和 NO_3^- 的形式随雨水进入土壤。④氮沉降:大气氮沉降是全球变化的重要现象之一。近几十年来,由于化肥使用增加和化石燃料燃烧造成氮沉降量迅速增加,带来的一系列生态问题日趋严重。过剩的氮沉降将增加 NH_4^+ 的硝化和 NO_3^- 的淋失,加速土壤的酸化,影响树木和作物的生长以及生态系统的功能和生物多样性，对农业生态系统产生危害作用。

自然界的自发固氮数量巨大，每年全球估计有 1×10^{8} t 以上，为工业固氮量的 3 倍。在这些固定的氮中，约 10% 是通过闪电完成的，其余约 90% 是由微生物完成的。从提高农业生态系统氮素循环及利用效率角度来看，应当积极种植豆科作物，培育其他固氮生物，合理施用化学氮肥，才能更好地实现系统的增产增效。

(3)农业生态系统氮素主要输出途径。农业生态系统的氮素输出的途径很多，但从服务于人类角度看，非生产目标性的损失主要有 4 个方面：即挥发、淋失、径流和反硝化。①挥发损失(NH_4^+-N)，即由于有机质的燃烧、分解或其他原因导致氮以氨的形态挥发损失。②氮的淋失(NO_3^--N 和 NH_4^+-N)，主要是硝态氮由于雨水或灌溉水淋洗进入深层土壤或地下水而损失，这也是部分地区地下水污染的原因之一。③径流损失(NO_3^--N 和 NH_4^+-N)，主要发生在南方水田地区或降水量较大地区，由于农田生态系统中氮素投入大，土壤含氮量在某些阶段偏高，易随田间径流进入到地表水损失，一定条件下造成地表水的富营养化问题。④反硝化作用：指在水田中或土壤通气不良时，土壤中的 NH_3 和 NH_4^+ 被反硝化细菌还原成 NO_2^-、N_2 和 N_2O 的过程。N_2 回归大气，而 N_2O 则会带来相应的环境问题。据初步估计，陆地系统反硝化每年损失的氮(N)总量为$(1.08\sim1.60)\times10^{14}$ g，其中 N_2O 占$(1.6\sim1.9)\times10^{13}$ g。水系统反硝化每年损失的氮(N)总量为$(2.5\sim17.9)\times10^{13}$ g，其中 N_2O 占$(2.0\sim8.0)\times10^{13}$ g。产生的 N_2O 主要流向平流层，少部分进入土壤和水系统。

据近几年来的试验研究资料，我国几种主要氮肥的利用率一般为 25%～55%。这就是说，有 45%～75% 的氮素没有被作物吸收利用，造成很大浪费。因此，弄清氮在土壤中的转化规律是合理施用氮肥的基本前提。

(4)农业生态系统中提高氮素利用效率的主要措施。依据农业生态系统氮素循环与平衡的特点，目前农业生态系统中可采取以下针对性措施控制系统氮素无效输出，提高其循环效率。①平衡施肥和测土施肥，减少氮肥的盲目大量投入并提高氮肥利用效率。②改进施肥技术，包括分次施肥和氮肥深施，以减少挥发损失。③改进化肥生产工艺，推广施用缓效氮肥。缓效肥料由于包衣等物理作用，使化肥中的氮素缓慢且持续释放，既解决了氮肥刚施入时含量过大而损失的问题，又可保证持续的养分供给。④建立利于生物固氮的种植制度和施肥制度，充分发挥生物固氮的作用。如粮食作物与豆科植物轮作、间套作种植。对豆科作物进行根瘤菌拌种是提高豆科作物固氮能力的有效措施。⑤使用硝化抑制剂如脒基硫脲、双氰胺。⑥合理灌溉，消除大水漫灌等方式造成的深层淋失。⑦防止水土流失和土壤侵蚀，消除或减少土壤耕层氮素的径流损失。⑧加强农业生态系统中多种氮素资源的循环高效利用。如秸秆特别是豆科作物的秸秆中含有一定的氮素，从合理利用氮素和能源角度来考虑，以作物秸秆作燃料是不经济的，它使已经固定的氮素完全挥发损失了。利用作物秸秆比较有效的办法，首先是能作饲料的有机物质尽量先作饲料，使植物固定的氮素被动物利用，以增加畜产品，促进农牧结合；其次，以牲畜粪尿和作物秸秆作为沼气池原料，在密闭嫌气条件下发酵，既能解决燃料问题，又能很好地保存氮素；最后，以沼气发酵后的残余物再作肥料，既减少病菌虫卵，而且肥效又高。

四、磷循环

(一)磷的地球化学循环概述

1. 磷的分布与循环

地球上的磷大量存在于岩石、土壤和海水中,生物体的磷数量较小。自然界中的无机磷主要以磷酸盐类形式存在,以 $H_2PO_4^-$、HPO_4^{2-} 和 PO_4^{3-} 形式为主。土壤中的磷绝大部分是无机态,有机态磷平均只占土壤磷的 10% 左右。农业中的磷肥来自含磷岩矿中的磷酸盐,经天然风化或化学分解之后,变为不同溶解程度的磷酸盐,供给作物吸收利用。磷矿可开采部分数量相当于现有生物体含磷量的 1~10 倍,但在世界的分布很不均匀。

磷循环属于较简单的沉积型循环。土壤中的磷素,一部分溶解于地表水中,一部分则随土壤矿物一起,在水土流失中离开土壤,沿着河流汇入海洋。在海洋中的磷素一小部分被浮游植物吸收,并沿食物链逐级传递。人类在捕鱼过程中可将一部分磷素返回给陆地,另外,海鸟粪便中的磷素也可返回陆地。水土流失中绝大部分磷素会在海洋中以磷酸盐形式沉积于海底,被固定形成新的磷酸盐岩石。这部分磷素只有在海底岩石重新暴露于地表,风化后形成土壤中的速效磷,或者在人工开采后以化肥形式供给植物。人们每年开采的磷酸盐为 $(1.0\sim2.0)\times10^6$ t,在农业生态系统中施用,最后大部分被冲洗流失(图 4.7)。磷素一旦进入地质大循环过程,就需要极长的时间才能被陆地生态系统利用。如何减少水土流失,将磷素保留在生物小循环之内,是农业生态系统控制磷素循环的关键所在。

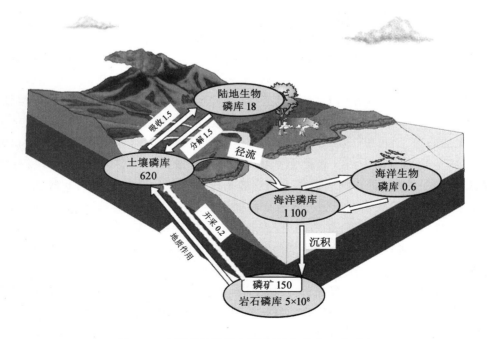

图 4.7 全球磷的地质大循环简图(单位:10^8 t/a)

(资料来源:骆世明,1987)

2.人类活动对磷循环的干扰

人类对磷循环的影响,主要表现在以下 3 个方面。

(1)磷矿资源的开采与消耗。据统计,1935—1990 年,磷矿总开采量达 $3.79×10^9$ t,相当于 $5×10^8$ t 磷。1990 年全球磷矿开采量为 $1.5×10^8$ t,相当于 $2×10^7$ t 磷,这意味着 20 世纪以来,岩石圈的磷参与全球生物地球化学循环的速度增长了近百万倍。按这一速度,地球上的磷矿可开采 750 年,而形成这些磷矿库则可能需要上亿年的时间。

(2)磷肥的施用与流失。土壤中的磷随着径流及水土流失每年由陆地流入海洋,而随着农业施肥数量的不断增长,这种流失速率也迅速增大,因为人工开采的磷几乎全部被化学加工成可溶态而或迟或早地进入地球化学循环。据统计,每年全世界由大陆流入海洋的磷酸盐大约为 $1.4×10^7$ t,与目前的磷矿开采量相当。磷素在循环流失过程中,因在淡水水域或海水局部水域的浓度过大,带来了水域富营养化等环境问题。

(3)生活与工业废水的流失与污染。家庭污水和废水中含有大量的磷,特别是有机磷含量高。这部分磷素很容易通过径流和入渗进入地下水,最后进入地表水或近海海水中,是造成水体富营养化的主要元素之一。

(二)农业生态系统中磷的循环与调控

1.农业生态系统中磷的循环、平衡及问题

(1)磷素循环与输入输出模式图。与氮素的气相型循环相比,属沉积型循环的磷的生物小循环与输入输出模式相对简单,大体包括 24 条途径。除生物小循环的固定流外,还有 8 条输入系统的流和 6 条输出系统的流。

(2)农业生态系统中的磷素循环与平衡的特点地。磷的系统外输入主要有化肥输入、有机肥输入与风化 3 条途径。土壤中全磷含量虽较高,占土壤干重的 $0.03\%～0.35\%$(以 P_2O_5 计),但主要呈不溶态,风化速度较慢。能被植物利用的速效磷含量很低,中等肥力土壤溶解态磷仅为 5 mg/kg,相当于全磷的 1/4 000,较肥沃的土壤也不过 20～30 mg/kg。活的有机体和死亡的有机体中的有机磷在循环中占有极其重要地位,有机磷易于转变为有效磷为植物利用,而且生物体及残茬的有机物能够促进土壤沉积态磷的有效化(图 4.8)。

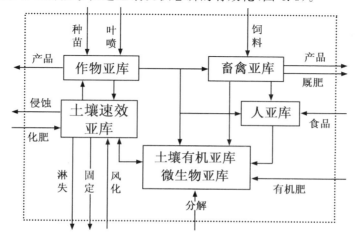

图 4.8　农田生态系统内的磷素与钾素循环与平衡图

磷的输出中，农产品输出的纯磷总量约为 9.45×10^6 t，但绝大部分农产品所带走的磷会以有机肥等方式返回到农田生态系统中。土壤的固定和侵蚀则是非目标性输出，是导致养分循环效率降低的两种主要途径。

磷的固定包括胶体代换吸附固定、化学固定和生物固定。弱酸性土壤中，水溶性磷酸根离子与1∶1型黏土矿物晶层间的氢氧根离子发生阴离子交换而被吸附固定；酸性土壤中，磷酸根离子与铁、铝离子作用生成磷酸铁、铝沉淀而被固定；石灰性土壤中，磷酸根离子则与钙离子作用生成磷酸三钙并可进一步转化为磷酸八钙、磷酸十钙等被固定下来。因此，土壤中的磷只有在中性条件下有效性才最高。土壤中的微生物也吸收有效磷，称生物固定，这种固定对磷素营养是有利的，微生物死亡后磷又被释放出来。土壤侵蚀是磷素损失的另一条重要途径。全球土壤侵蚀损失磷约 1.78×10^7 t，相当于每年岩石风化释放磷的2倍，开采磷矿的1倍。

2. 提高磷素利用效率的技术途径

(1)重视有机磷的归还，保持土壤持续的磷有效性与供应。作物秸秆等有机废弃物资源中含有大量的磷素并可缓慢转化为有效磷供作物利用，因此充分利用作物秸秆、畜禽粪便、绿肥以及安全处理后城市污泥和生活污水等资源，是增加农业生态系统的磷素供应和变废为宝的重要途径。

(2)推广应用新型高效磷肥肥料。由于磷素在土壤中极易被固定而失效，因此大力研发和应用新型高效的磷肥势在必行，包括各种磷素控释肥、有机无机复合肥、土壤磷素活化剂、VA菌根等微生物菌肥以及改性磷肥等，从而提高作物的磷素利用效率。

(3)科学施用磷肥，包括因土和因作物施用磷肥；氮、磷、钾配合施用；有机、无机相结合施肥；分时、分层施肥；根外喷施及不与碱性肥料混施等多种技术。

(4)减少土壤侵蚀。

五、钾循环

(一)钾的地球化学循环概述及特点

钾在地壳中的储量排在第7位，平均丰度为26 g/kg。据推算，地壳中钾的储量为 6.5×10^{17} t，主要存在于岩浆岩和沉积岩中，花岗岩、正长石和黏质页岩含钾量均很高。土壤中的钾约98%为矿物钾，约2%为溶液和交换态钾。根据海水总量及海水中钾的平均浓度推算，海水中总钾量为 6.5×10^{11} t，再据海水中钾的平均存在时间 7.8×10^6 年计，每年成矿钾约为 8.3×10^4 t。由于自然界没有气态钾存在，所以大气圈中的钾主要是以尘埃形式存在，存量较小。

钾的地质大循环与磷的过程相似，均为沉积型循环，土壤圈中的钾是循环中最活跃的部分，同时每年约有 2.03×10^7 t(以1991年为例)钾肥施入土壤，作物吸收后进入生物圈。生物圈与土壤圈中的钾由于淋失和水土流失，进入淡水库并最终进入海洋圈中(图4.9)。由于钾以活泼态的离子形式参与循环为主，因此比磷更易流失，循环中的流量大于磷。全球钾矿据估算约 1.25×10^{11} t，以目前的开采速度，可开采400年左右。

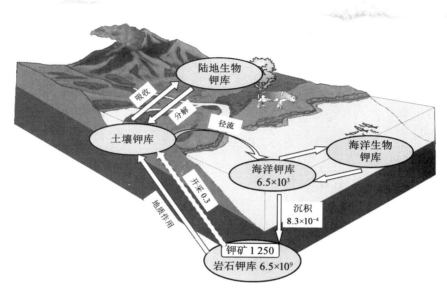

图 4.9　钾的地质大循环简图（单位：10^8 t/a）

（资料来源：骆世明，1987）

（二）人类对钾循环的影响

1.人类对钾矿资源的开采与钾肥的大量使用

人类对钾矿的开采和钾肥的使用对全球钾循环产生直接的影响。由于农业生产的需求与开采技术的提高，世界钾肥的年产量逐步提高，20 世纪末世界钾肥的生产量达到 $3.7×10^7$ t K_2O，约占已探明储量的 0.37%。钾肥主要消耗国是中国、日本、印度和美国等。我国是钾肥消费大国，随着农业生产技术的提高和农副产品增产的需要增加，自 20 世纪 90 年代以来，我国钾肥的施用量逐年增加，从 1990 年的约 $1.48×10^6$ t K_2O 增长到 2014 年约 $6.10×10^6$ t K_2O。钾素极易随水流失或淋失，农田大量施用钾肥，造成了土壤局部钾肥含量过高，从而随灌水或雨水进入水域，引起了水体富营养化。

2.水土流失导致钾素的损失

水土流失是我国当前面临的主要环境问题之一，也是影响钾循环的重要因素。水土流失往往造成富含养分的表层土的丧失，从而造成土壤养分的大量损失。据统计，我国每年流失的 $5.0×10^9$ t 土壤中，含氮、磷、钾元素 $4.0×10^7$ t 以上。

（三）农业生态系统中钾的循环与调控

1.农业生态系统中钾的循环、平衡及问题

（1）钾的输入。农业生态系统中钾的主要输入途径有矿物风化、作物残茬回田、有机肥以及钾肥施用。土壤中钾的含量比氮和磷丰富得多，通常介于土壤干重的 0.5% ～ 2.5%（以 K_2O 计）。土壤中的钾可分为土壤速效钾、缓效钾和矿物性钾（难溶性钾）。矿物风化作用是指土壤中含钾的矿物，如正长石、斜长石、白云母等，在生物气候等外力因素长期作用下缓慢水

解并放出钾离子,由矿物钾或缓效性钾向速效钾的转化比磷快。除一些根茎类作物外,作物体内钾大多含在茎叶中,因此残茬还田作用很大。

(2)钾的输出　农田生态系统中钾的输出最主要的途径也是作物产品的输出、侵蚀和土壤固定,但与磷有所差异。由于钾主要存在于作物的秸秆和根茬中,只要注意回田,随农产品带出系统之外的钾素量不多。钾的固定分 3 种形式:胶体吸附固定,是指溶液中的 K＋通过离子交换被胶体吸附;生物固定即被微生物吸收固定在细胞内部,微生物死亡后再释放出来;钾的晶格固定,主要发生在 2∶1 型次生黏土矿物的晶层间,干湿交替有利于黏土矿物的晶格固定。侵蚀损失也是钾的非目标性输出的主要方式,除土壤侵蚀外,因为钾的易溶性、活泼性及在土壤中含量高,因而极易发生随灌水和降水淋失或径流而大量损失的情况。

2.提高钾素利用效率的技术途径

保持农田生态系统钾素的生物小循环的循环效率,减少无效输出的核心是要注重秸秆的还田,具体措施如下。

(1)尽量将作物秸秆还田及施用草木灰。作物秸秆中一般含有高含量的钾素,是对钾肥投入的有效补充,同时由于秸秆中钾素多以有机钾的形式存在,可有效减少钾的淋失。

(2)适当种植绿肥,如富钾的十字花科、苋科植物如水花生、红萍等。

(3)通过土壤耕作等措施促使土壤中难溶性钾有效化。

(4)因地制宜,合理施用钾肥,并注意工业废渣的利用。

(5)合理施肥与灌水,减少淋失或流失。土壤中的钾素易随水流失和淋失,因此农田土壤水分的调控可有效降低钾素的损失率。

六、农业生态系统中养分循环的特征

农业生态系统是由森林、草原、沼泽等自然生态系统开垦而成的,在多年频繁的耕作、施肥、灌溉、种植与收获作物等人为措施的影响下,形成了不同于原有自然系统的养分循环特点。

(一)养分输入率与输出率较高

随着作物收获及产品出售,大部分养分被带到系统之外;同时,又有大量养分以肥料、饲料、种苗等形态被带回系统,使整个养分循环的开放程度较自然系统大为提高。

(二)库存量较低,但流量大,周转快

自然生态系统的地表有较稳定的枯枝落叶层以及积累的土壤有机质,形成了较大的有机养分库,并在库存大体平衡的条件下,缓缓释放出有效态养分供植物吸收利用。农业生态系统在耕种条件下,有机养分库加速分解与消耗,因此库存量较自然生态系统大为减少;但因养分以有效态为主,作物吸收量加大,土壤养分周转加快。

(三)养分保持能力弱,容易流失

农业生态系统有机库小,分解旺盛,有效态养分投入量多。同时,生物结构较自然系统大大简化,植物及地面有机物覆盖不充分,这些都使得大量有效养分不能在系统内部及时吸收利用,而易于随水流失。

(四)养分供求不同步

自然生态系统养分有效化过程的强度随季节的温湿度变化而消长,自然植被对养分的需

求与吸收也适应这种季节的变化,形成了供求同步协调的自然机制。农业生态系统的养分供求关系是受人为的种植、耕作、施肥、灌溉等措施影响的,供求的同步性差,是导致病虫害、倒伏、养分流失、高投低效的重要原因。

　　农业生态系统是一个养分大量输入和输出的系统。大量农、畜产品作为商品输出,使养分脱离系统。产品输出得越多,被带走的养分就越多。为维持农业生态系统的养分循环平衡,必须返回各种有机物质并投入大量化学肥料。因此,农业生态系统物质循环的封闭性远低于自然生态系统。但不同的农业生态系统封闭程度不同。自给农业耕地上的产品绝大部分作为系统内的食物、饲料或垫料,人、畜排泄物和褥草作为肥料归还农田。人和家畜是以作物为起始的草牧食物链上的一个环节参与养分循环,自给农业生产力虽低,只能养活较少人口,但物质循环的封闭性较高,能自我维持。现代化农业,大量产品流入市场,然后自市场返回肥料、种子、食物、农药等各种生产和生活物资。物质循环的开放程度大,生产力和商品率高,但缺乏自我维持能力,要靠大量投入物质才能维持系统的养分平衡。

七、有机质与农田养分循环

(一)有机质在农田养分循环中的作用

1.有机质的作用

　　(1)有机质富含碳素且分解相对缓慢,因此有机质还田是增加农田碳汇的重要途径;有机质是各种养分的载体,经微生物分解能释放出供植物吸收利用的有效 N、P、K 等,增加土壤速效和缓效养分的含量。

　　(2)有机质能够为土壤微生物提供生活物资,促进微生物活动,加速微生物的矿化作用;有机质经过微生物作用能够转变成为腐殖质,从而增加土壤中腐殖质和腐殖酸的含量,改善土壤物理状况。

　　(3)有机质具有和硅酸盐同样的阳离子吸附能力,有助于土壤中阳离子交换量的增加,又能与磷酸形成螯合物而提高磷肥肥效,减少铁铝对磷酸的固定,对于磷、钾、铁等易于固定的离子保持缓效性状态有重要作用。

　　(4)有机质的还田与覆盖,一方面有吸附水分作用,同时还能减少土壤水分的无效蒸发,因此具有一定的保水抗旱作用。

2.有机质的开发途径

　　有机质主要包括粪、尿、土肥、堆肥、厩肥、秸秆及脱落物、根茬等。主要来源包括:①作物的根茬、落叶、落花(75～300 kg/hm²)。②秸秆直接还田和作饲料后以厩肥还田。③土壤中各种生物遗体和排泄物。要充分发挥农业生态系统内有机质的作用,提高营养系统内的循环效率,需要做好以下工作。

　　(1)充分挖掘有机肥源。有机质最终来源于植物体,包括各种农作物有机体和非农作物有机体,因此要注意农作物有机体充分还田,同时大力开发非农作物有机体的利用。必须用于工业原料的有机体尽量就地加工,作为副产品的渣料用于还田。

　　(2)合理轮作,创造不同类型的有机质并安排归还率高的作物。各种作物的自然归还率是不同的,所含各种养分含量也差异较大。如油菜的秸秆和荚壳还田的养分占整株的50%;大豆、麦类和水稻的归还率在40%～50%。不同作物氮、磷、钾养分的理论归还率不同,如麦类分别为 25%～32%、23%～24%、73%～79%,油菜分别为 51%、65%、83%,水稻分别为 39%～63%、32%～52%、83%～85%,大豆分别为 24%、24%、37%。在轮作制度中,加入豆科植物和归还率高的植物,有利于提高土壤肥力,保持养分循环平衡。据华中三省稻田轮作试验,冬季绿肥、蚕豆、小麦、油菜轮换,春、夏、秋季为双季稻,轮作 4 年之后,土壤中有机质、速效磷、速效钾含量与单一作物连作相比都有所提高,土壤的非毛管孔隙也增多,土壤理化性状的双重改善促进了粮食产量增加。

(3)选择适宜的秸秆还田方式。秸秆是数量较大的有机物质,其还田对养分补偿特别是 P、K 具有重要作用。还田方式包括过腹还田、堆沤还田和直接还田 3 种,其中过腹还田效果最好,但受畜牧业发展限制。堆沤还田能够改善有机肥的理化性质,增加了速效养分含量,同时因堆沤过程中的高温腐熟作用,杀死了有机质中携带的病毒和病菌,所以施肥效果也好于秸秆直接还田,但存在占地与费工的不利因素,推荐在劳动力充裕的地区推广。

(4)农林牧结合,发展沼气。利用农林牧的废弃物发展沼气,既可解决农村能源问题,减少用于燃料的秸秆数量,又可使废弃物中的养分变为速效养分,作为优质肥料施用。

(5)农产品就地加工,提高物质的归还率。花生、大豆、油菜、芝麻榨油后,返回的是油饼,则随油脂输出的仅仅是碳、氢、氧的化合物,氮、磷、钾营养元素可保留在生态系统内。交售给国家的皮棉 50 kg 含氮量仅相当于 1 kg 硫酸铵,而棉花从土壤中吸收的大量营养元素都保存在茎、叶、铃壳和棉籽中。将棉籽榨油,棉籽屑养菇,棉籽饼作饲料或肥料,茎枝叶粉碎后作饲料,变为粪肥后又可还田。蚕豆、甘薯加工成粉丝出售,留下粉浆、粉渣喂猪,产生的猪粪还田。

3.有机质利用中需要注意的问题

有机肥(质)在农田中虽有多种作用,但在应用过程中也存在限制与问题。首先其数量有限,优质的有机质来源于农业产出,由于工业利用与农田养分无效损失的存在,单纯依靠有机肥还田是难以实现农田养分完全循环与平衡的,需要与无机肥配合使用。美国在牧场进行的多年实验表明,1 单位面积粮田在不施任何无机肥的情况下要实现养分平衡,需 3 单位面积的草地制造的有机肥供应。其次,有机肥在制造与施肥过程中可能存在一定程度的大气、土壤环境污染,特别是在大型养殖场周边有地下水硝酸盐污染的检出。最后,有机质中含有大量的碳源,是微生物的能量来源,有机质的大量还田必然带来土壤微生物的大量繁衍,导致在一定的时间段内微生物与作物的争氮及其他营养元素的现象发生,农田大量秸秆还田后出现的黄苗现象就是这种竞争发生的典型症状,因此在有机质的还田过程中要注意适当的氮素等其他营养元素的补充。

第三节　温室效应与农业固碳减排

一、温室效应与气候变化

(一)温室效应概述

温室效应(greenhouse effect)是指投射阳光的密闭空间由于与外界缺乏热交换而形成的保温效应。大气温室效应是指太阳短波辐射可以透过大气层到达地面,而地面增暖后放出的长波辐射却被大气中的 CO_2、CH_4 和 N_2O 等温室气体吸收,从而产生大气变暖的效应。目前,CO_2 浓度升高对全球变暖的贡献约为 77%,CH_4 浓度升高的贡献约为 14%,而 N_2O 浓度升高的贡献约为 8%。

(二)温室效应与气候变化关系

温室效应增强能够破坏地球大气层原来保持的辐射平衡。温室气体增加致使大气辐射吸收率增加从而导致全球气温升高;温室气体增加会减少红外辐射向太空发射,从而导致地球气候系统调整吸收和辐射以达到新的平衡。以温度和降水为例,温度升高会导致中、高纬度地区出现高温的概率增大,特别是冬季,而极端低温事件将随之减少;同时,全球平均降水量会增加,但是降水量增加的地区可能会出现较大的年际变化,极端降水事件(暴雨和干旱)可能增多,北半球中、高纬度地区和南极地区的冬季降水量增加,中纬度夏季雨带向高纬度方向移动,而在低纬度地区降雨量有可能减少。亚洲夏季风的降水变率将增加,同时降水的极值也将增加,降水强度也将增加。不同的地区将有可能发生更频繁的旱涝灾害。

二、温室效应与农业生态系统的相互关系

(一)温室效应对农业生产的影响

温室效应引起的全球变暖对农业生态系统产生一系列影响,包括农作物生长发育、产量与品质形成、土壤水分与肥力、有害生物防控、农作制度和气象灾害等方面。

1.温室效应对作物生长发育的影响

CO_2 是作物光合作用的原料,对作物的生长发育至关重要。理论上,CO_2 浓度升高能够促进光合作用,从而加速作物生长,提高其生产力。然而,试验研究表明,作物生长对 CO_2 浓度升高的响应依赖于其光合代谢途径。在一定范围内,C_3 作物(如小麦、水稻和豆类等)对 CO_2 浓度升高具有较强的正响应,而 C_4 作物(如玉米和高粱等)对 CO_2 浓度升高也表现出一定程度的正响应,但响应程度相对较弱。

2.温室效应对作物产量与品质形成的影响

CO_2 浓度升高能够提高作物产量,但降低籽粒品质。FACE 研究表明,CO_2 浓度升高分别提高水稻、小麦和大豆产量达 12%、13% 和 14%,但对玉米产量无影响。然而,CO_2 浓度升高显著降低水稻、小麦和大豆籽粒蛋白质含量,分别达 9.9%、9.8% 和 1.4%。可能原因为:CO_2 浓度升高导致作物光合固碳作用增强,碳氮比(C/N)升高而降低蛋白质含量。

3.温室效应对农田土壤水分及肥力的影响

在高 CO_2 浓度条件下,作物获取 CO_2 较为容易,导致气孔开放程度较小,振荡频率降低以及开放时间缩短,从而减弱蒸腾作用,降低叶片水分耗散损失而提高土壤水分利用效率。然而,CO_2 浓度升高引起的温室效应导致气温也随之升高,从而导致土壤水分蒸发损失加大。此外,土壤温度升高刺激微生物的活性,加速土壤有机质分解而降低土壤肥力;而 CO_2 浓度升高促进豆科作物固氮,根系分泌物增加而诱导根际微生物固氮,从而具有一定提高土壤肥力的潜力。

4.温室效应对农田有害生物防控的影响

在病原菌防控方面,温室效应引起全球变暖会导致病原菌的地理分布范围扩大,或提高病

原菌越冬存活率,从而扩大或加重农作物的病害。在害虫防控方面,温度升高会缩短害虫的休眠期而激发其提前发育,从而增加繁殖代数,导致在作物生长季虫口基数加大,造成农田受害的概率增加。在杂草防控方面,由于 C_3 植物和 C_4 植物对 CO_2 浓度升高的响应程度不同,C_3 杂草对 C_4 作物具有较强的竞争力,而 C_4 杂草对 C_3 作物的竞争力相对较弱,因此,C_4 作物生产需要投入较多的杂草防控力量去应对 CO_2 浓度升高。

5.温室效应对农作制度的影响

温室效应引起气候变暖导致温带地区 $\geqslant 0℃$ 积温增加,从而驱使多熟制边界北移。据FAO报告,温度每升高 $1℃$,温带气候带将向北(南)移动 $200\sim300$ km。在我国,气温自1980年明显升高已成为共识。据研究,与1950—1980年相比,由1981—2007年气象数据资料确定的一年一熟带、一年两熟带和一年三熟带均不同程度向北移动。在山西、陕西和河北境内的一年两熟区地向北移动了 26 km,湖南和湖北境内的一年三熟区分别向北移动了 28 km 和 35 km。因此,随着 CO_2 浓度升高、气候变暖,我国的一年一熟区面积可能会逐渐减少,而一年两熟和一年三熟的种植面积会不同程度地增加。

6.温室效应对气象灾害的影响

温室效应导致的气候变暖现象可能会引发多种农业气象灾害,如干旱、干热和风暴等。例如,在干旱和半干旱农业区,气温升高会加剧水分的蒸发耗散,从而引起旱灾而威胁农业生产。在小麦生产区,气温升高引发的干热风会导致小麦严重减产。此外,气温升高会导致空气对流增强,可能引发风暴,从而加剧黄土高原等特殊农业区因风蚀引起的水土流失。

(二)农业生产活动对温室效应的影响

农业生产活动对温室气体的排放具有重要影响,包括以下几个方面。

1.农业生产资料的生产与使用促进 CO_2 排放

化肥、农药和地膜等农业生产资料的工业化生产需要消耗大量的化石能源,间接促进 CO_2 排放。随着传统农业向工业化农业的转变,现代农业机械的使用逐渐普及化,如收获机械、植保机械、耕地机械、播种与施肥机械以及籽实烘干设备等。这些农业机械与设备以化石燃料为主要的动力来源,从而直接促进 CO_2 排放。

2.大面积水稻生产导致 CH_4 排放增加

CH_4 是一种重要的温室气体,其增温潜势是 CO_2 的34倍,占全球温室气体排放约15%。CH_4 是由产甲烷菌在厌氧条件下以有机质为底物转化形成。稻田是最大的人为 CH_4 排放源,其 CH_4 排放量占大气中总排放量的 $5\%\sim19\%$。我国是水稻生产大国,水稻种植总面积达 3.02×10^7 hm^2,稻田 CH_4 排放量达 $(1.3\sim1.7)\times10^{13}$ g/a,约占世界稻田 CH_4 排放总量的 37.6%。稻田 CH_4 排放的潜在温室效应已引起全球广泛关注。

3.氮肥的大量施用导致 N_2O 排放增加

N_2O 的增温潜势是 CO_2 的298倍,是继 CO_2 和 CH_4 之后的第三大温室气体。N_2O 是硝化过程和反硝化过程的中间产物,土壤中硝化微生物和反硝化微生物分别以 NH_4^+ 和 NO_3^- 为底物进行生物转化以获取能量。因此,氮肥的施用可为硝化/反硝化微生物提供底物以促进硝化反应或反硝化反应。研究发现,N_2O 排放量与氮肥施用量呈指数增长关系。

（三）农田生态系统固碳减排潜力与途径

尽管农业生产活动能够促进温室气体排放，但是，通过改进农业生产技术与模式，依然能够实现固碳减排目标。Lal 认为，农田土壤具有较大的固碳潜力，特别是酸性土壤，并提出了提高农田土壤固碳的技术途径，包括保护性耕作、覆盖作物、农林间作、多样化种植、地膜覆盖以及有机肥施用等。此外，稻田 CH_4 减排的途径包括选用高产品种、使用干湿交替灌溉和优化施肥等。农田 N_2O 减排的途径包括选用氮高效作物品种、使用硝化抑制剂、使用缓释肥与优化施肥方式以及生物炭等。

第四节　农业环境污染

一、农业环境污染的主要类型

由于人类活动对养分循环的影响，出现了养分的加速循环、循环路径转变、部分环节循环阻滞以及排放量急剧增大等循环中库与流的变化，从而引发了诸多的生态环境问题，如化肥污染、农药污染、水体富营养化、生物浓缩等。

（一）化肥对环境的污染

化肥对粮食的增产起着重要的作用，同时对环境产生了影响，特别是过量施用化肥，造成养分高浓度的危害及养分流失。化肥对环境的污染可分为对土壤、水体、大气等的污染，同时化肥的施用还会影响作物对重金属元素的吸收。

1. 化肥对土壤的污染

磷矿、铅锌矿、硼矿等矿石常含有数量不等的某些污染元素。化学肥料中对土壤污染的主要是磷肥，磷肥的原料磷矿石，除富含 P_2O_5 外，还含有其他无机营养元素钾、钙、锰、硼、锌等，同时也含有毒物质砷、镉、铬、氟、钯等，主要是镉和氟，含量因矿源而有很大差异。

2. 化肥对水体的污染

（1）施肥与水体富营养化。水体富营养化已成为严重环境问题之一。化肥施用不当是产生富营养化的主要原因，引起富营养化的关键元素是氮和磷。

（2）施肥与地下水污染。土壤、包括施用的肥料中的营养物质随水往下淋溶，通过土层进入地下水，造成地下水污染。而地下水在不少地方供人、畜的饮用，地下水状况与人、畜健康有一定的关系。

在植物大量营养元素中，钾进入地下水对人、畜无害。磷在淋溶通过土层时，绝大部分与土壤中 Ca^{2+}（在石灰性土壤）或 Fe^{3+}、Al^{3+}（在酸性土壤）等离子作用而沉积于土层中。施肥时使用的各种形态的氮在土壤中会由于微生物等作用而形成 $NO_3^- -N$，它不被土壤吸附，最易随水进入地下水。$NO_3^- -N$ 进入进下水的量受外界环境、土壤性质、氮肥用量及农事活动的影响。在年降雨量大、山地、森林、人畜稀少的地区，地下水中硝酸盐含量常较低；而在年降雨量较小、平原区、耕地多、人畜稠密的农区，地下水硝酸盐含量一般较高。农田施肥与淋溶氮量呈近似直线正相关。农事活动对渗失水中的氮也有明显影响，表 4.2 中，草地＜耕地，谷类作物＜

块根作物,这是由于草地根系致密又没有休闲,谷类作物根系远较块根作物发达,作物吸收多而导致渗失少。

表 4.2　土壤与作物对氮渗失的影响(排水中 N 量)　　　　　　　kg/hm²

土壤类型	谷物	块根作物	永久性草场
沙质土	30.0	45.0	10.5
亚沙土	19.5	31.5	7.5
亚黏土	15.0	24.0	4.5
平均	21.0	34.5	7.5

在 $NO_3^- - N$ 随水淋溶通过密实土层或土壤水分饱和缺氧时,会发生反硝化作用,而减少了可进入地下水的 $NO_3^- - N$ 量。研究表明,反硝化作用的影响仅限于 $60\sim70$ cm 的上层地下水,更深层地下水影响很小。这说明地下水位较高时,土壤耕层排出水 $NO_3^- - N$ 浓度会大于地下水位低的地段。

3. 施肥与大气污染

与大气污染有关的营养元素是氮。氮对大气污染是一种自然现象,但因人类的施肥活动而得到大大加强。1949 年我国投入农田总氮量仅 1.62×10^6 t,其中化肥氮仅 6 000 t。到 1983 年使用总氮量达 1.6×10^7 t,增加了近 10 倍,其中化肥氮达到 1.19×10^7 t,增加了 1 988 倍。1990 年化肥氮使用量达 1.75×10^7 t。如此大量投入,会加重对大气的污染。施肥对大气的污染主要有 NH_3 的挥发,反硝化过程中生成的 NO_x(包括 N_2O 和 NO 等)、沼气(CH_4)、有机肥的恶臭等。反硝化过程最终生成 N_2,虽在经济上是一项损失,但不会污染环境。

在水饱和或质地密实的土壤中,或在富氮的水底层都可以发生反硝化作用。我国尤其是南方,稻田面积大,氮肥施用量大,降雨多,发生反硝化作用的区域大。生成的 NO_x 会扩散到大气层中而导致同温层上臭氧含量减少,但围绕地球的臭氧层可保护人类和动物免受短波强烈辐射。NO_x 与稻田产生的 CH_4 以及卤代烃等均是温室气体。增加这些气体浓度提高了大气保持红外线辐射的能力,从而加剧全球温室效应。

挥发到大气中的氨通过降雨又回到土壤中再利用,回到河流湖泊的部分会增加水体中氮的负荷。

(二)农药对环境的污染

1. 农药对大气的污染

农药通过各种途径进入大气,后在大气中发生物理、化学变化。使大气中有害物质发生各种转化,转化的结果有利有弊,利的方面可使污染物浓度降低(通过降解和消除),弊的方面是向其他介质中转化,污染新的介质(土壤、水)或转化为更有害的物质。

在防治作物、森林中害虫、病菌、杂草和鼠类等有害生物而喷洒农药时,有相当一部分农药会直接飘浮在大气中,尤其以飞机喷洒或使用烟雾剂时进入大气的量最多。附着于作物体表的,或落入土壤表层的农药也有一部分被浮尘吸附,并逐渐向大气扩散,或者从土壤表层蒸发进入大气中。由农药厂排放出的废气,也是大气中的农药污染源。

2.农药对水体的污染

农药在水中的溶解度不高,但可吸附于水中的微粒上,随地表径流,进入水体。农药对水体的影响,在一般情况下表现不明显,而是通过农药的存在直接对水生生物的影响。农药在水体中极易进行水解,水解速度随水温的升高而加快,经水解常生成低毒物质。大多数磷酸酯类农药水解迅速,有机氯农药则较慢。多数农药在水溶液中还能发生光化学分解。

3.农药对土壤的污染

农药进入土壤后,与土壤中的固体、气体和液体物质发生一系列变化:物理、化学和生物化学反应,通过这些过程,土壤中的农药有以下 3 种归宿:①土壤的吸附作用使药残留于土壤中。②农药在土壤中进行气迁移和水迁移,并被作物吸收。③农药在土壤中发生化学、光化学和生物降解作用,残留量逐渐减少。

首先农药通过土壤对它的吸附作用而蓄积在土壤中,农药被土壤吸附后,其移动性和生理毒性也将随之发生变化。从某种意义上来说,土壤对农药的吸附作用就是土壤对有毒物质的净化和解毒作用。但这种净化作用是不稳定的,也是有限度的。当吸附的农药被土壤溶液中的其他物质重新置换出来时,即又恢复其原来的毒性。随后,进入土壤中的农药可以通过水迁移,气体扩散等方式在环境各要素之间运行。农药在土壤水分和土壤空气中扩散的强弱,依其溶解度和蒸汽压而不同。农药的迁移一方面使污染源的浓度降低,对降低污染起一定的积极作用;另一方面向外界迁移,周围介质中污染物浓度增加,又造成一定的污染。这样的作用在迁移过程中相辅相成。只有通过最后农药在土壤中的化学转化与降解作用,消散农药的作用,才使土壤的污染有减轻的程度。同样在一些化学变化中,新的有毒物质又生成,土壤又受到一次污染。农药在土壤中的作用既繁杂又变化莫测。它对土壤的污染作用机理总的来说是在土壤中残留有毒物质。

(三)水体富营养化

1.水体富营养化概念及产生

水体富营养化(eutrophication)是指在人类活动的影响下,生物所需的氮、磷等营养物质大量进入湖泊、河口、海湾等缓流水体,引起藻类及其他浮游生物迅速繁殖,水体溶解氧量下降,水质恶化,鱼类及其他生物大量死亡的现象。工业和生活污水的排放、化肥的过量使用、毁林带来的水土流失等一系列人为原因都加速了氮、磷等营养元素向水圈的转移,又没有采取相应的措施使其加速转出,因而造成了水体中营养物质的富集。其过程如图 4.10 所示。

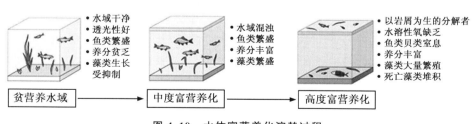

图 4.10　水体富营养化演替过程

(资料来源:Bush,2003)

农业用水、城市生活污水及工业废水的排入,地面径流和地下水的渗漏等,都可能使水体中的营养物质增加。究竟哪种形式起决定作用,要根据具体情况进行分析。要想精确估计农业施肥在富营养化中所起的作用是困难的,但也有不少人对此进行了研究,并做出粗略估计。如美国曾对威斯康星的门多塔湖进行调查,结果认为氮有 9% 来自农田径流,2% 来自地下,2% 来自降水,但其中未计沉积物的带入量。

2. 水体富营养化的危害

氮、磷等植物营养物质大量而连续地进入湖泊、水库及海湾等缓流水体,将提高各种水生生物的活性,刺激它们异常繁殖(主要是藻类),这样就带来一系列严重后果。

(1)藻类在水体中占据的空间越来越大,同时衰死藻类沉积塘底,使鱼类活动的空间越来越小。

(2)藻类及水体微生物过度生长繁殖,它们的呼吸作用和死亡的有机体的分解作用消耗大量的氧,在一定时间内使水体处于严重缺氧状态,严重影响鱼类的生存。

(3)随着富营养化的发展,藻类种类逐渐减少,并由以硅藻和绿藻为主转为以蓝藻为主。而多种蓝藻有胶质膜,不适于作鱼饵料,其中有一些种属或其分解物是有毒的,会对鱼类产生毒害作用,并给水体带来不良气味。

近年来,包括我国在内的全球水体富营养化问题正日趋严重,如我国的太湖、洞庭湖等湖泊水体富营养化的大面积发生,墨西哥湾赤潮的频发,水体富营养化对区域环境与渔业发展带来严重影响。从物质循环角度出发要减轻水体富营养化,就是要减少氮、磷等营养元素向水体输入,增加其输出,从而减少水体中氮、磷等营养元素的浓度,到达治理的目标。但是鉴于目前的技术水平有限,减少输入的调控更为容易,可以尽量截断人为的输入途径。

(四)生物放大现象(biomagnification)

生物体从周围环境中吸收某些元素或不易分解的化合物,并通过食物链向下传递,在生物体内的浓度随生物的营养级的升高而升高,最终使生物体内某些元素或化合物的浓度超过了环境中浓度并造成毒害的现象,叫作生物放大作用,又叫生物富集作用(bioconcentration),见图 4.11。

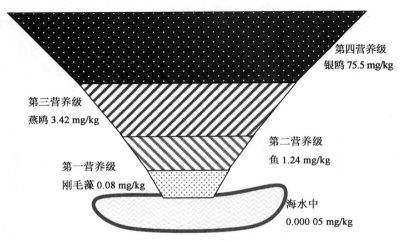

图 4.11　DDT 在水体中的生物放大作用示意图

生物放大现象是 20 世纪 60 年代在日本发现的。20 世纪 50 年代日本水俣市发现猫、狗等家畜经常性跳水致溺水而亡的事件，逐渐市民出现身体疼痒症状（称为水俣病），直到 60 年代才研究发现是由汞这种物质导致的。1923 年，水俣市的一个工厂生产氯乙烯与醋酸乙烯，其制取过程中需要使用含汞的催化剂。由于该工厂任意排放废水，这些含汞的剧毒物质流入河流，并进入食用水塘，转成甲基汞氯（化学式 CH_3HgCl）等有机汞化合物。经测定水体内这些有机汞化合物并未达到污染标准，但被水生植物吸收后，经植物—虾—鱼—猫（人）食物链的逐级传递与放大，最终导致在鱼类体内汞含量高达几十毫克每千克，严重超出食品安全食用范围，从而导致人和猫食用后的中毒现象。难分解的物质进入生物体内，其浓度随着食物链逐级增加，这一过程对人类来说调控难度比较大，因此减轻生物放大带来的危害主要是减少源头输入。

二、农业面源污染的控制

（一）农业面源污染的概念

因污染方式与影响范围的不同，可将环境污染分为点源污染（point source pollution）与面源污染（diffused pollution，DP）两种类型。

面源污染也称非点源污染（non-point source pollution，NPS），是指没有固定污染物排放点的环境污染，具体指溶解的和固体的污染物从非特定的地点，在降水（或融雪）冲刷作用下，通过径流过程而汇入受纳水体（包括河流、湖泊、水库和海湾等）并引起水体的富营养化或其他形式的污染（Novotny 和 Olem，1993）。面源污染与点源污染是相对的。点源污染指具有固定排放口或地点的环境污染，通常指工厂生产过程及产品、城市生活垃圾和农牧废弃物堆放等产生的污染。其特征是排放点位集中、排污途径明确、影响范围通常较小。

农业面源污染是最为重要且分布最为广泛的面源污染，其污染范围广，不确定性大，成分、过程复杂，难以控制。主要原因是：①作物种植面积比例大。②农田生产多为开放式生产，施用到农田中的污染物极易向大气和水体转移。③随着农副产品需求量的日益增加，化肥、农药施用量及农牧业废弃物产量也迅速增大。由于农业生产导致的面源污染具有排放分散、隐蔽、排污随机、不确定和不易监测等特点，使得对面源污染的管理成本大大增高。同时单位面积上的污染负荷小，人们往往忽视其宏观效应，但积累到一定临界点，释放时会产生巨大的累加效应，使农村环境甚至整个区域生态环境发生突如其来的"病变"。

（二）农业面源污染概况

当前，尽管人们对农业面源污染的认识和治理在不断加强，但随着农田养分与农药等生产资料的投入强度不断加大以及环境消纳污染能力的退化，面源污染的影响及效应越来越大，农业已是水体富营养化最主要的污染源。例如，在美国，自 20 世纪 60 年代以来，虽然点源污染逐步得到了控制，但是水体的质量并未因此而有所改善。经统计，面源污染约占总污染量的2/3，其中农业面源污染占面源污染总量的 68%～83%，农业已经成为全美河流污染的第一污染源。

中国农业面源污染问题日益突出，开展相关研究寻求解决面源污染治理的方法尤为必要。点源污染和面源污染共同作用，造成我国水域污染严重。目前我国受污染的农田面积已达$1\times10^7 \ hm^2$，全国有监制的 1 200 条河流中有 850 条受到污染。26 个主要湖泊、水库中 60% 存在不同程度的富营养化。全国有 2 800 km 的河段鱼虾基本绝迹,2.5×10⁴ km 的河流水质不符合渔业水质标准,包括长江中下游、松花江、辽河、淮河中下游、黄河兰州段。全国每年发生的急性污染事件数千起。据统计,由于农田污染,造成的直接经济损失每年达(2.30~2.60)×10¹⁰ 元。

(三)农业面源污染成因与控制的主要技术途径

(1)科学施肥,防治肥料污染。过量施肥是造成农业面源污染的最主要原因,剩余部分的氮、磷、钾元素进入水体,导致江河湖泊水体的富营养化;进入土壤,改变原有土壤的结构和特性,造成板结。以太湖流域为例,氮素在11%流失率时,进入水环境量为 53 101.4 t/a;而流失率为 20%时,进入水环境量为 96 547.52 t/a。磷素在 5%流失率时,进入水环境量为 2 656.74 t/a;当流失率为 7%时,进入水环境量为 3 719.40 t/a。因此,科学施肥是防治化肥面源污染的有效技术对策。

(2)合理用药,减少农药残留。据调查,全国农药喷施有 60%~70%进入环境中,仅约30%被农作物吸收。喷洒液体农药,仅有 20%左右附着在植物体上,1%~4%接触到目标害虫,其余 40%~60%降落到地面,5%~30%的药剂飘游于空中。农药不合理的使用和浪费,导致土壤、水体和大量农产品受到污染,并导致一些地区农田生态平衡失调,其负面效应已愈发明显。通过采用病虫草害综合防治技术可有效地减少和消除农药污染,主要技术措施包括:①选育抗病、抗虫、抗草品种,减少农药使用量。②加强对病虫草害的预报,做到早防治。③选用高效、低毒、易降解的农药,禁使用致畸、致癌、致突变的"三致"农药。④推广应用病虫草害生物防治技术。⑤有机农药的研发和使用,利用植物杀虫剂、害虫雄性不育技术、引诱激素技术等杀除害虫。

(3)提高农业生产资料工艺技术、降低投入使用量,防治固体废弃物污染。随着设施农业的普及,以农用地膜为代表的固体废弃物的污染正在凸显,目前普遍使用的农膜属高分子有机聚合物,在土壤中不易分解,同时降解会产生有害物质。减缓固体废弃物污染,一方面要改进农田生产技术,高效、循环利用相关材料,以减少地膜等生产资料的投入量;另一方面,改进此类生产材料的生产工艺,研发低残留、可降解材料。

(4)升级畜牧业养殖水平及废弃物处理技术,防治畜禽养殖业污染。我国的畜禽养殖业近年来发展迅速,畜禽养殖业的环境污染总量、污染程度和分布区域也随之变化。畜禽粪便主要污染物化学耗氧量(COD)和生物耗氧量(BOD)的流失量逐年增加。2010 年,COD 的流失量达到 7.0×10⁶ t 以上,BOD 的流失量达到 5.0×10⁶ t 左右。为有效地防除养殖业造成的污染,一方面要制定相关法规条例,要求划定畜禽禁养区;停止审批新建或扩建规模化畜禽养殖企业;引导畜禽养殖企业走生态养殖道路;减少禽畜废水直接向水体排放;实施和推广品种改良畜禽技术;对禽畜养殖场的粪便进行综合利用。

(5)实施生态农业系统工程,推进农业废弃物循环利用。通过建设沼气池,循环利用农业废弃物,减少农业废弃物对环境的污染;实施秸秆还田技术,有效地控制农业面源污染;建立循环农业生态模式,促进"农业废弃物"循环利用。

(6)加强农村生活污水处理,减少生活污水对面源污染的贡献率。农村截污处理可以有效地降低污染物含量,减少生活污水对面源污染的贡献率。可在农村附近修建适当的截污塘,或利用农村附近的废弃坝塘作为截流农村污水的场所,截流的水可以通过土地处理或种植茭白、莲藕等水生植物,然后排入农田,经农田利用后再排入河流。

(7)制定农业面源污染防治国家方案,进行面源污染的全局调控。面源污染的产生和危害不是一村一地之事,防治面源污染需要区域甚至全国制定整体规划才能真正地取得成效。因此积极借鉴国外成功经验,紧密结合我国实际情况,着手论证起草我国农业面源污染防治方案,明确农业面源污染防治工作的指导原则、基本思路和工作重点。同时,国家和地方应制定合理的法律法规,对违法违规的生产和排放行为予以严厉惩罚。

为解决我国农业生产、生活对物质循环干扰较大而造成环境污染问题,要充分重视构建良性循环农业生态系统,提高物质循环效率,减少农业废弃物排放,加强污染治理和生态保护,让我们的天更蓝、山更绿、水更清。

思 考 题

1.生态系统物质循环的主要类型有哪些?

2.什么是温室效应?简述温室效应与农业生产的关系。

3.农业生态系统氮(磷、钾)素的主要输入和输出途径有哪些?如何提高养分的循环和利用效率?

4.土壤有机质的主要作用是什么?

5.农业生态系统物质循环的主要农业环境问题有哪些?

6.农业面源污染主要有哪些?如何控制农业面源污染?

7.简述生物富集含义及危害。

8.简述水体富营养化产生的原因及危害。

9.简述几种主要物质的地质循环及人类活动对其的干扰。

参 考 文 献

[1] Blazewicz S J, Schwartz E, Firestone M K. Growth and death of bacteria and fungi underlie rainfall-induced carbon dioxide pulses from seasonally dried soil. Ecology, 2014, 95 (5): 1162-1172.

[2] Bush M B. Ecology of a changing planet. USA, Englewood: Prentice Hall, 2003.

[3] Cai C, Yin X, He S, et al. Responses of wheat and rice to factorial combinations of ambient and elevated CO_2 and temperature in FACE experiments. Global change biology, 2016, 22(2): 856-874.

[4] Chapin F S, Matson P A, Vitousek P M. Principles of Terrestrial Ecosystem Ecology (Second Edition). Germany, Berlin: Springer, 2011.

[5] Lal R. Soil carbon sequestration impacts on global climate change and food security. Science, 2004, 304(5677): 1623-1627.

[6] Long S P, Ainsworth E A, Leakey A D, et al. Food for thought: lower-than-expected crop yield stimulation with rising CO_2 concentrations. Science, 2006, 312(5782): 1918-1921.

[7] 陈阜.节水农作制建设的战略意义与途径.山西农业科学,2010,38(1):23-25.

[8] 陈阜.农业生态学.2版.北京:中国农业大学出版社,2011.

[9] 陈先江.黄土高原农业土地利用对土壤呼吸与有机碳贮量的影响(博士论文).兰州:兰州

大学,2011.

[10] 房金星,阎伍玖.巢湖流域农村畜牧业发展与非点源污染研究.资源与环境,2007,23(4): 345-363.

[11] 康绍忠,马孝义.对我国发展节水农业几个问题的思考.中国农业资源与区划,1999,20 (2):30-32.

[12] 科学技术部中国农村技术开发中心.节水农业技术.北京:中国农业科学技术出版 社,2007.

[13] 科学技术部中国农村技术开发中心.节水农业在中国.北京:中国农业科学技术出版 社,2006.

[14] 李博.生态学.北京:高等教育出版社,2000.

[15] 骆世明.农业生态学.长沙:湖南科学技术出版社,1987.

[16] 邱建军,李虎,王立刚.中国农田施氮水平与土壤氮平衡的模拟研究.农业工程学报, 2008,24(8):40-44.

[17] 山仑.节水农业与作物高效用水.河南大学学报:自然科学版,2003,33(1):1-5.

[18] 沈亨理.农业生态学.北京:中国农业出版社,1996.

[19] 吴普特,冯浩,牛文全,等.现代节水农业技术发展趋势与未来研发重点.中国工程科学, 2007,9(2):12-18.

[20] 杨林章,孙波.中国农田生态系统养分循环与平衡及其管理.北京:科学出版社,2008.

[21] 杨晓光,刘志娟,陈阜.全球气候变暖对中国种植制度可能影响:I.气候变暖对中国种植 制度北界和粮食产量可能影响的分析.中国农业科学,2010,43(2):329-336.

[22] 杨志峰,支援,尹心安.虚拟水研究进展.水利水电科技进展,2015,35(5):181-190.

[23] 张心昱,陈利顶,傅伯杰,等.不同农业土地利用方式和管理对土壤有机碳的影响——以 北京市延庆盆地为例.生态学报,2006,26(10):3198-3204.

第五章　农业生态系统的能量流动

本章提要

● **概念与术语**

食物链(food chain)、食物网(food web)、人工辅助能(artificial auxiliary energy)、初级生产(primary production)、次级生产(secondary production)、生态效率(ecological efficiency)、生态金字塔(ecological pyramid)、能值(emergy)、辅助能(auxiliary energy)、生物质(biomass)、生物质能(biomass energy)。

● **基本内容**

1. 能量的基本形态与来源。

2. 生态系统能量流动和转化的途径。

3. 农业生态系统能量转化与流动途径。

4. 农业生态系统能量转化的基本原理。

5. 农业生态系统的能量生产:初级生产和次级生产。

6. 初级生产和次级生产的关系。

7. 农业生态系统的辅助能:人工辅助能类型、作用及其产投效率。

8. 生物质能源及其开发利用途径。

能量(energy)在物理学上指物质具有做功的能力,是所有生命运动的基本动力,是物质运动的量度。生态系统作为以生命系统为主要组分的特殊系统,无时无刻不在进行着能量的输入、传递、转化和做功,形成了一条"环境→生产者→消费者→分解者"的生态系统各个组分之间的能量流动链条,维系着整个生态系统的运转,能量的转化和流动是生态系统最基本也是最重要的功能。农业生态系统中的能量流动除遵循所有生态系统能量流动的一般规律外,由于人工辅助能量的大量投入,极大地强化了能量的转化速率和生物体对能量储存的能力。因此,了解农业生态系统的能量流动与转化规律,对分析农业生态系统的功能、其组分之间的内在联系及生产力的形成是非常必要的。

第一节　农业生态系统能量流动途径

一、农业生态系统的能量来源

能量作为一种做功的动力,根据其是否做功,可划分为动能(dynamic energy)与潜能(potential energy)两种形式。动能是正在做功的能量,而潜能是尚未做功,但具有潜在做功能力的能量。自然界动能存在的形式很多,如正在辐射的太阳光能,正在流动的气流、水流所产生的风能与水能,海水涨落所产生的潮汐能,生物生命活动所消耗的化学能,人类劳动所付出的体能等。潜能的形式也随处可见,如埋藏地下的各种化石能,储存在动植物体内的各种化学能,静止水体中的潜在水能,静止地壳所存在的运动能等。动能和潜能的存在形式可以自发地或在外力的作用下相互转化。对农业生态系统而言,能量在流动过程中以不同表现形式发生着动能、潜能之间的相互转化,但无论是哪种形式的能量,其来源都是自然能量源和人工辅助能。其中,自然能量源主要包括太阳能和地热能、潮汐能、风能、雨水化学能等其他自然辅助能;人工辅助能主要包括工业辅助能和生物辅助能(表5.1)。

表 5.1　农业生态系统的主要能量来源

能量来源分类		说　　明
自然能量源	太阳能	农业生态系统主要能量源,作物光合作用利用
	其他自然辅助能	地热能、潮汐能、风能、雨水化学能、降雨势能等
人工辅助能	生物辅助能	来自生物有机体的能量,如劳力、畜力、种子、有机肥等
	工业辅助能	来源于工业的能量投入,包括石油、煤、天然气、电能等含能物质直接投入能源以及化肥、农药、机具、农膜等生产过程中消耗了大量能量的工业辅助能

(一)自然能量源

1. 太阳能

太阳能是农业生态系统中能量的最主要来源。占太阳总辐射能99%的主要波长光(0.15~4 μm)范围内,包括约50%的可见光(0.4~0.76 μm)、43%的红外线(>0.76 μm)和7%的紫外线(<0.4 μm)。各种波长的光在自然界中具有不同的效应,红外线会产生热效应,有助于形成生物生长的热量环境;紫外线具有较强的组织穿透能力和破坏能力,能提高植物组织中蛋白质及纤维素含量,还会杀死微生物;由红、橙、黄、绿、青、蓝、紫7种不同波长的单色光所构成的可见光,一般除绿光外,均是绿色植物进行光合作用的生理辐射,其中红橙光为植物叶绿素最容易吸收部分,是光合作用的主要能源。植物一般只能将其中的小部分生理辐射能转化为化学能,并贮存在有机物里,一般太阳辐射能利用率在1%~5%,由于环境条件和植物种类的不同,植物实际的光能利用率多在0.5%~3.0%。据测定,日地平均距离在大气外层垂直于太阳射线的每平方厘米面积上每分钟所接受的太阳辐射能为8.1 J(折合1.94 cal/cm²,称为太阳常数)。太阳辐射进入大气层后,25%被大气层或云反射回去,10%被云层吸收,9%被臭氧、水蒸气和二氧化碳等所吸收,9%被尘埃所散射,只有47%的能量能到达地球表面。就全球平均而言,地球表面每平方厘米每分钟所接受的太阳辐射能仅为太阳常数的1/4,即全年约为5.46×10¹⁴ J/hm²。地球上任何地方所接受到的太阳辐射量因纬度、季节而异。从世界范围来看,到达地球表面的太阳能,大部分地区年辐射量在(1.53~12.2)×10¹⁴ J/hm²。我国各地的年辐射量变化为(3.58~10.0)×10¹⁴ J/hm²。

2. 其他自然辅助能

除太阳能外,农业生态系统中还存在风能、雨水化学能、降雨势能和地热等其他自然形式的能量,这些能量对农业生态系统中能量的转化与传递起着辅助作用。

（二）人工辅助能

1．生物辅助能

生物辅助能（biological auxiliary energy）是指来自生物和有机物的能量，如劳力、畜力、种子、有机肥和饲料等，也称为有机辅助能。生物辅助能是可更新能量源，因为其本质上都是来源于太阳能。生物辅助能的投入对于农业生态系统的运转来说是必需的，这既包括人力或畜力投入在农业生产各环节做功，也包括作物种子的能量供应，还包括各种有机废弃物还田后作为肥料对农田肥力的补充。

2．工业辅助能

工业辅助能（industrial auxiliary energy）是指来源于工业的能量投入，也称为无机能、商业能或化石能，包括以石油、煤、天然气和电能等含能物质直接投入农业生态系统的直接工业辅助能，以及以化肥、农药、机具、农膜、生长调节剂和农用设施等在制造过程中消耗了大量能量的物质形式投入的间接工业辅助能。

二、农业生态系统能量流动的基本途径

（一）食物链与食物网

食物链和食物网是生态系统中能量流动的基本途径。

食物链（food chain）指生态系统中生物组分通过吃与被吃的关系彼此连接起来的一个序列，组成一个整体，就像一条链索一样，这种链索关系就被称为食物链。绿色植物通过固定光能转化形成化学能（或食物能），这些食物能被食草动物所取食，食草动物再为肉食性动物或分解者所取食，从而形成了一条由食物关系所联结成的"链条"。沿着这条食物链，能量和物质得到了传递和转化，维系着整个生态系统的生命力。食物链上能量和物质被暂时储存和停留的位置，也即每一种生物所处的位置（环节）称为营养级。食物链在生物界是普遍存在的。在不同生态系统中均可以按食物链的发端和生物组分取食的方式归纳为捕食食物链、腐食食物链和寄生食物链3种类型。捕食食物链（predator chain）是起始于植物，经过食草动物再到食肉动物，以活有机体为能量来源的食物链类型，如海洋中的"浮游植物→浮游动物→虾→鱼"，草原上的"草→羚羊→狮子"，农田中的"水稻→蝗虫→青蛙"等。腐食食物链（saprophytic food chain）是指以死亡有机体或生物排泄物为能量来源，在微生物或原生动物参与下，经腐烂、分解将其还原为无机物并从中取得能量的食物链类型，如在农业上用秸秆、粪便生产沼气，用棉籽壳、稻草培育蘑菇等。寄生食物链（parasitic food chain）是以活的动植物有机体为能量来源、以寄生方式生存的食物链，如植物型的"大豆→菟丝子"，动物型的"哺乳动物→跳蚤→原生动物→细菌→病毒""马→蛔虫"等。在农业生态系统中，为了充分合理地利用能量与物质，人类常有目的地将各类型食物链组合，形成了既有活食性生物又有腐生性生物甚至还有寄生性生物的混合食物链。如"稻草→牛（牛粪）→蚯蚓→鸡（鸡粪）→猪（猪粪）→鱼""菜（温棚）→鸡（鸡粪）→沼气（沼渣）→肥田""稻→螟→赤眼蜂"等。

在生态系统中，各种生物组分之间的取食与被取食关系，往往不是单一的，多数情况是交织在一起，即一种生物常常以多种食物为生，而同一食物又往往被多种消费者取食，于是就形成了生态系统内多条食物链相互交织、互相联结的"网络"，这种网络被称为食物网（food web）（图5.1）。食物网使生态系统中各种生物组分直接或间接地联系了起来。生物种类越多，食性越复杂，形成的食物网也越复杂。一个具有复杂食物网的生态系统，往往稳定性越强，易于

保持平衡。因为当某一食物链发生障碍时,其他食物链可以进行调节和补偿。例如,草原上的野鼠因流行病大量死亡时,以捕食野鼠为生的猫头鹰数量并不会因此而减少,因为草原鼠害减轻后,野生草类得以繁茂,兔子的数量又会增加,猫头鹰则把捕食对象转移到了野兔种群。在农业生态系统中,作物、林木、牧草、畜禽等种类或品种丰富,同样能增加农业生态系统的稳定性。这在生态环境较差、经济不发达地区尤为重要。

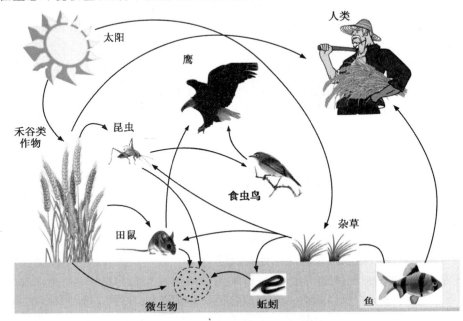

图 5.1 一个简化的农田生态系统食物网示意图

(二)生态系统能量流动的路径

由于生态系统中往往具有复杂的食物链和食物网营养关系,辅助能的输入又是多途径的,因此生态系统的能量流动也常常是多路径进行的。但是,无论是哪一种类型的生态系统,无论其食物网结构如何复杂,在宏观尺度下,所有生态系统的能量流动皆按照图 5.2 所示的不包括第四条路径的方式传递。生态系统的能量流动始于初级生产者(绿色植物)对太阳辐射能的捕获,通过光合作用将日光能转化为储存在植物有机物质中的化学潜能,这些被暂时储存起来的化学潜能由于今后的去向不同而形成了生态系统中能量流动的不同路径。

1.能量流动主路径(第一条能量路径)

该路径中,植物有机体被一级消费者(食草动物)取食消化,又被二级消费者(食肉动物)或更高级的消费者取食消化。其中,一级、二级消费者或更高级的消费者又被称作二级、三级生产者或更高级生产者(次级生产者)。能量沿食物链各营养级流动,每一营养级都将上一级转化而来的部分能量固定在本营养级的生物有机体中,但最终随着生物体的衰老死亡,经微生物分解全部能量逸散归还于非生物环境。

2.各级能量分解路径(第二条能量路径)

能量在生态系统主路径流动过程中,在各个营养级中都有一部分死亡的生物有机体以及

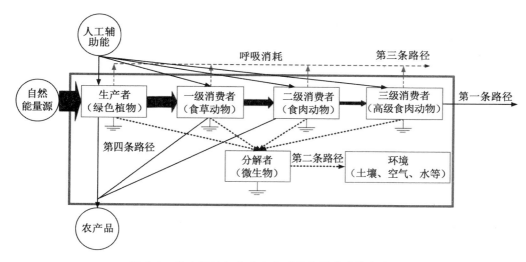

图 5.2 生态系统与农业生态系统能量流动基本路径

排泄物或残留体进入腐食食物链,在分解者(微生物)的作用下,这些复杂的有机化合物被还原为简单的 CO_2、H_2O 和无机物质,有机物质中的能量以热量的形式散发于非生物环境中。

3.能量呼吸耗散路径(第三条能量路径)

生态系统中,无论哪一级生物有机体在其生命代谢过程中都要进行呼吸作用。在这个过程中,有机体中存储的化学潜能做功,维持了生物的代谢,并驱动了生态系统中物质流动和信息传递,生物化学潜能也转化为热能,散发于非生物环境中。

(三)农业生态系统"双通道型"能量流动途径

农业生态系统在具有自然生态系统的 3 条基本能量流动途径的基础上,还具有农业生态系统特有的第 4 条能量流动途径。从能量来源上讲,除了太阳辐射能之外,农业生态系统中还有大量的人工辅助能量的投入。人工辅助能的投入并不一定直接转化为生物有机体内的化学潜能,大多数在做功之后以热能的形式散失,它们的作用是强化、扩大、提高农业生态系统能量流动的速率和转化率。从能量的输出来看,人类要持续地从农业生态系统中取走各种产品,在此过程中,大量的能量与物质流向系统之外,形成了一股强大的输出能量流。这是农业生态系统区别于自然生态系统的一条能量流动的路径,也称为农业生态系统"双通道型"能量流动途径,即第 4 条能量流动的路径(图 5.2)。在这种能流双通道型运作下,能量流动强度加大、能量散逸量增多,系统能流效率有可能提高,也可能降低。

第二节　能量流动与转化的基本定律

农业生态系统能量转化的实质就是人类利用动植物的生物学特性,固定、转化太阳辐射能为植物产品和动物产品中化学潜能的生物学过程。在此过程中,能量不断地消耗与输出,并逐级减少。同生态系统一样,农业生态系统中的能量流动与转化同样遵守以下热力学基本定律。

一、能量转化定律

(一)热力学第一定律——能量守恒定律

热力学第一定律(the first law of thermodynamics)即能量守恒定律,是指能量可以在不同的介质中被传递,也可以被转化为不同的形式,但在传递和转换的过程中,能量的数量是守恒的。在热功转换过程中可用下列公式表示:

$$Q = \Delta U + W$$

式中:Q 为系统吸收的能量;ΔU 为系统的内能变化;W 为系统对外所做的功。

例如,在作物光合作用过程中,每固定 1 mol 的 CO_2 大约要吸收 2.09×10^6 J 的日光能,而光合产物中只有 4.69×10^5 J 的能量以化学潜能的形式被固定下来,其余的 1.62×10^6 J 的能量则以热量的形式消耗在固定 1 mol 的 CO_2 时所做的功中。在这个过程中,日光能分别被转化为化学潜能与热能形式,但总量仍是 2.09×10^6 J,既没有被创造,也没有被消灭。

二、能量衰变定律

(一)热力学第二定律——能量衰变定律

19 世纪中期,德国物理学家克劳修斯提出了热力学第二定律(the second law of thermodynamic),又称能量衰变定律,是描述能量传递方向和转换效率的规律。它主要阐明两点:①自然界的能量传递是有方向性的,总是由高能态向低能态转换。②能量转换过程中总有一部分能量转变为不可利用的热能被损耗掉,因此任何能量的转换效率都不可能达到 100%。

由热力学第二定律可知,生态系统中的能量从一种形式转化为另一种形式时,总有一部分能量转化为不能利用的热能而耗散。比如,生态系统中每一个营养级的能量都不能全部传给下一个营养级,各营养级都必会将一部分能量转变为热能,用以维持自身的生长、发育、繁殖等生命活动。剩下的能量才用于合成新的生物组织作为潜能贮存下来。

(二)熵与耗散结构理论

熵(entropy)是从热力学第二定律中抽象出来的一个概念,是对系统的无序程度进行度量的热力学函数。其定义为,系统从温度为绝对零度时无分子运动的最大有序状态(此时系统的熵值为零)向某种含热状态转变过程中热量变化与温度变化的比值。熵定律认为一切自发过程总是沿着熵增加的方向进行,直至达到熵最大状态,即平衡态。如热自发地从高温物体传递到低温物体,直到二者的温度相同。因此,熵增加就是系统从有序走向无序的无序性增加过程。可见,一个封闭系统最终要走向无序,直至解体。农业系统熵的农业意义是:当农业系统能量产投比大于 1 时,产出能高于投入能,农业系统熵值为负,产投比越大,农业系统熵的负值(或绝对值)越大,农业系统的能量转换效率就越高;当农业系统能量产投比小于 1 时,产出能低于投入能,农业系统熵值为正,表明农业系统投入能中部分被无效耗散,或存在着能量浪费。

然而,很多现象表明,开放系统的发展方向是从无序走向有序,从低度有序状态走向高度有序状态,比如生态系统中的生物群落会朝着结构和数量趋向稳定的方向发展。这种有序是如何维持的呢?比利时科学家普利高津 1969 年提出的耗散结构理论(dissipative structure theory)解决了这一矛盾问题。耗散结构理论认为,通过与外界环境进行物质和能量的不断交换和建立新的结构(自组织),增加开放系统的负熵,使开放系统在远离平衡态的非平衡状态下保持一种既稳定又有序的状态,这种状态就是耗散结构。

作为一个能量和物质转换的开放系统,农业生态系统本身就是一种开放的远离平衡态的热力学系统,为了维持其自身的稳定和发展,也必须通过不断地输入能量与物质(包括太阳能和人工辅助能)和优化结构(比如优化农业生态系统中种植业和下一能级的养殖业之间的结构关系),使系统保持高度的有序性和稳定性,形成有效的耗散结构。例如,农业生态系统中,通过光合和同化作用,引入负熵值,形成并保持一种内部高度有序的低熵状态,并由呼吸作用和做功不断把正熵导出环境,降低无序状态,从而形成一种连续有效的耗散结构,维持生物与环境进行能量物质交换。

三、林德曼效率与生态金字塔

(一)林德曼效率

美国生态学家林德曼(R. L. Lindeman)在 20 世纪 30 年代末对美国 Cedar Gog 湖的食物链进行研究后发现,生物量或能量按食物链的顺序在不同营养级转移时,有稳定的数量级比例关系,通常后一级生物量或能量只等于或者小于前一级的 1/10。林德曼把生态系统中存在的这种定量关系,叫作"十分之一定律"。后来大量研究证明,这一定律适用于水域生态系统,对陆地生态系统不完全适用,然而,它的重要意义在于开创了生态系统能量转化效率的定量研究,并初步揭示了能量转化的耗损过程和低效能原因,为今后深入研究奠定了基础。在林德曼研究工作的基础上,此后的研究进一步证实了众多生态系统的林德曼效率是在 10%～20%。

林德曼效率只揭示了营养级之间的能量转化效率,此后的研究表明能量转化效率不仅反映在营养级之间,还反映在营养级之内,因为发生在营养级之内的大量能量耗损,也是影响能量转化效率的重要方面(图 5.3)。能量转化效率在生态学上又被称为生态效率。因此,这一定律也被称为生态效率定律。

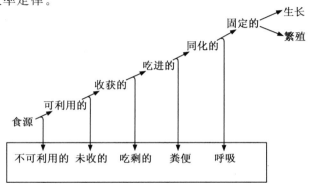

图 5.3 能量在营养级内和营养级间的损耗

(二)生态效率及参数

生态效率(ecological efficiency)是指各种能流参数中任何一个参数在营养级之间或营养级内部的比值关系。它既可以表示能量沿食物链传递的过程中,后一营养级的能量与前一营养级能量之比;又可以用于同一营养级能流过程中各个环节的比较,如生产者的净初级生产力与总初级生产力的比率。表征生态效率的几个重要参数及含义如下。

(1)摄食量(I)。一个生物所摄取的能量。对植物来说,表示光合作用所吸收的日光能;对动物来说,代表吃进食物的能量。

(2)同化量(A)。对于动物,同化量代表消化道吸收的能量(吃进的食物不能完全被吸收);对于分解者,指的是细胞外吸收的能量;对于植物,代表光合作用中固定的日光能。

(3)呼吸量(R)。指生物在新陈代谢和各种活动中通过呼吸作用所消耗的全部能量。

(4)生产量(P)。指生物在呼吸消耗后净剩的同化能量值,即 $P = A - R$。它以有机物质的形式积累在生物体内或生态系统中。

表征营养级之间的生态效率的参数及计算公式:

(5)摄食效率(林德曼效率)。该营养级摄食量(I_n)与上一营养级摄食量(I_{n-1})之比,即 I_n/I_{n-1}。

(6)同化效率。该营养级同化量(A_n)与上一营养级同化量(A_{n-1})之比,即 A_n/A_{n-1}。

(7)生产效率。该营养级生产量(P_n)与上一营养级生产量(P_{n-1})之比,即 P_n/P_{n-1}。

(8)利用效率。该营养级生产量(P_n)与上一营养级同化量(A_{n-1})之比,即 P_n/A_{n-1}。

表征营养级内部的生态效率的参数及计算公式:

(9)组织生长效率。生产量(P_n)与同化量(A_n)之比,即 P_n/A_n。

(10)生态生长效率。生产量(P_n)与摄食量(I_n)之比,即 P_n/I_n。

(11)同化效率。同化量(A_n)与摄食量(I_n)之比,即 A_n/I_n。

(12)维持价。生产量(P_n)与呼吸量(R_n)之比,即 P_n/R_n。

(三)生态金字塔

生态金字塔(ecological pyramid)是生态学研究中用以反映食物链各营养级之间生物个体数量、生物量和能量比例关系的一个图解模型。依据生态效率定律,随营养级由低到高,其个体数目、生物现存量和所含能量一般呈现出基部宽、顶部尖的立体金字塔形。其用数量表示称为数量金字塔,其用生物量表示称为生物量金字塔,其用能量表示称为能量金字塔。以后的研究发现,能较好地反映营养级之间比例关系的是能量金字塔。它是利用各营养级所固定的总能量值的多少来构成生态金字塔,不会出现倒置,是最为准确和重要的一种(图5.4)。

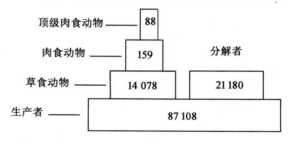

图 5.4　能量金字塔[kJ/(m^2 · α)]

能量金字塔不但可以表明流经每一个营养级的总能量值,而且更重要的是可以表明各种生物在生态系统能量转化中所起的实际作用,对提高能量利用与转化效率、调控营养结构、保持生态系统稳定性具有重要的指导意义。食物链长,塔的层次多、能量消耗多、储存少,系统不稳定。食物链短,塔的层次少、基部宽,能量储存多,系统稳定。但食物链过短,塔的基部过宽时,则能量利用率太低、浪费大。对于农业生态系统,不仅要求系统稳定,还要求其转化效率要高,才能获得较多的生物产品,以提高系统生产力。另外,食物链与生态金字塔理论,对建立合理的农业生态系统结构,保持适宜的人地比例、农牧比例、草场载畜量以及人类食物构成上均有重要的指导作用。

第三节　农业生态系统的能量生产

任何一个生态系统都进行着两大类能量的生产,即初级生产(primary production)和次级生产(secondary production),农业生态系统同样存在这样两个生产过程,但在生产力方面有着同自然生态系统不同的特点。了解农业生态系统的能量生产过程和特征,有助于合理调控系统结构,提高系统的能流效率和生产力。

一、初级生产

(一)初级生产的能量转化

初级生产也称为第一性生产,主要是指绿色植物进行光合作用积累能量的过程。其化学反应过程可以表示为:

$$6CO_2 + 12H_2O + 太阳辐射能 \longrightarrow C_6H_{12}O_6 + 6H_2O + 6O_2 \uparrow$$

植物每产生 1 mol 有机物($C_6H_{12}O_6$)就能以化学能的形式固定 2 821 kJ 的太阳能。在单位时间内(年、小时、分等)、单位面积上(hm², m² 等)初级生产积累的能量或者干物质的量称为初级生产力(量),或称为第一性生产力(量)。植被生产力可以分为总初级生产力(gross primary production,GPP)和净初级生产力(net primary production,NPP)。前者是指生态系统中绿色植物通过光合作用,吸收太阳能同化 CO_2 制造的有机物;后者则表示从总初级生产力中扣除植物自养呼吸所消耗的有机物后剩余的部分。在植被总初级生产力中,平均有一半通过植物的呼吸作用重新释放到大气中,另一部分则构成植被净初级生产力,形成生物量。陆地生态系统植被生产力体现了在自然条件下的生产能力,是一个估算地球支持能力和评价生态系统可持续发展的重要指标。同时,大约40%的陆地生态系统植被生产力被人类直接或间接利用,转化为人类的食物、燃料等资源,是人类赖以生存与持续发展的基础。陆地生态系统植被生产力一直是地球系统科学领域内的研究热点,伴随着国际生物学计划、人与生物圈计划和国际地圈生物圈计划的推动,学术界开展了关于生态系统生产力的大量定位观测和模型模拟研究。

地球上不同类型的自然生态系统,受光、温、水、养分等因子和生态系统本身利用这些因子能力的制约,初级生产力的差异很大。这种初级生产力的差异决定了生态系统的系统生产力,也决定了其对异养生物(包括人类)的承载能力,同时还影响到人类对其开发、利用的程度和需要采取的保护性措施。地球各自然生态系统的净初级生产力在(20～1 600) g/(m² · a),以热带雨林最高,平均为 1 000 g/(m² · a)。全世界耕地的平均净初级生产力为 650 g/(m² · a)。

(二)农业生态系统的初级生产力

农业生态系统的初级生产力包括农田、草地和林地。根据 2008 年数据分析,全球农田土地净生产力最高的是热带和亚热带湿润阔叶林带,为 9.42×10^{11} g/(m² · a),面积也最大,占全球的 29%;面积较大的还有热带和亚热带草原、温带阔叶混交林和北方森林/针叶树林地,农田净生产力为 $(4.50 \sim 7.50) \times 10^{11}$ g/(m² · a)(表 5.2)。

表 5.2 全球主要生态系统净初级生产力

生态系统类型	全球生态系统 NPP 占比(%)	面积 ($\times 10^4$ km²)	单位面积 NPP $[\times 10^{11}$ g/(m² · a)]	单位时间 NPP ($\times 10^9$ t/a)
1.热带和亚热带湿润阔叶林	29.0	20.0	9.42	19.0
2.热带和亚热带干阔叶林	4.2	3.8	7.19	2.7
3.热带和亚热带针叶林	0.7	0.6	7.35	0.5
4.温带阔叶混交林	11.0	13.0	5.66	7.3
5.温带阔叶混交林	3.2	4.4	4.78	2.1
6.北方森林/针叶树林地带	11.0	16.0	4.57	7.4
7.热带和亚热带草原,稀树草原	20.0	19.0	6.57	13.0
8.温带草原,稀树草原和灌木丛	6.8	10.0	4.60	4.4
9.水淹的草原和稀树草原	1.0	1.1	5.74	0.6
10.山地草原和灌丛	2.9	5.2	3.64	1.9
11.苔原	2.6	11.0	1.50	1.7
12.地中海森林,林地和灌木丛	1.9	3.3	3.86	1.3
13.沙漠和旱生灌丛	5.5	28.0	1.29	3.6
14.红树林	0.4	0.3	7.44	0.3

资料来源:Medková H.,2017。

从不同作物在各个国家的净生产力比较来看,我国主要作物的净生产力要低于世界其他国家和世界平均水平(表 5.3)。

表 5.3　世界主要作物和国家农田净初级生产力　　　　　　　　　　　t/hm²

作物	美国	印度	中国	俄罗斯	印度尼西亚	巴西	世界
小麦	2.8	1.3	1.2	4.3	—	3.4	2.1
玉米	0.9	3.5	1.1	4.9	3.7	2.7	1.8
水稻	1.1	1.8	0.7	2.6	3.4	3.2	1.7
南瓜	0.6	—	2.3	1.2	—	—	1.8
黄豆	2.9	5.1	3.7	12.9	9.5	2.7	3.2
大麦	2.1	2.1	2	5.3	—	3.2	2.6
高粱	2.1	7.1	1.7	—	—	4.5	5.0
粟	5.3	5.0	3.1	7.8	—	—	7.8
豆类	3.6	14.8	4.3	6.4	35.6	14.1	11.8

资料来源：Medková H.，2017。

二、次级生产

次级生产是指初级生产以外的有机体的生产，即消费者、分解者利用初级生产的有机质进行的同化作用，表现为自身的生长、繁殖和营养物质的储存。初级生产者以外的异养生物（包括消费者和分解者）称为次级生产者。初级生产是如绿色植物利用太阳光能制造有机物质的过程，而次级生产是动物、微生物等对这些物质的利用和再合成，其能量的固定和转化是通过摄食、分解和合成等完成的。

（一）次级生产的能量平衡

在次级生产摄食的能量中，只有一部分被消化，很大部分以粪便的形式被排出体外。从被采食的初级产品的总能中减去粪能即可消化部分所含的能量叫作消化能。但消化能也不是全部被动物利用，其中一部分以尿素或尿酸形式从尿中排出，一部分以甲烷及氢气的形式排出。从消化能中减去尿能和气体能后的剩余能量叫作代谢能。动物在进食过程中还要消耗能量。这部分能量以热的形式排出体外，叫作热增耗。从代谢能中扣除热增耗的能量叫作净能。净能首先满足动物的维持需要，余下部分才用于增重、产奶、产蛋等生产，即转化为次级产品。其能量转化过程的平衡可用公式表示为：

$$P = NI + I$$
$$I = A + (R_1 + R_2) + (F + U + G)$$

式中：P 为净初级生产总量；NI 为未被食用的部分；I 为被食用的部分；A 为储存能；R_1 为热增耗；R_2 为维持能；F 为固态排泄量；U 为液态排泄量；G 为气态排泄量。

（二）次级生产的能量转化效率

次级生产对初级生产的能量转化效率是关系到数个营养级的过程（植物—食草动物——一级食肉动物—二级食肉动物……），因此，它的转化效率也比较复杂。然而，人们比较关注和相对比较重要的有营养级之间的能量利用效率和营养级内的生长效率。

1.营养级之间能量利用效率(或消费效率)

首先是初级生产量被食草动物吃掉的比率。在自然生态系统中,惠特克(1975)经过研究得出以下消费效率:热带雨林7%,温带落叶林5%,草地10%,湖泊20%,海洋40%。此外,摄入效率与动物的种类或不同时期有关,表5.4中可以看出,不同马匹所处的生产发育阶段饲草的摄入效率有显著差别,另外饲草种类对马匹的摄入效率影响也较大。

表5.4 法国卡马格马各时期新鲜饲料干物质摄取量(VDMI)

马匹种类	草料类型	VDMI(g/kg)	资料来源
成年(大约500 kg)	黑麦草和苜蓿	98	Chenost & Martin-Rosset 1985
	第一茬牧草	87	Dulphy et al 1997b
	第二茬牧草	96	Dulphy et al 1997b
	多种类牧草	100	Edouard et al 2009
	禾草/三叶草	150	Smith et al 2007
卡玛戈母马(大约400 kg)	半天然草场	144	Menard et al 2002
杂交母马(674 kg)	盐碱化草场	172	Fleurance et al 2001
哺乳期母马(大约400 kg)	半天然草场	155~188	Duncan 1992
哺乳期种母马(560 kg)	多年生黑麦草/白三叶草	118	Grace et al 2002b
断乳期(300 kg)	多年生黑麦草/白三叶草	76	Grace et al 2003
马驹(350 kg)	多年生黑麦草/白三叶草	85	Grace ND et al 2002a

资料来源:Cuddeford D.,2013。

2.营养级之内的生长效率

营养级之内的生长效率是指动物摄取的食物中有多少转化为自身的净生产量。在自然生态系统中,哺乳动物和鸟类等恒温动物的生长效率较低,仅1%~3%,而鱼类、昆虫、蜗牛、蚯蚓等变温动物的生长效率可以达到百分之十几到百分之几十。这两类动物在能量利用效率上存在差距的一个主要原因是恒温动物用于自我维持耗能太高。因此,在农业生产中如何利用变温动物的低耗能特性来提高能量的转化效率,已成为未来人类食品开发的一个方向。

在农业生态系统中,人工饲养的家禽、家畜能量的利用率要明显高于自然生态系统。一般来讲,家禽、家畜可将饲料中16%~29%的能量转化为体质能,33%的能量用于呼吸消耗,31%~49%的能量随粪便排出(表5.5)。在不同畜禽种类、饲料、管理水平和饲养方法之下能量的转化效率也不同。养殖业中料肉比也可以从另一侧面反映出不同种类畜禽的能量利用效率。我国养殖业饲料与产肉比率大致为:猪肉,4.3∶1;牛肉,6∶1;禽肉,3∶1;水产养殖业,1.5∶1。根据不同畜禽及水生动物的能量转化效率选择适宜的养殖对象是提高次级生产力的重要方面。

表 5.5 几种动物产品的饲料利用效率 %

产品种类		牛奶	牛肉	羊肉	兔肉	鸡蛋	仔鸡肉	猪肉
能量效率	①	20	5.2～7.8	11.0～14.6	12.5～17.5	10～11	16	35
	②	12～16	3.2	2.4～4.2*	8.0	11～12	14.6	23～27
蛋白质效率	①	17～42	8.0	16.4	34.0	16～19	30	25～32
	②	40	9.0	6～14	23～40	24	25～26	17～22

注:①为个体条件下测定值;②为群体条件下测定值,输出中包括被更替的老畜和死畜,输入中包括用以更替的牲畜的消耗。

* 视产仔而定。

资料来源:骆世明,2000。

(三)农业生态系统的次级生产量

农业生态系统的次级生产力随着人类文明的发展也在不断的提高,次级生产在农业中的作用也越来越大。表 5.6 为世界次级生产的土地利用情况。非 OECD 国家的次级生产用地要高于 OECD 国家,尤其是人工草地和天然草地的面积;此外,青贮饲料、谷物和油料的用地也较高;值得注意的是非 OECD 国家秸秆残茬用作饲料的很多,反映了次级生产仍然处于比较粗放的水平。从不同的牲畜种类对饲草料的土地利用来看,牛(水牛)占的比重最大,禽类和猪对谷物和油料的需求用地较大。

表 5.6 全球不同地区的牲畜种类饲草和饲料用地情况 ×10⁶ hm²

地区	牲畜种类	人工草地	天然草地	青贮饲料	谷物	油料	其他作物	副产品	作物残茬	总计
非 OECD 国家	牛/水牛	436.2	442.6	46.8	42.7	22.7	0	22.1	100.7	1 113.8
	小反刍动物	139.9	769.6	9.1	0.7	0.9	0	2.1	17.8	940.1
	禽	0	0	0	73.8	43.4	0.7	1.4	0	119.23
	猪	0	0	0	24.7	27.0	1.4	2.8	4.2	60.1
OECD 国家	牛/水牛	88.5	40.0	9.6	28.0	8.2	0	3.7	2.2	180.2
	小反刍动物	20.3	12.2	0.4	0.9	0.2	0	0.5	0.9	35.4
	禽	0	0	0	19.3	16.9	0	0	0	36.2
	猪	0	0	0	20.4	12.0	0.8	0.5	0.3	34.0
世界	牛/水牛	524.7	478.5	56.5	70.7	30.9	0	25.8	103.0	1 290.1
	小反刍动物	160.3	781.8	9.5	1.6	1.1	0	2.6	18.6	975.5
	禽	0	0	0	93.1	60.3	0.7	1.4	0	155.5
	猪	0	0	0	45.1	39.0	2.5	3.3	4.4	94.0
	总计	684.9	1 260.4	65.9	210.5	131.3	2.9	33.1	126.0	2 505.6

资料来源:Mottet A.,2017。

三、初级生产与次级生产的关系

次级生产以初级生产为基础,合理的次级生产对初级生产起促进作用,但不合理的次级生产也会影响初级生产,如过度放牧会导致草地退化,在城郊局部区域密布的集约化养殖场,也可能带来有机污染等一系列环境问题。动物和微生物的生产在农业生态系统中具有多种功能,作为消费者、分解者可以分解转化有机物、提供畜(动)力,还可以生产奶、肉、蛋、皮毛等营养丰富、经济价值高的产品。农业动物和微生物能够将人们不能直接利用的物质如草、秸秆等转变为人们可以利用的产品,能够富集分散的营养物质。次级生产的这种作用在农业生态系统中是不可取代的。次级生产的主要作用如下。

1.转化农副产品,提高利用价值

在农作物生产的有机物质中,70%～90%作为产品收获,从农田中取走。其中用作粮食、油料和工业原料的仅仅占总初级生产量的30%左右,其余只能作燃料和饲料。发展畜牧养殖业和菌业,既可把许多没有直接利用价值和直接利用价值低的农副产品转化成价值高的产品,如利用秸秆氨化养牛、种食用菌,利用杂草或荒坡地种草发展养殖业;又可以减少农业生态系统的养分流失。据联合国粮农组织的资料,在日本,同样面积的牧草经奶牛转化后的经济价值比稻米的经济价值高1.4倍。

2.生产动物蛋白质,改善膳食结构,提高人民生活水平

1980年我国人均综合畜产品占有量为美国和法国的1/15,日本的1/7,韩国的1/3,巴基斯坦的1/2。目前我国养殖业有了很大的发展,人均占有肉蛋量和动物蛋白质消耗量均达到或超过世界平均水平,我国城乡居民的膳食结构日趋合理,我国肉和蛋生产总量名列世界第一,但奶类人均占有量仍低于世界平均水平。

3.促进物质循环,增强生态系统功能

次级生产中饲料转化为畜产品的效率为25%～30%。经过消化道"过腹还田"后的有机物肥效高,有利于作物高产稳产。据统计,我国仅养猪一项,每年就可提供粪肥约$1.1×10^{10}$ t,相当于硫酸铵$2.237×10^7$ t,过磷酸钙$1.525×10^7$ t和硫酸钾$9.90×10^2$ t,还田后可促进物质循环,增强农业生态系统功能。

按照经济社会发展趋势,我国在2030年前后将会实现中等发达国家的生活水平,此时人口将达15亿～16亿。根据与中国大陆饮食习惯相同的台湾省的饮食结构的历史变化,当人均国民生产总值达2 700美元后,肉、奶、蛋的消费量将有一个突飞猛进,此时人均粮食(谷物)的需求量最少要达到450 kg。因此未来30年我国国内市场对肉、奶、蛋等次级生产产品的需求将大幅增加,粮食问题将更为突出,而粮食问题实质上是饲料粮的短缺问题。基本对策就是增加饲料来源,开发草山草坡,发展氨化秸秆养畜,全面使用配合饲料,提高饲料转化率,调整种植业结构,要逐渐形成粮食作物-经济作物-饲料作物合理配置的三元结构。

第四节　农业生态系统的辅助能

生态系统接收的能量除太阳辐射能之外,其他形式的能量统称为辅助能(auxiliary energy)。辅助能根据来源不同分为自然辅助能(natural auxiliary energy)与人工辅助能(artificial auxiliary energy)(表5.1)。投入农业生态系统的辅助能主要是人工辅助能。人工辅助能投入到农业生态系统之后,并不能直接转化为生物体内化学能,而是通过促进生物种群对太

阳光能的吸收、固定及转化效率,扩大生态系统的能量流动通量,提高系统的生产力。

一、人工辅助能投入对农业生产力的影响

人工辅助能的投入是农业生态系统与自然生态系统的最重要的区别。在人类诞生后的采集农业阶段就有了最基本的人工辅助能投入(人力),因而也就有了农业生态系统。有大量的人工辅助能,特别是工业辅助能投入的农业阶段是在工业化农业时期。由此可见,农业发展历史也就是一个人工辅助能不断增加和农业生产力不断提高的历史(表5.7)。

表 5.7　人类历史上几个主要农业发展阶段的能量产投比较

农业发展时期	可食用干物质产量 (kg/m²)	年产食物能 (kg/m²)	投入生物能水平 (×10⁶ kg/m²)	投入工业能水平 (×10⁶ kg/m²)
采集农业	0.4～20	0.836～41.8	0.418～4.18	0
工业化前农业	50～2 000	104.5～4 180	4.18～41.8	0～0.836
工业化农业	2 000～20 000	4 180～41 800	8.36～83.6	0.836～83.6

资料来源:沈亨理,1996。

二、人工辅助能的投入产出效率

能量产投比(输出/输入)是衡量能量效率的主要指标。它的含义是投入一个单位能量所能产出的能量。在农业生产系统中,大量的人工辅助能的投入能否提高初级生产者对太阳光能的固定量和促进次级生产者对植物化学潜能的转化量,是衡量人工辅助能投入与产出效率的重要方面。一般来说,随着辅助能投入的增加,生物能的产出水平和农业产量也相应地增加,但产投比不一定增加,甚至会出现下降的趋势,即出现报酬递减现象。在现代农业阶段,随着科学技术的迅猛发展,科技含量不断增加,以机械化、良种化和化学化为主要形式的人工辅助能的投入极大地推动了农业生产力的发展,取得了巨大的成就。但是,进入21世纪,可持续发展理念在农业生产中的影响越来越大,表5.8表明,低投入和集约农作与常规农作相比,可以降低人工辅助能的投入,同时对农业生产产生较小的影响。

表 5.8　不同农作模式下人工辅助能的投入水平比较　　　　　×10⁹ J/hm²

措施	作物	低投入农作	集约农作	常规农作	平均值
施肥	小麦	4.8	6.2	9.0	6.7
	玉米	10.8	10.5	17.7	13.0
	黄豆	1.2	1.4	3.6	2.1
	平均	6.9	7.2	12.0	8.7
机械化	小麦	4.6	5.3	5.3	5.1
	玉米	4.9	6.5	6.6	6.0
	黄豆	4.0	5.7	6.0	5.2
	平均	5.5	6.0	6.1	5.9

续表 5.8

措施	作物	低投入农作	集约农作	常规农作	平均值
灌溉	小麦	0.0	0.0	0.0	0.0
	玉米	4.1	4.1	4.1	4.2
	黄豆	3.1	3.1	3.1	3.1
	平均	2.8	2.8	2.8	2.8
播种	小麦	0.9	0.9	0.9	0.9
	玉米	0.3	0.3	0.3	0.3
	黄豆	0.6	0.6	0.6	0.6
	平均	0.8	0.5	0.5	0.6
除草剂	小麦	0.2	0.2	0.2	0.2
	玉米	0.1	0.4	0.7	0.4
	黄豆	1.0	0.8	1.0	0.9
	平均	0.3	0.5	0.6	0.5
合计	小麦	10.5	12.7	15.4	12.9
	玉米	20.3	21.9	29.7	23.9
	黄豆	9.9	11.6	14.3	12.0
	平均	16.3	17.0	22.3	18.5

资料来源：Alluvione F.，2011。

三、农业生态系统能量流动的调控途径

在现代社会中，农业生态系统是人类为了达到某种经济目标，遵循自然规律和社会经济规律而设计的复合人工生态系统。人类经济目标的载体是系统的物质生产力。物质生产的内涵是能量生产。因此，提高能量在系统中的流量和流速，优化能量的组分结构，以及减少能量的流动损失，是决定系统物质生产力，并将进一步影响人类实现既定目标的重要方面。根据上述内容，农业生态系统能量流动调控的途径应围绕"扩源、强库、截流、减耗"4个方面来做文章。

(一)扩源

初级生产所固定的太阳光能是生态系统的基础能量流动来源。扩大绿色植被面积，提高其对太阳光能的捕获量，将尽可能多的太阳光能固定转化为初级生产者体内的化学潜能，为扩大生态系统能量流动规模奠定基础。发展立体种植，提高复种指数，合理轮作，组建农村复合系统，乔、灌、草结合绿化荒山、荒坡，这些措施都是扩大生态系统基础能源的有效方法。

(二)强库

生态系统中能量和物质被暂时固定与储存的地方称为库。从能量储存角度讲，库主要是指植物库和动物库。这也是农业生态系统物质生产力的具体体现。强库是指加强库的储存能力和强化库的转化效率,以保证其有较大的生物能产出。因此,这可以从 2 个方面考虑。一是从生物体本身对能量的储存能力和转化效率考虑。例如,选育和配置高产优质的生物种类和品种,建立合理的农、林、牧、渔生物结构。二是从外界生存环境对生物的影响考虑,加强辅助能的投入,为生物的生长发育创造一个良好的环境,从而提高生态系统对太阳光能的利用效率和对生物化学能的转化效率。例如,通过使用化肥和农药、发展灌溉、机械耕作、设施栽培等提高农作物的生产力;通过饲喂配合饲料、改善饲喂环境、科学管理等提高畜禽的出栏率、产蛋率等。

(三)截流

通过各种渠道将能量尽量地截留在农业生态系统之内,扩大流通量,提高农业资源的利用效率,减少对化石辅助能的过分依赖。其主要途径如下。

(1)开发新能源。例如,发展薪炭林;兴办小水电;利用风能、太阳能、地热能等。

(2)提高生物能利用率。例如,充分利用作物秸秆、野生杂草和牲畜粪便等副产品,将其中的生物能通过农牧结合、多级利用、沼气发酵等方法尽可能地用于生态系统内的能量转化。

(四)减耗

降低消耗,节约能源,减少能源的无谓损失。发展节能、节水、节地、降耗的现代农业。例如,开发普及节柴灶、节能炉具;节水灌溉;立体种植;推广少耕、免耕;改进化肥施用技术;减少水土流失。

第五节　生物质能源及合理开发利用

一、生物质能源的提出

目前世界总人口数量比 20 世纪末期增加了 2 倍多,能源消费增加了 16 倍多,由于化石能源约占全球能源使用总量的 85% 以上,全球化石能源供应面临严重危机。同时,三大化石能源的使用还造成了 CO_2 排放量呈几何级数的增长,致使全球大范围气候异常和局部气候失衡的情况频频发生。自 20 世纪 70 年代以来,可持续发展思想逐步成为国际社会共识。以生物质能源为代表的可再生能源,不仅能为人类提供能量和物质生产所需原料,还是一种环境友好型能源。生物质能源具有可再生性、低污染性、广泛分布性和总量丰富性等特点。如果将生物质资源转化为洁净燃料和化工原料以部分替代石油等化石燃料,可使人类摆脱对有限化石资源的过度依赖。基于以上优势,生物质能源产业已经在世界范围内快速发展,随着国际石油价格的波动以及碳排放硬约束的生效,生物质能源的利用和发展得到越来越多国家的关注。

生物质能资源包括农作物秸秆和农业加工剩余物、薪材及林业加工剩余物、禽畜粪便、工业有机废水和废渣、城市生活垃圾和能源植物,可转换为多种终端能源如电力、气体燃料、固体燃料和液体燃料。其中最受关注的是生物质液体燃料(生物燃油),世界不少国家已经开始发展生物燃油加工业及其相关产业。依据来源的不同,可以将适合于能源生产的生物质分为农林资源、生活污水和工业有机废水、城市固体废弃物和畜禽粪便等种类。

二、生物质能源的利用途径

1. 能源植物

除传统的生物质能(农林废弃物和加工废弃物)外,以科学的方法培育高产、抗逆性强的专用型能源植物是发展生物质能的根本保障。如速生的桉树年产量可达 $30 \sim 50$ t/hm^2,甘蔗的年产量在 $60 \sim 120$ t/hm^2,甜高粱是普通高粱的变种,每公顷可产 10 t 籽粒和 100 t 茎秆,单位面积产糖量达到甜菜产糖量的 $2.5 \sim 2.7$ 倍。

2. 燃料乙醇

燃料乙醇是国际上近年来最受关注的石油替代燃料之一,在汽油中加入 $10\% \sim 15\%$ 的乙醇可使汽油燃烧得更完全,减少 CO_2 的排放量。美国燃料乙醇主要以玉米为原料,其在发酵、分离技术和综合利用方面尤为领先。国际上不少国家和企业正在探索纤维素原料生产燃料乙醇和生物质合成燃料技术。我国燃料乙醇发展较快,如吉林燃料乙醇公司扩建成为国内最大的乙醇生产企业,广西也建立了年产 2×10^5 t 木薯乙醇的工业化装置。

3. 生物柴油

生物柴油是以各种油脂(包括植物油、动物油脂和废餐饮油等)为原料,经过转酯化加工处理后生产出的一种液体燃料,是优质石化柴油的代用品。生物柴油在十六烷值、闪点、燃烧功效、含硫量、含氧量、燃烧耗氧量、生物降解性和环保性等方面均优于普通柴油。目前,美国利用大豆生产生物柴油,欧盟用油菜籽来生产生物柴油,日本用食物残(废)油来生产生物柴油。

4. 沼气

近年来畜禽粪便生产沼气的技术在欧、美等发达国家发展很快,在成套热电沼气工程技术、不同型号气-油联合发电机、大型实用型沼气发酵罐体、储料罐体、预处理和输配气和输配电系统等方面均已远远超过沼气的发源地——中国。德国、丹麦和瑞典是当前世界上生物燃气工程技术最发达的国家,其规模化沼气工程大多采用高浓度粪草混合原料,中温发酵、高效率工艺运行,已实现设计标准化、装备专业化和运行自动化,并能实现常年稳定运行;其应用领域也逐渐从热电联产向沼气纯化提质压缩方向发展,如用于车用燃气和并入天然气管网等。

5. 生物质材料

国内外企业对农业生物质材料的开发利用非常重视,已开展大量工作。全世界每年生产可再生淀粉 4×10^7 t 以上,可再生纤维素、半纤维素和木质素 1.5×10^{11} t,富士通公司用玉米淀粉塑料(PLA,聚乳酸脂)制成的电脑机壳和其他配件已经商业应用。但目前的利用率还不到总量的 5%。

6. 微藻能源

微藻生物柴油技术主要包括对高效固碳的高含油量并能适应环境条件的微藻的选育;规模化培养产油微藻光生物反应系统的研制;微藻收集、油脂提取和微藻生物柴油生产等工艺。目前,全世界有 150 多家能源微藻公司,仅美国就先后成立了 50 多家能源微藻公司进行能源微藻的研究开发工作。

三、生物质能源的发展前景

在能源需求日益高涨、矿产资源面临枯竭的背景下,世界各国都对生物质能源越来越重视,纷纷制订和实施了相应的开发研究计划。目前世界生物液体燃料生产主要集中在美国、巴西、日本和欧盟等农产品富余的国家,如日本的"阳光工程"、印度的"绿色能源工程"、巴西的"酒精能源计划"等。预计美国 2050 年生物燃料的中间值为 3.6×10^{10} 加仑(1 美制加仑 $= 3.79 \times 10^{-3}$ m^3),最高值为 5.3×10^{10} 加仑(表 5.9)。2050 年全球生物质能源产业将迅速发展,预计我国和印度将增长 15%～25%;拉丁美洲将增长 25%;东南亚、非洲和俄罗斯将增长 10%～25%(表 5.10)。

表 5.9　2050 年美国生物燃料技术策略　　　　　　　　　　　$\times 10^9$ 加仑

生物燃料类别	基线	中间值	最高值
玉米乙醇	12.4	15	15
纤维素乙醇	—	16	25
大豆生物柴油	0.65	1	1
煤炭液化石油	—	4	12

资料来源:Wise M.,2014。

表 5.10　2050 年全球生物燃料策略

国家	基线	中间值	最高值
美国	1.30×10^{12} 加仑	3.6×10^{12} 加仑	5.3×10^{12} 加仑
加拿大	5%	5%	5%
拉丁美洲	12%	25%	25%
欧盟	5.75%	15%	25%
印度	—	15%	25%
中国	—	15%	25%
东南亚	—	20%	25%
非洲	—	10%	20%
俄罗斯	—	10%	20%

资料来源:Wise M.,2014。

思 考 题

1. 农业生态系统能量转化的基本定律有哪些?
2. 何为辅助能?其在农业生态系统中的作用是什么?
3. 什么是生物质能源?生物质能源的利用途径和发展前景如何?
4. 农业生态系统能量调控途径是什么?
5. 如何利用农业生态学各种原理提高系统的能量利用效率?

参 考 文 献

［1］ Alluvione F，Moretti B，Sacco D，et al. EUE（energy use efficiency）of cropping systems for a sustainable agriculture. Energy，2011，36（7）：4468-4481.

［2］ Cuddeford D. Factors affecting feed intake//Equine Applied & Clinical Nutrition. http：//www. sciencedirect. com/science/article/pii/B9780203422000031，2013.

［3］ Li P，Peng C，Wang M，et al. Quantification of the response of global terrestrial net primary production to multifactor global change. Ecological Indicators，2017，76：245-255.

［4］ Odum H T. Environmental Accounting：Emergy and Environmental Decision Making. USA：Wiley，1996.

［5］ Medková H，Vačkář D，Weinzettel J. Appropriation of potential net primary production by cropland in terrestrial ecoregions. Journal of Cleaner Production，2017，150：294-300.

［6］ Mottet A，de Haan C，Falcucci A，et al. Livestock：On our plates or eating at our table? A new analysis of the feed/food debate. Global Food Security，2017，14：1-8.

［7］ Wise M，Dooley J，Luckow P，et al. Agriculture，land use，energy and carbon emission impacts of global biofuel mandates to mid-century. Applied Energy，2014，114（2）：763-773.

［8］ 陈阜. 农业生态学. 北京：中国农业大学出版社，2001.

［9］ 刘巽浩. 农作学. 北京：中国农业大学出版社，2005.

［10］ 骆世明. 农业生态学. 北京：中国农业出版社，2000.

［11］ 沈亨理. 农业生态学. 北京：中国农业出版社，1996.

第六章 农业生态系统的评价与优化

本章提要

● **概念与术语**

系统分析(system analysis)、碳足迹(carbon footprint)、生态系统服务价值(value of eco-system service)、生态平衡(ecological balance)、生态规划(ecological planning)

● **基本内容**

1. 农业生态系统分析的方法与步骤。

2. 碳足迹的分析方法。

3. 农业生态系统服务功能的含义。

4. 农业生态系统服务功能的价值评价方法。

5. 保持农业生态系统平衡的途径。

6. 生态农业规划设计的原理与方法。

第一节 农业生态系统的物质流与能量流分析与评价

一、系统分析

系统分析是指以系统的总体最优为目标,对系统内的基本问题,用系统的思维进行定性和定量研究,在确定和不确定的条件下探索可能采取的方案,并通过分析对比,选出最优方案的一种辅助决策方法。经典意义上的系统分析通常包括以下 4 个基本步骤。①系统问题分析:重点是对存在的问题进行结构化处理,一般包括 3 个方面,即提出问题的依据、对求解目标的设计和对求解方向和范围的设计。②系统结构分析和设计:主要是处理系统的结构部分,使得系统与外部环境相适应相匹配,表现出某种结构化。包括两个部分,一是已有系统的实际结构剖析;二是模型系统或概念系统的结构建立,常见的是优化模型,如线性规划、参数规划、动态规划、网络分析、对策论、决策论、排队论、存储论和多目标优化等。③模型优化:即运用最优化的理论和方法,对若干替换模型进行比较,并求出几个替换解。④优化系统评价:在替换解的基础上,考虑前提条件、假定条件和约束条件,由经验和标准决定最优解,从而为选择最优系统设计方案提供足够的信息(图 6.1)。

经典的系统分析方法以数学作为工具,有精细、准确和逻辑性强等优点,但在对生态系统的评价应用中有很大的局限性。其一,由于生态系统的复杂性,特别是在目前我们尚未完全认识其复杂性的情况下,用数学模型来仿真生态系统显得过于牵强。比如过去常常用线性规划方法来求生态系统结构的最优解,但事实上,生态系统中的很多关系并不是线性关系。其二,

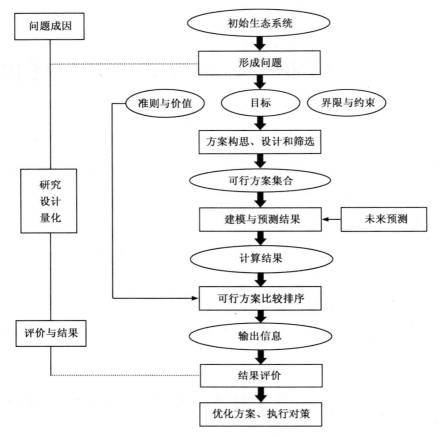

图 6.1　系统分析流程图

(资料来源:吴彤,2004)

模型参数不易获得。如采用系统动力学方法来仿真一个农业生态系统,需要很多参数,而任何一个参数的不准确都有可能影响最终的结果。事实上,生态系统在各种约束条件下常常可能没有最优解。鉴于系统分析方法的局限性,通常可以采用比较简便或直观的方法对农业生态系统的具体问题进行综合分析。目前常用的农业生态系统分析方法有物质流、能量流分析方法和指标分析法等。

二、农业生态系统分析基本框架

通常情况下,农业生态系统分析主要包括确定研究范围与目标、界定系统边界、数据收集与计算、系统状态评估和构建系统优化方案 5 个主要步骤(图 6.2)。

1.确定研究范围与目标

定义研究目标是指对通过研究想要达到的目的进行设定。对研究系统范围的合理描述反映着研究者是否对该系统的总体特征有较为全面的掌握,这一环节是界定系统边界、分析其系统组成和生产环节的前提。

2.界定系统边界和功能单位

界定系统边界是农业生态系统分析中不可缺少的一环,决定着研究者是否对研究系统的运转特点有深刻的把握与理解,进而影响了随后的计算过程及评价结果的表达。界定系统边界包含两方面:从宏观层面,界定研究系统与其所处的自然与社会大系统的关系,这是从整体上进行系统分析的前提;从微观层面,界定研究系统内部各生产环节的投入、产出过程及相互关系,这是对系统从不同层面进行"拆分",进而进行优化调控的基础。

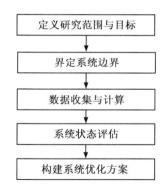

图6.2　农业生态系统分析主要步骤

定义功能单位主要是为有关的输入输出数据提供一个参照基准,以保证评价的可比性。农业生态系统分析中,功能单位既可以与保持土壤肥力相关,也可以与产品直接相关,通常以单位面积($1\ hm^2$)、单位产量($1\ t$)或单位经济价值($1\ ￥$)为功能单位。其他与产品直接相关的单位生物量、单位能量及单位营养物质等都可以作为农业生态系统分析的功能单位。

3.数据收集与计算

当研究者对所研究的对象有了充分了解之后,就可以根据其特点,按照农业生态系统能流和物流等不同方法的要求,对所研究系统各方面数据进行收集与计算。通过有关计算公式及换算参数,将各种自然资源、物质、人力和信息投入换算成系统运转过程中的能量、物质和信息流。数据收集与换算通常包括两部分内容。

(1)系统各环节投入、产出原始数据收集。根据研究目标,通过调查、测定和计算等方式,收集研究对象相关的自然环境、地理及经济等各种资料,整理分类并建立数据库。

(2)分析参数收集。不同的生态系统分析方法皆有其特定的关注焦点,因此通常需要将研究者所收集整理得到的系统原始数据转换成特定方法计算过程中所需要的数据类型,以完成对系统某一方面特点的具体分析。这个过程中就需要利用各种方法相对应的参数来完成数据换算。例如,若采用碳足迹方法分析农业生态系统,则需要将系统的投入和产出原始数据通过相应项目的"碳排放参数"转换成"二氧化碳排放当量",再进行进一步计算。

4.系统状态评估

数据处理之后,要根据不同分析方法相应的评价指标体系对系统当前状态进行评估,并分析导致系统当前状态表现优劣的关键点或关键技术环节。

5.构建系统优化方案

基于当前系统状态的评估对系统展开针对性的技术优化,这也是农业生态系统分析的最终目的。系统优化通常会采用情景假设、敏感性分析和模型模拟等方法来完成。

三、农业生态系统物质流分析方法

(一)物质流分析方法概述

农业生态系统的物质流分析(Material Flow Analysis,MFA)是对系统物质的投入和产出进行量化分析,建立物质投入和产出账户,以便进行以物流为基础的优化管理。物流分析的核心是对物流进行定量分析,掌握系统中物质的流向和流量,在此基础上进行效率或环境影响评价。

物流分析方法有多种,其中,物质的输入与输出平衡与效率评价方法、生命周期评价方法和由生态足迹分析而衍生出的碳足迹和水足迹等评价方法是近年来国内外农业生态系统分析中最常用的方法。

(二)物质的输入与输出平衡与效率评价方法

1.一般方法步骤

农业生态系统中的物质输入输出平衡与效率评价是传统的物流分析方法,内容包括:①确定农业生态系统的边界及其亚系统。②描绘投入物质的循环路径、物质的输出方式及其结构。③明确投入物质的种类、数量和结构。④计算和分析物质的转化效率和循环效率。⑤提出物质流调控措施。

2.案例分析

农业生态系统中的物质平衡与效率分析多用于养分分析。西藏自治区贡嘎县农业生态系统氮流模式如图 6.3 所示。该图首先将总系统分为居民、家畜、作物和土壤 4 个子系统,进而明确子系统之间的氮素输入和输出关系,并按照整个县的输入和输出两部分、各种投入与产出物以及非产品损失形式的绝对量及其含氮量,标明各部分氮量的数值,即构成氮素循环图。

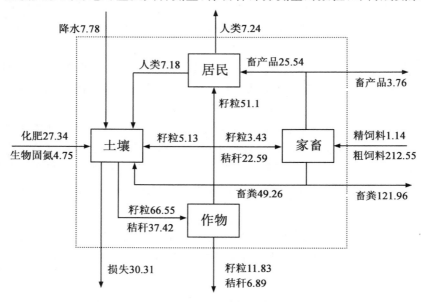

图 6.3　贡嘎县农业生态系统氮素循环模式(单位:kg/hm²)

(资料来源:王建林,1995)

根据数据分析得出如下结论:

(1)对农业生态系统氮素平衡计算表明,氮素输入大于氮素输出,农业生态系统氮素处于富集状态。

(2)投入养殖子系统中的氮素远大于投入土壤子系统中的氮素,说明该系统结构中牧业占较大比重。

（3）土壤子系统总输入氮 101.44 kg/hm²，其中系统内通过畜粪投入比例占 48.6%，说明该系统的封闭性较强；土壤子系统总输出氮 134.28 kg/hm²，其中无效损耗占 22.6%；土壤子系统氮素总输出大于总输入，说明种植业系统的氮素不平衡，种植业系统的可持续性不高。

（4）家畜子系统中的氮素投入，精饲料所占比重极小，说明养殖业的集约化程度有待提高。

（5）农业生态系统中的农畜产品向系统外的输出量极小，说明该系统仍属于自给性的传统生产系统，需要通过结构优化，提高对市场的适应能力。

明确了上述问题，便可对症下药，采取相应措施。

（三）生命周期评价方法

生命周期评价（life cycle assessment，LCA）是 20 世纪 60 年代开始发展起来的一种重要环境管理工具。1997 年起，国际标准化组织（ISO）接连发布了 ISO 14040 至 ISO 14044 一系列标准，对生命周期评价的定义、研究方法和分析框架等方面做出了标准化设定，促进了该方法在国际范围内的进一步研究和应用。生命周期评价是对一个产品系统（或服务）的生命周期中输入、输出及其潜在环境影响的汇编和评价。该方法不仅能对产品生产当前的环境冲突进行有效的定量化评价，而且能对产品"从摇篮到坟墓"的全过程所涉及的环境问题进行分析，因而是产品环境管理的重要支持工具。

1. 主要评价步骤

生命周期评价方法主要包括定义研究范围和目标、界定系统边界和功能单位、生命周期清单分析、环境影响评价和结果解释 5 个步骤。其中"定义研究范围和目标、界定系统边界和功能单位"与"物质输入与输出平衡评价方法"一致，所以下文仅具体介绍其他 3 个主要评价环节。

（1）生命周期清单分析。清单分析是进行生命周期评价的基础，是对在确定的系统中与功能单位相关的所有投入资源和排放物进行以数据为基础的客观量化过程。农业 LCA 通常以农资生产子系统和农作子系统为单元，按照选定的功能单位进行清单分析。清单数据可通过文献资料和试验数据获得，按照研究所定义的功能单位对各单元过程的数据进行换算，整理得到每功能单位产品的物质（能源）消耗和环境排放数据。

（2）环境影响评价。环境影响评价是根据清单分析的结果，鉴别系统的投入和产出可能对自然资源、人体健康和生态健康产生的定性或定量影响系统化的过程，通常分为特征化、标准化和加权评估三步。

特征化是将各种环境影响因子从不同角度划分为不同环境影响类别，并以同一种生态影响因子表达的过程。目前，国内相关研究主要参考胡志远、王寿兵和梁龙等的研究，将农业生态系统的潜在环境影响分为资源耗竭和环境负荷两个特征化类别。其中，资源耗竭主要指对化石燃料类和非燃料类矿产资源的开采利用，以及我国淡水和土地等稀缺资源的利用；环境负荷主要包括全球增温潜势、臭氧层耗竭、光化学污染、环境酸化、富营养化、人体毒性、水体生态毒性和土壤生态毒性 8 项评价指标。在实际评价当中，不同系统的 LCA 环境影响特征化类别可以根据具体情况加以取舍。

标准化就是消除各单项结果在量纲和级数上的差异，使不同环境影响类别的特征化结果可以在一致的基准上比较。基准一般可为全球、全国或某一地区的资源消耗或环境排放的总量或均量数据,均量数据有人均占有量或人均排放量、地均占有量、单位产值量等。

加权评估步骤是依据不同地区发展特点,对不同类别潜在环境影响根据其对当地环境的影响重要程度赋予权重,核算系统对特定地区环境的综合压力。表6.1初步整理了农业生态系统生命周期评价中常用的特征化分类、标准化基准和权重系数。

表6.1　常用环境影响特征化分类、标准化基准与权重系数

环境影响类别	单位	标准化基准	权重系数
能源耗竭	MJ/a	2 590 457	0.15
水资源耗竭	m^3/a	8 800*	0.13
全球变暖	kg CO_2-eq	6 869	0.12
环境酸化	kg SO_2-eq	52.26	0.14
富营养化	kg PO_4-eq	1.90	0.12
人类毒性	kg 1,4DCB-eq	197.21	0.14
水体生态毒性	kg 1,4DCB-eq	4.83	0.11
陆生生态毒性	kg 1,4DCB-eq	6.11	0.09

资料来源:梁龙,2009。

(3)结果解释。生命周期解释是根据LCA前几个阶段的研究发现,以透明的方式来分析结果、形成结论、解释局限性、提出建议并报告生命周期解释的结果。

2.典型案例——河北栾城冬小麦种植生命周期评价

(1)定义研究目标和范围。本案例以河北省栾城县冬小麦种植过程为例,探索我国主要粮食作物生产过程中的潜在环境影响。

(2)界定系统边界和功能单位。本案例系统边界从矿石和能源开采开始,终止边界为作物种植管理输出农产品和污染物。功能单位为1 t冬小麦。

(3)生命周期清单分析。冬小麦生命周期中系统投入主要包括化石燃料、化肥、有机肥、土地、农药和电力等,系统输出主要包括释放到空气、水体和土壤中的温室气体、淋失养分、重金属及农药残留等环境影响物质。农资系统中能源、化肥生产的相关能耗和污染物排放系数参考自相关已发表研究,农药折纯后利用SimaPro7.1软件模型结合企业提供数据计算。由于资料缺乏,相关的厂房设备、建筑设施和运输工具生产的环境影响不予考虑。农作系统农田氮、磷等养分、重金属与农药等损失参数采用陈新平和张福锁等的研究成果。

(4)环境影响评价。通过特征化、标准化和加权平均后,得到河北栾城冬小麦种植的环境影响评价结果(表6.2)。结果表明,我国冬小麦生产中能源耗竭、水资源耗竭、全球变暖、环境酸化、富营养化、人类毒性、水体生态毒性和陆生生态毒性标准化结果分别是0.002 4、1.017 4、0.203 5、0.443 0、2.478 9、0.001 4、1.605 2和0.363 3,可见,在8项潜在环境影响中,以富营养化、水体生态毒性和水资源耗竭指数最为严重。加权评估结果表明,每生产1 t华北冬小麦的潜在环境影响综合指数为0.726 0,说明我国小麦生产目前是以较大的潜在环境影响来换取较高的土地生产力。

表 6.2　河北省栾城区冬小麦投入产出清单

环境影响类别	单位	特征化结果	标准化结果	加权平均结果
能源耗竭	MJ/a	6 324.18	0.002 4	0.000 4
水资源耗竭	m^3/a	362.99	1.017 4	0.132 3
全球变暖	kg CO_2-eq	821.10	0.203 5	0.024 4
环境酸化	kg SO_2-eq	22.42	0.443 0	0.062
富营养化	kg PO_4-eq	6.37	2.478 9	0.297 5
人类毒性	kg 1,4-DCB-eq	0.28	0.001 4	0.000 2
水体生态毒性	kg 1,4-DCB-eq	8.02	1.605 2	0.176 6
陆生生态毒性	kg 1,4-DCB-eq	1.57	0.363 3	0.032 7
总计				0.726 0

资料来源:梁龙,2009。

(四)碳足迹评价方法

碳足迹是对某种活动引起的(或某种产品生命周期内积累的)直接或间接温室气体排放量的度量。近年来,随着温室气体排放增加而导致的全球变暖成为社会关注的热点,有关农田生态系统碳足迹的研究受到了学者的高度重视。国际标准化组织(ISO)于 2013 年颁布了产品或服务碳足迹具体计算的 ISO 14067 标准。

1.主要评价步骤

碳足迹评价方法主要包括定义研究范围和目标、界定系统边界和功能单位、参数和计算方法选择、系统状态评价 4 个步骤。

(1)评价框架和参数的选择。目前国内外大部分研究采用 Gan 等提出的"农田生态系统碳足迹"计算框架,即将农资生产过程的间接温室气体排放、农资在农田施用过程中的直接排放、作物残茬分解过程的直接排放以及土壤碳的固定部分都纳入了计算框架。针对农田碳固定的特点,目前研究中存在着较大争议,部分研究者基于"生物量法(crop-based approach)"进行计算,认为农田净生产力(包括作物籽粒与秸秆)是主要的农田碳固定因素。而部分研究者基于"土壤碳库法(soil-based approach)"认为,农田生物量仅仅是碳的短期储存库,只有土壤碳库的增加才是真正长期的碳固定。当采用这两种计算方法评价同一个研究案例时,结果一致性差,说明方法的选择对结果影响巨大。在此基础上,刘巽浩等则认为,和多年生木本植物一样,农田中常年种植的一年生作物同样是碳流中的碳汇,反映在方法上必须采用"全环式"(即作物固碳和土壤固碳都要考虑)计算框架。因此,在计算农田碳足迹时,必须选择合适的计算框架完成系统分析。

在排放参数方面,目前国内外主要采用表 6.3 所示的参数体系。近年来,也有一些研究者尝试基于能值评价数据库和生命周期清单数据库来进一步计算各种农资产品的碳足迹,提高其数据的全面性和准确性。

表 6.3　农田生态系统碳足迹参数体系

项目	单位	IPCC	West	Gan	Lal	刘巽浩
柴油	kg/kg	3.933	—	—	3.44	3.32
电	kg/(kW·h)	0.997	0.66	—	0.265	0.92
N	kg/kg	10.18	2.96	4.80	4.76	4.96
P_2O_5	kg/kg	1.50	0.37	—	0.73	1.14
K_2O	kg/kg	0.98	0.29	—	0.55	0.66
农药	kg/hm²	18.0	18.0	14.3~23.1	14.3~23.0	6.58
灌溉	kg/hm²	—	436.49 a	—	344~493 a 90~443 b	17.0 b(动力机) 6.20 b(水泵)
翻耕	kg/hm²	—	97.9 a	14 a(免耕)	55.6 a	119.5 b(动力机) 447.6 b(牵引农具)
旋耕	kg/hm²	—	—	—	7.32 a	同上
播种	kg/hm²	—	24.9 a	14 a	13.9 a	同上
施肥	kg/hm²	—	45.2 a	—	27.8 a	同上
中耕	kg/hm²	—	16.7 a	—	14.6 a	同上
收获	kg/hm²	—	60.3 a	37 a	36.6 a	同上
厩肥	kg/kg	—	—	—	27.0	2.1(马、牛)、0.22(羊) 0.41(猪)、0.007(鸡)
种子	kg/kg	—	3.85(玉米) 0.40(小麦)	—	—	1.22(玉米) 1.16(小麦)
劳力	kg/(d·人)	—	—	—	—	0.86
畜力	kg/(d·头)	—	—	—	—	6.34

注:表中的 a 表示田间运行时的油耗,b 表示设备(包括原料收集、制造加工、运输、储藏等,不包括油耗)的碳耗。

资料来源:刘巽浩等,2013。

(2)系统状态评价。碳足迹系统状态评价的核心是通过数据梳理,计算出功能单位产品的碳排放量和碳固定量,进而计算农业生态系统的碳效率。

2. 典型案例——中国农作物生产碳足迹及其空间分布特征

(1)定义研究目标和范围。本案例目标是详细分析中国 1993—2013 年农作物生产碳排放及碳足迹的时序变化以及影响碳排放的主导因素,为未来农作物生产减排提出对策建议。

(2)界定系统边界和功能单位。本案例系统边界从矿石和能源开采开始,终止边界为作物种植管理输出农产品和污染物。功能单位为单位播种面积碳排放、单位耕地面积碳排放、单位产量碳排放以及单位产值碳排放。

(3)评价框架和参数的选择。所需数据包括各省农作物生产的各种投入、农作物播种总面积、耕地总面积、有效灌溉面积、农作物总产量以及农作物总产值,数据皆来源于相关统计年鉴。本案例所用碳排放系数主要来源于中国生命周期基础数据库(CLCD)和 Ecoinvent v2.2等国际主流数据库。农田固碳部分不在研究中考虑。

(4)系统状态评估。中国不同功能单位的农作物生产碳足迹在 1993—2013 年表现出不同的变化趋势(图 6.4)。单位播种面积碳排放(CFs)和单位耕地面积碳排放(CFc)均呈上升趋势,而单位产量碳排放(CFy)和单位产值碳排放(CFv)则为下降趋势;研究期间,CFs 以 0.39 t/(hm² · 10a)的速率显著增加($P<0.01$);CFc 总体上以 0.35 t/(hm² · 10a)的速率显著增加($P<0.01$),但分为明显的两个阶段,1993—1999 年以 0.12 t/(hm² · 10a)的速率减少($P<0.05$),2000—2013 年则以 0.74 t/(hm² · 10a)的速率显著增加($P<0.01$);CFy 表现出下降趋势($P>0.05$),但幅度很小,速率仅为−0.03 t/(hm² · 10a);CFv 呈显著下降趋势,但下降速度在 1996 年前后由快变慢。可见,中国在过去 21 年依靠高投入使农业发展取得了巨大成就,然而单位产量碳足迹减少的事实也充分说明农业发展越来越趋向于以较少的碳投入而换取较多的产出,这与我们发展"低碳农业"但需实行"资源环境与高产高效兼顾"的原则基本相符。

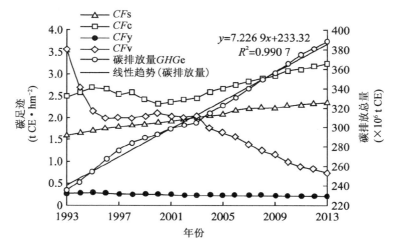

图 6.4 1993—2013 年农作物生产碳排放总量及碳足迹

(资料来源:刘宇峰等,2017)

(五)水足迹评价方法

1. 水足迹的概念

水足迹指的是一个国家、一个地区或一个人,在一定时间内消费的所有产品和服务所需要的水资源数量,形象地说,就是水在生产和消费过程中踏过的脚印。"水足迹"这个概念最早是由荷兰学者阿尔杰恩·胡克斯特拉在 2002 年提出的,其中包括国家水足迹和个人水足迹两部分。水足迹是一种衡量用水的指标,包括消费者或生产者的直接和间接用水,可用来表征人类的生产与消费活动对水资源造成的影响。水足迹不仅局限于传统水资源评价所关注的地表水和地下水资源(即"蓝水"),还对作物生育期内对有效降雨的利用(即"绿水")以及造成的水体污染状况(即"灰水")进行系统核算,在生态学和相关领域得到了较为广泛的应用。

2. 水足迹评价方法

(1)基于虚拟水的水足迹评价方法。2009 年,水足迹协作网(water footprint network)出版了国际上首个水足迹评价方法学著作《水足迹评价手册》(*The Water Footprint Assessment Manual*)。该水足迹评价方法基于虚拟水(virtual water)理论,将水足迹划分为绿水足迹

（green water footprint）、蓝水足迹（blue water footprint）和灰水足迹（grey water footprint）3 个分量，不同"颜色"的水资源具有不同的来源和生态功能。

虚拟水：概念由英国学者艾伦（Tony Allan）于 20 世纪 90 年代提出，其定义为生产产品或服务所消耗的水资源量。虚拟水并非真正意义上包含在产品中的实体水，而是以"虚拟"形式物化于产品中。虚拟水是相对于实体水的一种全新的水资源观，以资源流动、资源替代和比较优势为理论基础，为水资源评价提供了全新的思路方法。

绿水足迹：绿水是指作物生育期内消耗的有效降雨。绿水足迹是指在作物生长过程中通过蒸腾与蒸散消耗的以及嵌入到作物产量中的有效降雨。与地表水和地下水的利用途径不同，绿水的使用只能通过土地占用实现。

蓝水足迹：蓝水是指地表水和地下水资源。蓝水足迹是指被作物生长利用、蒸腾或嵌入作物产量中的地表水和地下水资源。由于蓝水具备多重用途（除作为农田灌溉和畜禽养殖用水外，还用于工业生产和人类生活），并且蓝水的使用往往需要运输，因此蓝水利用的机会成本相对较高。

灰水足迹：灰水是用来反映水体污染的指标。灰水足迹是指将生产目标产品所产生的污染物稀释到可以接受的最高浓度的水资源需求量，目前通常采用临界稀释体积法计算，其计算公式如下：

$$GWF = \frac{L_p}{C_{max} - C_{nat}}$$

式中：GWF 为灰水足迹（m^3）；L_p 为进入水体的污染物的量（kg）；C_{max} 为水体可接收最大污染物的浓度（kg/m^3）；C_{nat} 为水体中该污染物的自然浓度（kg/m^3）。

（2）基于生命周期评价的水足迹评价方法。2014 年 8 月，国际标准化组织发布了基于生命周期评价的水足迹计算国际标准 ISO 14046《水足迹——原则、要求和指导原则》（*Water Footprint——Principles，Requirements and Guidelines*），为定量评估产品、过程或组织的水资源消耗与污染造成的潜在环境影响，提供了一致性方法，推动了水足迹更为广泛深入的研究与应用。根据该标准，基于生命周期评价的水足迹研究包括 4 个阶段：目标与范围定义、水足迹清单分析、水足迹影响评价和结果解释，如图 6.5 所示。

3. 水足迹评价应用实例——以北京地区作物水足迹评价的研究为例

（1）目标与范围定义。研究目标是评估不同灌溉和施肥水平对北京市小麦与玉米水足迹的影响，探讨农田尺度下降低作物生产水足迹的潜力。系统边界定义为北京地区小麦和玉米种植，功能单元定义为"位于农场大门"（即从播种到收获）的 1 kg 小麦和 1 kg 玉米。有关田间数据来源于中国农业大学农作制度研究室 2006—2009 年在北京市通州区的长期定位试验。

（2）水足迹清单分析

水资源消耗清单：水资源利用量包括用于灌溉和农资生产过程的地下水和地表水资源。灌溉实际耗水采用 SEMITAW 模型进行模拟；化肥、农药和柴油等农资生产耗水从中国生命周期评价数据库中计算获取。

水体污染清单：化肥施用造成的氮素淋失是北京地区农业面源污染的主要来源，考虑到获取所有农田污染源数据较为困难，本研究在水体污染清单中只涉及氮素淋失量，采用校验后的DNDC 模型进行模拟。

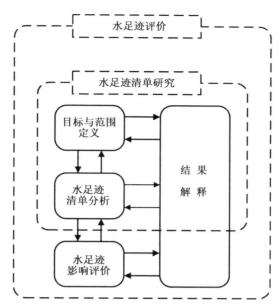

图 6.5 基于生命周期评价的水足迹评价方法框架

(资料来源:徐长春等,2013)

(3)水足迹影响评价。采用水资源短缺足迹和水体富营养化足迹两个指标,分别用来反映水资源消耗和水体污染所对应的环境影响值。

水资源短缺足迹:采用水资源压力指数作为特征化因子,将水资源消耗量乘以当地对应的水资源压力指数(WSI)值,然后除以全球平均 WSI 值(0.602),计算结果用 H_2Oe 当量表示。

水体富营养化足迹:采用水体富营养化潜势方法计算,将 DNDC 模型模拟所得的氮淋失量乘以相应的当量因子(0.42),计算结果用 $PO_4^{3-}e$ 当量表示。

(4)结果分析。在灌溉量减少 33.3% 且产量不显著降低的情况下,水资源短缺足迹和水体富营养化足迹分别降低了 27.5% 和 23.9%;在施氮量减少 33.3% 且产量不显著降低的情况下,水体富营养化足迹降低了 52.3%,而水资源短缺足迹无显著变化。结果表明,通过优化农田管理措施,可以有效降低作物种植水足迹,实现农业水资源可持续利用(表 6.4 和表 6.5)。

表 6.4 不同灌溉水平下小麦和玉米的水足迹

作物	指标	单位	数值				
			FI	I-1	I-2	I-3	I-4
小麦	灌溉耗水	L/kg	324.6	264.3	184.1	119.4	0.0
	农资生产耗水	L/kg	6.8	7.2	7.5	9.7	21.6
	水资源短缺足迹	H_2Oe L/kg	544.6	444.7	311.7	206.1	17.2
	氮淋失量	g/kg	2.1	1.9	1.1	0.7	0.0
	水体富营养化足迹	PO_4^{3-} e g/kg	0.9	0.8	0.4	0.3	0.0

续表 6.4

作物	指标	单位	数值				
			FI	I-1	I-2	I-3	I-4
玉米	灌溉耗水	L/kg	121.0	57.1	57.5	57.0	0.0
	农资生产耗水	L/kg	4.9	4.9	4.9	4.9	4.9
	水资源短缺足迹	H_2O e L/kg	204.9	98.7	99.5	98.6	3.9
	氮淋失量	g/kg	1.0	0.5	0.4	0.5	0.0
	水体富营养化足迹	PO_4^{3-} e g/kg	0.4	0.2	0.2	0.2	0.0

注:FI 代表农户灌溉水平 200 mm,I-1 为 150 mm,I-2 为 100 mm,I-3 为 50 mm,I-4 为雨养,e 为当量。
资料来源:徐长春等,2013。

表 6.5　不同施氮水平下小麦和玉米的水足迹

作物	指标	单位	数值				
			FN	N-1	N-2	N-3	FN
小麦	灌溉耗水	L/kg	291.4	293.6	319.8	354.4	291.4
	农资生产耗水	L/kg	6.1	4.7	3.7	2.5	6.1
	水资源短缺足迹	H_2O e L/kg	488.9	491.4	534.2	590.7	488.9
	氮淋失量	g/kg	0.9	0.4	0.1	0.0	0.9
	水体富营养化足迹	PO_4^{3-} e g/kg	0.4	0.2	0.0	0.0	0.4
玉米	灌溉耗水	L/kg	110.4	115.2	122.5	131.6	110.4
	农资生产耗水	L/kg	4.3	3.4	2.6	1.6	4.3
	水资源短缺足迹	H_2O e L/kg	186.8	194.0	205.5	219.8	186.8
	氮淋失量	g/kg	0.6	0.3	0.0	0.0	0.6
	水体富营养化足迹	PO_4^{3-} e g/kg	0.2	0.1	0.0	0.0	0.2

注:FN 代表农户施氮水平 450 kg/hm²,N-1 为 300 kg/hm²,N-2 为 150 kg/hm²,N-3 为不施氮。
资料来源:徐长春等,2013。

四、农业生态系统能流分析方法

目前,国内外从能量流动效率及影响角度对农业生态系统分析的主要方法包括传统的能量(energy)分析方法和新兴的能值(emergy)评价方法两种。

(一)能量分析方法

能量分析是对生态系统能量的流动、转化和散失过程的描述,一般采用的是模型图解法。H.T.Odum 创建了一套能量语言符号,用于描述复杂的能量流动过程,是目前广大生态学工作者广泛采用的方法之一。基本能量流动符号如表 6.6 所示,应用这套能量符号语言,能醒目地绘制出生态系统的能量流动图,具有定量化、规范化和符号统一的特点。

表 6.6　生态系统能量分析常用的图示符号

符号	组件名称	含　义	用　途
	能源	圆圈表示能源	可以表示太阳能、石油、煤炭等
	流动控制组件	将各组件联系起来的能量流动通道	可以表示能量流动的多种情况
	储存库	系统中储存能量的场所	表示能量储存在油库和水库等场所
	热槽	能量的耗散,不做任何功	存在于储存库、工作门和组件中要释放的能量
	工作门	两个以上能的相互作用	可表示两个以上能的不同作用方式
	生产者	作为一个植物生产者系统	表示低质量能转化为高质量能
	消费者	通常为异养生物	表示动物、微生物等
	交换组件	能量和资金的流动。能量向一个方向流动,资金向另一个方向流动	表示资金、能量的流动

1. 能量流效率评价主要步骤

第一步,确定研究对象和系统的边界。

第二步,确定系统的组成成分及相互关系,明确系统的生产者、消费者和分解者,分别确定各亚系统中的输入和输出项目。

第三步,搜集资料,确定各种实物的流量或输入、输出量。

第四步,将各种不同质的实物流量转换为能量流量。

第五步,绘制能流图。

第六步,对所得结果进行分析,包括确定系统总输入能量水平及各种输入能量占总输入能量的比例,确定总输出能量及各种输出能量所占的比例,确定各种形式的能量输出与输入比,与其他系统的能量分析结果进行比较。

(1)绘制能流图。系统能流图的绘制通常遵循以下几个步骤:①绘制系统边界。②确定系统内组分。③列出系统外部能量源;绘出系统内外能流过程,即用实线表示能量流动、贮存、生产、消费及耗散等过程。此外,在圆角矩形底部绘制能量耗散符号,与系统内各组分相连,代表其能量耗散。

(2)系统能量流计算。首先,确定各组分之间的实物能量流动或输入、输出量。然后,通过能量转换参数(见附录表1),将实物量换算成相应的能量。

(3)能量流动分析。能量流动分析可包括以下方面:①输入能量的结构分析,如总输出能量中工业能和有机能各自所占的比重以及农机动力等形式能量所占的比重。②能量结构分析,如经济产品能量与副产品能量占总产出能量的比重。③能量转化效率分析,如系统能量转化效率(总产出能/总投入能)与人工辅助能效率(总产出能/人工辅助能投入量)。④综合分析及评价,对所研究系统的能量流动状况进行综合分析,并与其他系统进行比较,找出本系统能量流动的问题、不足以及调控途径。

2.典型案例——北方"四位一体"生态农业模式能量分析

(1)定义研究目标和范围。本案例以中国北方"四位一体"农村生态农业模式为研究对象,根据实际试验数据,运用能流分析的方法,对该系统的3个子系统的能量投入和产出进行了计算、比较和分析,以期为进一步推动农村生态系统建设提供理论依据。

(2)界定系统边界和功能单位。本案例系统边界以北方农村能源生态模式系统的1个完整运行周期(从番茄定植到收获结束的生产周期)为限,共4个月,系统的输入部分除太阳能外,还包括有机肥、种子、饲料以及人(畜)力等,输出部分包括沼气、蔬菜及猪肉等物质。功能单位为该生态农业模式的单个完整周期。

(3)绘制能流图。采用 Odum 所提供的能量语言符号绘制本案例能流图(图6.6)。

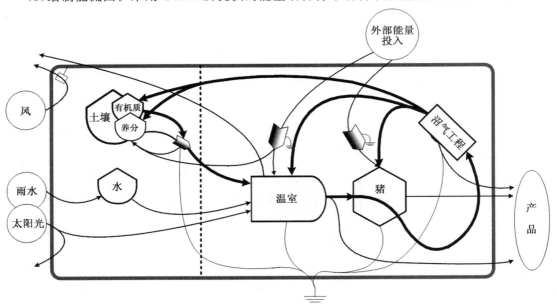

图 6.6 北方"四位一体"生态农业模式能流图

(4)系统能量流计算。在计算投入的实物量时,只计算1个试验周期内物质的投入量,没有考虑温室、沼气池及厕所等基础设施建设的投入。畜产品、化肥和人畜排泄物折能标准均按照已发表研究来确定。

（5）能量流动分析。案例研究结果表明，该生态系统包括种植业（温室）、养殖业（猪）和沼气3个子系统。系统总能量投入为4.05×10^{12} J，能量产投比为0.242；沼气、温室和养猪子系统的能量产投比分别为0.563、0.129和0.244。与单纯种植系统相比，"四位一体"生态系统明显提高了能量的产投比，其中沼气子系统发挥了重要作用。但与高效"四位一体"生态系统能量产投比相比，本系统仍有较大的提升潜力。3个子系统均存在一定提升潜力，其中，种植业子系统中进行作物多样化配置、沼气系统中提高产气时间以及养殖系统中采用设施暖棚技术均可提高综合系统的能量利用率。

（二）能值分析方法

能量分析方法在对各种生态系统进行研究时存在局限性，即由于不同能量的来源不同，使它们之间有质的不同，因而不能做简单的加减比较。例如煤炭燃烧和水力发电，同样产生1 J的能量，但二者来源不同，其对外做功的能力也不同，所以不同能质的能量之间是不可以进行简单的加减比较的。另外，任何生态经济系统的运转，都会有环境自然资源的贡献，而能量分析无法正确核算和反映环境资源投入的真正价值。在当前环境资源日益枯竭和污染日益严重的情况下，实现全球农业的可持续发展必须充分考虑有限的自然资源与对环境的潜在影响。在此背景下，20世纪80年代，美国生态学家H. T. Odum基于系统生态学与热力学理论提出了能值理论及其评价方法。

能值是指产品或劳务形成过程中直接或间接投入应用的一种有效能（available energy）总量。该方法以太阳能值（solar emergy）作为统一度量单位，通过单位能值转换率（unit emergy value，UEV）这一重要参数将自然资源、社会经济资源、生态系统服务和人类信息服务纳入了系统评价范围。该方法克服了传统能量分析方法中不同能质的能量之间无法简单比较和计算的问题，实现了对系统科学而全面的分析，搭建起了生态学与经济学的桥梁。能值评价方法在核算环境资源价值、能源利用评估、对外贸易评估和系统生产力评价等方面具有很好的适用性。它所体现的产品"客观价值"，有别于传统经济学中的"市场价值"，可以为系统的可持续发展提供较好的指导性意见（表6.7）。

表6.7 能值分析的基本概念

概念	单位	定义
有效能（available energy）	J	具有做功能力的潜能，其数量在做功过程中减少
能值（emergy）	sej	产品形成所需直接和间接投入应用的一种有效能总量
太阳能值转换率（solar transformity）	sej/J 或 sej/g	单位能量（物质）所含的太阳能值之量
能值功率（empower）	sej/time	单位时间内的能值流量
能值货币比率（emergy/＄ ratio）	sej/＄	单位货币相当的能值量，由一个国家年能值利用总量除以当年国民生产总值（GNP）而得
能值货币价值（emdollar value）	＄	能值相当的市场货币价值，即以能值来衡量财富的价值或称宏观经济价值

注：sej表示单位太阳能焦耳。

资料来源：蓝盛芳等，2001

1. 主要评价步骤

能值评价方法主要包括定义研究范围和目标、界定系统边界和功能单位、绘制能流图、系统能量流计算、编制能值分析表、建立能值综合评价指标体系、系统发展评价和策略分析 7 个步骤。

（1）编制能值分析表。能值分析表通常包括项目序号、项目名称、资源类别、能量流或物质流原始数据、太阳能值转换率、太阳能值及能值货币价值等项目。通常情况下，根据投入系统的能量来源，可将其划分为本地可更新环境资源（E_R）、本地不可更新环境资源（E_N）、购买性资源（P）和服务（S），后两者又皆可作为社会经济系统的反馈能（F）。根据系统投入资源是否可更新，又可将其划分为可更新（R）和不可更新部分（N）。之后，采用合适的太阳能值转换率将各类别的能量流、物质流、服务流等投入转换成太阳能值。目前，全球推荐采用的最新能值转换率基准为 12.0×10^{24} sej/a。此外，在能值评价中，雨水和风等自然资源被看作是太阳辐射的副产品，为了避免重复计算，仅计算其数值最大的一项。

（2）建立能值综合评价指标体系。建立并计算出一系列反映生态和经济效率的能值评价指标体系，以分析生态经济界面及评价自然环境与经济系统的相互作用和关系。目前国内外农业生态系统评价最常用的评价指标如表 6.8 所示。

表 6.8　能值评价指标

能值指标	表达式	指标含义
单位能值转换率（UVE）	Y/E	评价系统的能值利用效率
可更新比率（ΦR）	$100 \times R/Y$	反映系统生产过程中所利用的可更新资源所占的比例
净能值产出率（EYR）	Y/F	衡量系统对本地资源利用能力及对外部经济系统贡献大小
环境负荷率（ELR）	N/R	评价系统对周围环境造成的压力
可持续性指标（ESI）	EYR/ELR	评价系统可持续发展程度

注：Y 为系统总能值投入；E 为系统产品能量产出；R 为可更新能值总投入；F 为经济系统反馈能值；N 为不可更新能值总投入。

（3）系统发展评价和策略分析。通过能值指标分析和系统结构功能的能值定量分析，为制定正确的系统管理调控措施和发展策略提供科学依据，指导生态经济系统的良性运作和可持续发展。

2. 典型案例——河北省津龙公司"麦玉两熟"粮食生产系统能值分析

（1）定义研究目标和范围。本案例以河北省津龙公司"麦玉两熟"粮食生产系统为研究对象，分析该系统能值消耗状况及系统可持续性，为系统进一步优化调控提供基础。

（2）界定系统边界和功能单位。本案例系统该系统粮食生产过程可分为小麦与玉米的播前预处理、播种、作物生长和收获 4 个阶段，共有两季作物分为 8 个环节。功能单位为单位产品产量。

（3）绘制能流图。采用 Odum 所提供的能量语言符号绘制本案例能流图（图 6.7）。

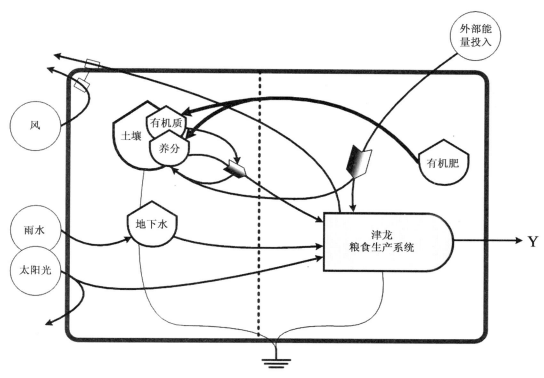

图 6.7　津龙粮食种植系统能流图

　　(4)系统能量流及评价指标计算。本案例所有原始数据都来自对津龙公司的实地调研。以一个完整的生产年度为界限,对该循环模式的各种投入和产出数据进行详细记录。自然资源数据来自中国气象科学数据共享服务网。研究中涉及的建筑和机械都根据其预计使用年限折算为每年的投入量。相关的能量折算系数与能值转换率参数皆参考自发表文献。通过表 6.9 计算,得到能值评价指标结果(表 6.10)。

　　该系统全年能值投入量为 2.13×10^{16} sej/hm^2,其中本地资源和经济系统反馈能投入分别占 19.1% 和 80.9%,可更新和不可更新资源投入分别占 25.6% 和 74.4%。从作物角度来看,冬小麦和夏玉米分别利用了该系统总能值投入的 92.8% 和 7.2%,不可更新资源的 97.4% 和 2.6%。可见,在该种植系统中,大量的能值及不可更新资源主要投入在冬小麦种植过程中。其中,该粮食生产系统中冬小麦种植过程中的灌溉和施肥环节是对该系统进行节能技术调控的主要关键点。该粮食生产系统 ESI 值为 0.43,其中小麦和玉米生产的 ESI 值分别为 0.33 和 6.62,从能值评价的角度来看,该系统的可持续性较低,其中玉米生产的 ESI 值是小麦生产的 20.1 倍,说明小麦生产是造成该系统可持续性较低的主要原因。此外,该农场规模化粮食生产系统的 ESI 值比江苏(0.50)、陕西(1.18)粮食生产系统,以及我国农业平均水平(0.77)低 14.0%、63.6% 和 44.2%。

表 6.9　津龙粮食生产系统能值分析表

项目	描述	单位	可更新比例系数	能值转换率（sej/单位）	冬小麦 原始数据	冬小麦 能值（sej）	夏玉米 原始数据	夏玉米 能值（sej）
播前处理								
1	地下水	J/hm²	0.00	2.27×10^5	3.68×10^9	8.34×10^{13}	0.00	0.00
2	表土层损失	J/hm²	0.00	1.24×10^5	3.77×10^9	4.67×10^{13}	0.00	0.00
3	电力	J/hm²	0.09	2.69×10^5	7.38×10^9	1.99×10^{15}	0.00	0.00
4	燃油	J/hm²	0.00	1.11×10^5	2.19×10^9	2.43×10^{14}	4.11×10^8	4.56×10^{13}
5	机械	g/hm²	0.00	1.13×10^{10}	3.54×10^3	3.99×10^{13}	1.58×10^3	1.77×10^{13}
6	人力	J/hm²	0.60	7.56×10^6	4.99×10^8	3.77×10^{15}	2.95×10^6	2.23×10^{13}
播种期								
7	燃油	J/hm²	0.00	1.11×10^5	1.97×10^8	2.18×10^{13}	2.19×10^8	2.34×10^{13}
8	机械	g/hm²	0.00	1.13×10^{10}	4.01×10^3	4.52×10^{13}	1.46×10^3	1.65×10^{13}
9	沼渣	J/hm²	0.52	2.83×10^5	1.97×10^9	5.59×10^{14}	0.00	0.00
10	种子	J/hm²	1.00	1.11×10^5	4.28×10^9	4.75×10^{14}	4.28×10^8	4.75×10^{13}
11	人力	J/hm²	0.60	7.56×10^6	7.09×10^6	5.36×10^{14}	4.73×10^6	3.57×10^{13}
生长期								
12	太阳	J/hm²	1.00	1.00	2.70×10^{13}	0.00	1.35×10^{13}	0.00
13	雨	J/hm²	1.00	3.10×10^4	6.67×10^9	2.07×10^{14}	2.90×10^{10}	9.01×10^{14}
14	风	J/hm²	1.00	2.45×10^3	4.28×10^9	0.00	2.14×10^9	0.00
15	地下水	J/hm²	0.00	2.27×10^5	7.35×10^9	1.67×10^{15}	0.00	0.00
16	氮肥	g/hm²	0.00	6.38×10^9	1.35×10^5	8.61×10^{14}	0.00	0.00
17	复合肥	g/hm²	0.00	4.70×10^9	7.50×10^5	3.53×10^{15}	0.00	0.00
18	沼渣	J/hm²	0.52	2.83×10^5	1.32×10^9	3.73×10^{14}	6.58×10^8	1.86×10^{14}
19	农药	g/hm²	0.00	2.49×10^{10}	6.30×10^2	1.57×10^{13}	3.00×10^3	7.47×10^{13}
20	电力	J/hm²	0.09	2.69×10^5	1.48×10^{10}	3.97×10^{15}	0.00	0.00
21	燃油	J/hm²	0.00	1.11×10^5	6.57×10^7	7.30×10^{12}	1.31×10^8	1.45×10^{13}
22	机械	g/hm²	0.00	1.13×10^{10}	4.65×10^2	5.20×10^{12}	4.65×10^2	0.52×10^{13}
23	人力	J/hm²	0.60	7.56×10^6	7.32×10^7	5.54×10^{14}	7.09×10^6	5.34×10^{13}
收获期								
24	燃油	J/hm²	0.00	1.11×10^5	8.22×10^8	9.12×10^{13}	4.93×10^8	5.47×10^{13}
25	机械	g/hm²	0.00	1.13×10^{10}	7.80×10^2	8.80×10^{12}	1.46×10^3	1.64×10^{13}
26	人力	J/hm²	0.52	7.56×10^6	2.95×10^6	2.23×10^{13}	$2.36E \times 10^6$	1.79×10^{13}
产出								
	小麦	J/hm²		1.62×10^5	1.22×10^{11}	1.98×10^{16}		
	玉米	J/hm²		1.05×10^4			1.47×10^{11}	1.53×10^{15}

资料来源：高旺盛等,2015。

表 6.10　津龙公司粮食生产系统能值评价指标结果

能值指标	本研究			中国东北玉米种植	中国江苏	中国陕西	中国农业
	小麦	玉米	复种系统				
UEV(sej/J)	1.62×10^5	1.05×10^4	—	—	—	—	—
EYR	1.19	2.35	1.23	1.54	1.18	1.47	2.08
ELR	3.51	0.37	2.87	10.62	2.35	1.20	2.72
ESI	0.34	6.29	0.43	0.15	0.50	1.18	0.77

资料来源:高旺盛等,2015。

（5）系统发展评价和策略分析。相比于农户型粮食生产模式,规模化生产可以统一规划作物种植,采用机械化农艺操作可以提高每个生产环节的效率。规模化农场通常可以实现"种养结合",因而拥有丰富的有机肥资源以供作物种植利用,从长期来看,大量的有机肥施用会提升土壤肥力,进而增加粮食生产的可持续性。因此,该农场规模化粮食生产系统在技术改进之后,在能值利用效率方面优于农户模式。

五、农业生态系统指标分析方法

农业生态系统的评价指标有单指标评价方法和综合指标评价方法。单指标评价一般是选取一个或若干个最能反映农业生态系统特征的指标进行分析和评价。综合指标评价是选取一组或多组指标,形成评价指标体系,进行全面和综合的分析和评价。指标分析方法的一般步骤如下。

第一步,指标选择。一般要遵循"科学、全面、简明、易行、层次、可比"的原则,能够客观且准确地反映出所评价系统的结构及功能等特征,并易于分析、计算和比较。

第二步,指标体系构建。在指标选择基础上,根据各项指标的特性、属性和层次性等,建立各个级别和类型的指标构成。

第三步,确定各项指标的权重。指标权重确定通常可通过层次分析、专家打分、主成分分析和模糊数学等方法完成。

第四步,确定评分标准,并进行分值计算。各指标评分标准一般根据所研究问题的实际和需要进行,可通过咨询、调查和统计等途径确定某项指标的评分标准。根据各项指标的评分标准,对所分析的指标进行分值计算,并结合各项指标的权重,计算各项指标最后的得分值。

第五步,综合评价。根据各级和各项指标的分值进行综合评价和问题分析。

第二节　农业生态系统服务价值及评价

一、农业生态系统服务价值评价指标体系及计算方法

农业生态系统在给人类提供产品和原材料的同时,在水文循环、气体调节、有机质累积和人文功能等方面也存在着服务功能和价值,不同的农业生产系统评价指标体系有所不同。表6.11是对稻田生态系统进行生态系统服务价值评价时所构建的指标体系。

表 6.11　稻田生态系统的多功能价值评价方法

类　型	稻田生态功能	评价方法
粮食生产功能	农产品生产	市场价值法
水文循环功能	涵养水源、调节小气候	影子工程法
	调节当地径流、减轻防洪压力	影子工程法
气体调节功能	植物固碳	碳税法
	O_2 的释放	造林成本法
	温室气体的排放	造林成本法
土壤有机质累积功能	土壤的有机质平衡	影子工程法
生物多样性功能	维持生物多样性	条件价值法
人文功能	教育文化与科学研究	条件价值法

生态系统服务价值的计算方法包括替代价值法（substitution cost method，SCM）、条件价值法（contingent valuation method，CVM）和旅行成本法（travel cost method，TCM）等。

二、典型农业生态系统生态服务价值评价步骤及案例分析

以 2013 年湖北省荆州市稻田生态系统为例进行生态服务价值评价。2013 年,荆州市水稻种植面积 4.24×10^5 hm^2,其中早、中、晚稻的种植面积分别为 8.7×10^4 hm^2、2.44×10^5 hm^2、9.3×10^4 hm^2。

（一）评价指标

首先根据荆州市实际情况将稻田生态系统服务功能类型确定为食物生产、原材料生产、景观愉悦、气体调节、气候调节、水源涵养、土壤形成与保持、废弃物处理和生物多样性保持 9 个方面,主要评价指标如表 6.12 所示。

表 6.12　稻田生态系统服务功能价值评价体系

服务类型	价值内涵	评估方法	指标
农产品生产	生产稻谷、秸秆价值	市场价值法	稻谷和秸秆的产量、市场价格、生产成本
水文调节	水消耗负价值	市场价值法	耗水量、农业用水成本（市场价格）
	蓄水防洪价值	影子工程法	田埂高度、浸水深、稻田面积、水库蓄水成本
	涵养水源价值	影子工程法	渗透率、稻田面积、水库蓄水成本
气候调节	蒸发蒸腾降温价值	替代价值法	降温效应、标准煤的燃烧值、市场价格
气体调节	固定 CO_2、释放 O_2 价值	工业成本法	固定 CO_2 和释放 O_2 的量、碳税率、制氧成本
	排放温室气体负价值	碳税法	生育期内温室气体排放总量、碳税率
有机质积累	有机质积累价值	替代价值法	有机质输入量和输出量、有机肥价格
净化环境	净化大气、水质价值	工业成本法	吸收大气污染物和净化灌溉水的量、工业净化成本
有机固体废弃物处理	处理秸秆、畜禽粪便价值	工业成本法	处置秸秆和畜禽粪便的量、工业处置成本
景观文化	提供景观文化场所价值	条件价值法当量因子法	人均支付意愿、常住人口数、标准当量
生物多样性维持	维持生物多样性的价值	条件价值法	人均支付意愿、常住人口数

(二)计算方法

主要采用市场价值法、碳税法、成本法、当量因子法和条件价值法等对荆州市的稻田生态系统价值展开评估。

1.直接生产功能价值

(1)稻谷生产。稻谷生产功能价值的计算公式如下:

$$V_{1-1} = A \times Y_r \times P_r - 生产成本 = (A \times Y_r \times P_r) / 2$$

式中:V_{1-1} 为稻谷的价值(元);A 为稻田面积(hm^2)(统计数据,或者采用卫星遥感数据与土地分类数据估算);Y_r 为单位面积稻田稻谷的平均产量(kg)(统计数据,或者采用实地调查、农民访谈和专家校正相结合的方法获取);P_r 为稻谷的市场价格(元)(调查获取);生产成本(元)(统计数据或者实地调查获取)。

(2)生产秸秆价值。秸秆价值则通过市场价格法(市场回收价格)来计算,水稻价值中已经减去成本,因而秸秆价值无须再扣除成本。

$$V_{1-2} = A \times Y_s \times P_s = A \times Y_r \times 0.88 \times P_s$$

式中:V_{1-2} 为水稻秸秆的价值(元);A 为稻田面积(hm^2),采用卫星遥感数据与土地分类数据估算;Y_s 为单位面积稻田秸秆的平均产量(kg),由水稻平均经济系数 0.5 以及收割秸秆量占秸秆总量的 88%(残留在田间的为 12%)估算,即 $Y_s = 0.88 \times Y_r$;P_s 为秸秆的市场回收价格(元)。

2.水文调节价值

(1)水消耗价值核算。长江中下游地区,早稻全生育期需要补充的灌溉量为 206 mm 左右,中稻所需灌溉水量在 336 mm 左右,晚稻所需灌溉量为 255 mm 左右。结合稻田面积和灌溉用水成本,可计算荆州市稻田生态系统每年消耗水资源的价值(元)。计算公式为:

$$V_{2-1} = (206 \times A_1 + 336 \times A_2 + 255 \times A_3) \times 10 \times P_w$$

式中:V_{2-1} 表示灌溉耗水价值(元);A_1、A_2、A_3 分别表示早、中、晚稻种植面积(hm^2);206、336 和 255 为早、中、晚稻生育期内所需的灌溉水量(mm);P_w 表示农业用水成本(元/t)。

(2)蓄水防洪价值计算

$$V_{2-2} = (H_r - D_w) \times A \times C_w$$

式中:V_{2-2} 为蓄水防洪的价值(元);H_r 为田埂高度(cm);D_w 为稻田平均浸水深(cm);A 为稻田种植面积(hm^2);C_w 为水库蓄水成本(0.67 元/m^3)。田埂高度和稻田浸水深度数据来自实地测量和文献资料,其中浸水深度根据生育期天数,通过权值校正计算平均浸水深度。

(3)涵养水源价值计算

$$V_{2-3} = I_r \times D_i \times A \times 10^{-3} \times C_w$$

式中:V_{2-3} 为涵养水源的价值(元);I_r 为土壤入渗率(cm/d);D_i 为灌溉日数(单位:d);A 为稻田种植面积(hm^2);C_w 为水库蓄水成本(0.67 元/m^3)。其中,土壤入渗率 I_r 采用双环法测定。结合测定时刻的气温,将测定的入渗速率校正到 10℃ 下的渗透速率。淹水天数通过实地调查和查阅文献资料得到。

3. 气候调节价值

采用替代价值法来评估稻田系统调节气候的价值,用标准煤产生的热量来替代蒸发蒸腾作用带走的热量,即

$$V_3 = (Q_h \times 10^5 \times 2\ 257.6) / 29\ 288 \times P_c,\ \text{其中}\ Q_h = E \times A$$

式中:V_3 为水稻田生态系统的调节气温的价值(元);Q_h 为总的水分蒸发蒸腾量(m^3);2 257.6 为水的汽化潜热,29 288 为标准煤的燃烧值(kJ/kg);P_c 为标准煤的价格(500 元/t);E 为大田生育期内单位面积水稻水分蒸发蒸腾量(mm);A 为稻田面积(hm^2)。

4. 气体调节价值

稻田生态系统的气体调节功能主要包括固碳释氧和温室气体排放两个方面。关于气体调节功能价值的评估方法相对比较统一,主要为碳税法和工业制氧法。其中固定 CO_2 和温室气体排放的价值评估采用国际通用的碳税法,而释放 O_2 的价值评估则采用工业制氧法。

(1)固碳释氧价值

①固碳价值

$$V_{4-1} = P_{CO_2} \times C_{\text{总}} \times 1.63$$

式中:V_{4-1} 为稻田生态系统固定 CO_2 的价值(元/hm^2);P_{CO_2} 为固碳成本,目前多采用瑞典碳税率(1.2 元/kg);$C_{\text{总}}$ 为稻田生物产量(kg);1.63 为系数,由光合作用固定碳的过程决定。

②释放氧气价值

$$V_{4-2} = P_{O_2} \times C_{\text{总}} \times 1.19$$

式中:V_{4-2} 为稻田生态系统释放 O_2 的价值(元/hm^2);P_{O_2} 为制造 O_2 的价格(1.0 元/kg);1.19 为系数,由光合作用释放氧的过程决定。

(2)温室气体排放价值。稻田生态系统 CO_2、CH_4 和 N_2O 等温室气体的排放会造成目前全球气候变暖。水稻生长季内的温室气体排放量根据 IPCC 提出的方法计算,公式为:

$$E = F_m \times 24 \times n \times 0.01$$

式中:E 为稻田的 CO_2、CH_4 或者 N_2O 排放量(kg/hm^2);F_m 为气体排放通量[mg/($m^2 \cdot h$)];n 为生育期天数(d)。

$$E_c = 0.272\ 9 \times (E_{CO_2} + 25E_{CH_4} + 298E_{N_2O})$$

$$V_{4-3} = C_t \times E_c$$

式中:E_c 根据增温潜势将 CO_2、CH_4 和 N_2O 换算为纯碳的量(kg/hm^2);E_{CO_2}、E_{CH_4}、E_{N_2O} 分别指的是水稻全生育期内 CO_2、CH_4 和 N_2O 的排放量(kg/hm^2);V_{4-3} 为水稻田温室气体排放价值(元/hm^2);C_t 为固碳价格,采用碳税率为 1.2 元/kg。

5. 土壤有机质累积价值

土壤有机质累积通过土壤有机质输入与输出平衡来评价。稻田生态系统中土壤有机质的输入包括:增加有机肥、水稻通过根际沉析作用向稻田土壤输入有机质以及收获后残留在田间

的植株地下部分和部分秸秆。

$$I_{soc} = M_r \times 4 \times C_r + M_s \times 12\% \times C_s$$

式中:I_{soc} 为输入土壤有机质(kg/hm^2);M_r 为水稻根系生物量(kg/hm^2),水稻根际沉析作用输入土壤有机碳量约为水稻根际生物量的 4 倍;M_s 为水稻秸秆生物量(kg/hm^2),常规收割方式下,残留在田间的秸秆量为秸秆总生物量的 12%;C_r 和 C_s 分别为水稻根系和秸秆的含碳量。

稻田土壤有机质输出途径包括:水淹环境下稻田土壤向大气排放的 CH_4 和土壤中微生物呼吸向大气排放的 CO_2 所消耗的土壤有机质。

$$O_{soc} = E_{CO_2} \times 0.27 + E_{CH_4} \times 0.75$$

土壤有机质积累:$B_{soc} = I_{soc} - O_{soc}$

$$V_5 = B_{soc} \times A \times P_f$$

式中:O_{soc} 为输出土壤有机质(kg/hm^2);E_{CO_2} 和 E_{CH_4} 分别为稻田 CO_2 和 CH_4 排放量(kg/hm^2);0.27 和 0.75 分别是 CO_2 和 CH_4 换算成纯碳的系数;B_{soc} 为土壤有机质平衡状况(kg/hm^2);V_5 为土壤有机质累积价值(元);A 为稻田面积(hm^2);P_f 为纯碳量计量的有机质肥料的市场价格(1.47 元/kgC)。

6. 环境净化价值

(1)净化空气价值。稻田生态系统净化空气的价值可以通过替代成本法计算,即用单位面积去除量乘以工业去除成本再乘以稻田面积。

$$V_{6-1} = (Q_s \times P_s + Q_n \times P_n + Q_h \times P_h + Q_f \times P_f) \times A$$

式中:V_{6-1} 为水稻田生态系统净化空气的价值(元);Q_s 为水稻田生态系统吸收 SO_2 的平均通量[$kg/(hm^2 \cdot a)$];P_s 为工业上净化 SO_2 的成本(元/kg);Q_n 为水稻田生态系统吸收 NO_x 的平均通量[$kg/(hm^2 \cdot a)$];P_n 为水稻田生态系统净化 NO_x 的成本(元/kg);Q_h 为水稻田生态系统吸收 HF 的平均通量[$kg/(hm^2 \cdot a)$];P_h 为水稻田生态系统净化 HF 的成本(元/kg);Q_f 为水稻田生态系统吸收粉尘的平均通量[$t/(hm^2 \cdot a)$];P_f 为水稻田生态系统吸收粉尘的成本(元/t);A 为该评价区域水稻田的面积(hm^2)。

(2)净化水质价值。采用替代成本法来估算水稻田生态系统净化污水的价值,计算公式如下。

$$V_{6-2} = Q_w \times C_{wz}$$

$$Q_w = (I_w \times b + P_w \times A)/2$$

式中:V_{6-2} 为水稻田生态系统净化污水功能的价值(元);Q_w 为稻田系统净化水资源的量(m^3);I_w 为灌溉水量(m^3);b 为水稻田的灌水量转化为净化污水量的系数 7.3%;P_w 为单位面积稻田净化水资源的量 9.75(m^3/hm^2);C_{wz} 为污水治理成本 2.09 元/t;A 为该评价区域水稻田的面积(hm^2)。

7. 有机固体废弃物处理价值

采用替代成本法来进行有机固体废弃物(水稻秸秆和畜禽粪便)处理价值评估,即通过垃圾处理成本来估算。计算方法如下：

$$V_7 = (Q_s \times P_s + Q_t \times P_t) \times A$$

式中：V_7 为有机固体废弃物处理价值（元）；Q_s 和 Q_t 分别为单位面积稻田处理水稻秸秆和畜禽粪便的量（t/hm^2），P_s、P_t 分别为水稻秸秆和畜禽粪便处理成本（元/t）；A 为稻田面积（hm^2）。

秸秆粉碎翻压还田最大量为 4.5 t/hm^2，可以计算出水稻秸秆的处理（回收）成本为 44.4 元/t；由《中国统计年鉴 2004》等可知，Q_t、P_t 分别为 28 t/hm^2 和 108 元/t。

8.休闲景观文化价值

生态系统景观文化功能的评估方法主要是支付意愿法。赵天瑶等通过条件价值法，研究表明荆州市居民对稻田生态系统景观美学文化功能的支付意愿为 76.6 元/(人·a)。

$$V_8 = 76.6 \times N$$

式中：V_8 为休闲景观文化价值（元）；N 为常住人口总数（人），根据湖北统计年鉴，荆州市 2014 年常住人口为 574.42 万。

9.生物多样性保护价值

生物多样性价值属于非使用价值范畴，因此其价值评估具有一定的难度，目前相关的评估方法主要包括机会成本法和条件价值法两种。通过离散变量数学期望公式计算出受访专家的平均支付意愿，然后乘以荆州市常住人口数量即为荆州市稻田生态系统服务功能维持生物多样性功能的经济价值。具体公式为：

$$V_9 = E_{WTP} \times N$$

$$E_{WTP} = \sum_{i=1}^{n} A_i P_i$$

式中：V_9 为生物多样性保护价值（元）；E_{WTP} 为人均支付意愿；A_i 为第 i 种正支付额度；n 为正支付额数量；P_i 为第 i 种正支付额度人数的分布频率；N 为常住人口总数（根据湖北统计年鉴，荆州市 2014 年常住人口总数为 574.42 万）。

(三)评价结果

根据以上的计算方法，得出 2013 年荆州市稻田生态系统各项服务功能的价值如表 6.13 所示。农产品生产、水文调节、气候调节、气体调节、有机质累积、环境净化、有机固体废弃物处置、维持生物多样和休闲景观文化 9 项稻田生态系统服务功能的总价值为 2.74×10^{10} 元，相当于荆州市 2013 年 GDP 的 18.5%。其中，气体调节功能价值量最大为 1.14×10^{10} 元，占总价值的 41.7%。具体价值量大小顺序依次为：气体调节功能＞农产品生产功能＞净化环境功能＞维持生物多样性功能＞有机质累积功能＞气候调节功能＞有机固体废弃物处置功能＞水文功能＞休闲景观文化功能。

表 6.13　荆州市稻田生态系统各项服务功能价值

服务类型	服务名称	价值（元）	比重（％）
供给服务	农产品生产	5.22×10^9	19.0
调节服务	水文调节	1.20×10^9	4.4
	气候调节	1.53×10^9	5.6
	气体调节	1.14×10^{10}	41.7
	净化环境	2.20×10^9	8.0
支持服务	有机固体废弃物处置	1.32×10^9	4.8
	有机质累积	1.77×10^9	6.5
	维持生物多样性	2.17×10^9	7.9
文化服务	休闲景观文化	5.93×10^8	2.2
总　计		2.74×10^{10}	100

从服务类型来看,供给服务、调节服务、支持服务和文化服务价值分别为 5.22×10^9 元、1.64×10^{10} 元、5.26×10^9 元和 5.93×10^8 元;所占比重分别为 19.0％、59.6％、19.2％和 2.2％。从价值类型来看,直接经济价值(产品供给和氧气供给)为 8.51×10^9 元、间接经济价值为 1.62×10^{10} 元和选择价值为 2.77×10^9 元分别占稻田系统服务功能总价值的 31.0％、58.9％和 10.1％。从功能类型来看,经济服务功能价值为 5.22×10^9 元、社会服务功能价值为 5.93×10^8 元和生态服务功能价值为 2.16×10^{10} 元,分别占稻田生态系统服务总价值的 19.0％、2.2％和 78.8％,生态服务功能价值量为经济服务功能价值量的 4.1 倍。

第三节　生态平衡与生态健康

一、生态平衡与生态平衡失调

(一)生态平衡的内涵与特征

1. 生态平衡的概念

生态平衡(ecological balance)指在一定时间内生物与环境、生物与生物之间相互适应所维持着的一种协调状态。它表现为生态系统中生物组成、种群数量及食物链营养结构的协调状态,能量和物质的输入与输出基本相等,物质储存量恒定,信息传递流畅,生物群落与环境之间或各对应力量之间各自保持一定的状态,达到正负相当、协调吻合。

生态平衡的出现是由于生物强大的繁殖能力和较窄的适应能力以及资源环境的有限性 3 个因素共同作用的结果。生态平衡是一种动态平衡及相对平衡。特别是农业生态系统中,人类为了更好地生存,不断以强大的技术力量改变着原有的生态平衡状态,使之在新的基础上建立起新的生态平衡。

2. 生态平衡的基本特征

(1)一定时期内生态系统中物质与能量的输入与输出保持相对平衡,否则,这种平衡就将被打破而建立新的平衡。合理的农业生态系统是建立在大量的物质和能量输入与输出上的平衡,这不仅表现在数量上,在物质和能量种类和形式上也是如此。

(2)生态系统内物质与能量的流动保持合理的比例与速度。

(3)生态系统中生产者、消费者和分解者的种类与数量相对稳定,使得生态系统的结构处于稳定状态。

(4)生态系统具有良好的自我调节能力。当系统受外界因素影响而导致其结构与功能产生变化时,系统能及时地对这种影响作出反应,对其内部进行调控,使其恢复到原有的平衡状态。

(二)生态平衡失调及调控途径

1. 生态平衡失调的概念

生态平衡失调(或破坏)是指当生态系统受到外界压力或冲击时,系统的平衡受到负面影响。如果这种压力或冲击超过了生态系统的忍耐力或阈值时,系统的自我调节能力随之降低乃至消失,此时生态平衡受到破坏,生态系统趋向衰退,甚至崩溃。

2. 生态平衡失调的特征

生态平衡失调主要表现在结构和功能上的破坏。

(1)生态平衡失调在结构上的特征。

一级结构受损:一级结构受损是指在系统中缺损一个或数个组成成分。它标志着外界压力是巨大的,系统内部变化也是剧烈的,生态平衡的失调是严重的。如大面积毁灭性的砍伐森林、不合理的围湖造田和草原过度开垦等,使原有的生产者从系统中消失,各级消费者也因食物源和栖息地的破坏而转移或消失,分解者和土壤中的各种营养物质遭水蚀或风蚀,最后导致土壤母质裸露或土地沙化,生态系统招致崩溃。

二级结构变化:二级结构变化是指外部压力使系统中某一组成成分内部结构发生变化,使生物种类减少、种群结构下降及层次结构发生变化等。如草原过度放牧,使优质牧草减少,杂草和毒草增加以及草原发生退化。

(2)生态平衡失调在功能上的特征。生态系统的功能主要表现为生物的生产功能、生物对环境的调节功能和系统对外界压力的抵御功能。当生态平衡失调时,系统的功能衰退,主要表现为能量流动受阻和物质循环中断。

能量流动受阻是指能量流动在系统中某一营养级上受到阻碍。首先生产者由于同化面积减少或同化功能下降而生产力降低,进而致使消费者各营养级的食物减少,食物链关系发生紊乱。

物质循环中断是指物质循环在生产者、消费者和分解者某一环节上发生中断,或者输入量与输出量之间的比例失调。如作物秸秆大量被焚烧或用作燃料,中断了作为饲料和肥料的循环流动,如果不及时阻止,农业生态系统就会走上既缺饲料又缺肥料的失调状态,生产力下降。

3. 生态平衡失调的原因

引起生态平衡失调的原因很多,但归纳起来不外乎两种:一是自然原因,如气候条件突变和灾害性病虫害突发等;二是人为原因,如人们对资源的不合理开发利用和工业"三废"污染等。而人为因素常常导致自然因素的强化,造成生态平衡失调。

4.保持生态平衡的途径

(1)增加组成成分的多样性。生态系统的稳定性与多样性是相互联系的。一般而言,生态系统组成成分多,生物种群结构复杂,食物链长并联结成网,能量转化和物质循环途径多,其抵御自然灾害的能力强,并且通过反馈作用恢复的能力也强。因此,合理的农业结构不应该是单一的粮食作物生产系统,而应该是由农、林、牧、副、渔等多种组分构成的多种物质循环和能量转化渠道的多样性结构,尤其是在自然条件较差的中低产地区,农业生态系统结构多样性更为重要。

(2)外界压力不超过生态阈值。生态系统的自我调节能力是有一定限度的,外界压力不得超过其生态阈值。外界的压力在阈值范围内,生态系统可以通过自我修补进行调节,超过这一界限,调节就不再起作用,从而使系统受到改变、伤害以致破坏。例如森林每年的采伐量、草原的刈割量、湖泊的捕捞量和种植业的耗地作物比例等都应有一定的限度。

(3)优化食物链结构。食物链渠道的长短、大小和畅通与否是维持生态系统稳定性的重要条件。通过设计和建立合理的食物链可以提高农业生态系统的生产力和经济效益。如利用秸秆培养食用菌,生产食用菌比秸秆直接做堆肥或废弃的经济效益高,食用菌的废料还可以作为畜禽的饲料。农业生产上利用生物之间的营养关系,如以虫治虫、稻田养鸭除虫除草等都是食物链原理的具体运用。

(4)人为调控生态环境。人为调控可以改变农田小环境和局部地区生态环境,使农业生态系统朝着高产高效的方向发展。例如,人工栽培设施可以调控农田的光、温、水等环境;农田基本建设和兴修水利可以平整土地和扩大灌溉面积;营造防护林可保护农田免受侵蚀等。

(5)增强生态环境保护。人类正面临有史以来最为严峻的生态环境挑战,如气候变化、土地荒漠化、生物多样性减少、面源污染和土壤污染等。这一系列生态环境问题有些来自不合理的农业生态系统管理本身,如不合理的土地利用导致的荒漠化,畜禽废弃物的不合理利用导致的面源污染等,而这些生态环境问题又会对农业生态系统的平衡产生威胁。因此,通过增强生态环境保护,实现农业生态系统的生产和生态"双赢"才有利于其可持续发展。

二、生态系统健康

(一)生态系统健康的概念及影响因素

1.生态系统健康的概念

生态系统健康可理解为生态系统的内部秩序和组织的整体状况、系统的正常能量流动和物质循环没有受到损伤,关键生态成分(动植物、土壤和微生物区系)得以保留,系统对自然的长期干扰具有抵抗力和恢复力,系统能够维持自身的组织结构长期稳定,具有自我调控能力,并能提供合乎自然和人类要求的生态服务。农业生态系统受自然和社会因子的双重调控,各种胁迫因子均可能造成极大的危害,有时甚至会带来系统不可逆转的崩溃。因此,评估和保护农业生态系统的健康十分重要。

健康的生态系统应该具有以下特征:①健康的生态系统的物质多样性、生化多样性、结构多样性和空间异质性高。②健康的生态系统生产量高,系统储存的能量高,营养结构以食物网为主。③健康的生态系统有机物质储存多,矿质营养物循环较为封闭,无机营养物多储存在生物库中。④在稳定性方面,健康的生态系统对外界干扰的抵抗力强且恢复力较高,具有良好的自我恢复能力。⑤健康的生态系统对相邻的其他生态系统没有危害。⑥健康的生态系统运行方式多种多样,并与人类经济活动紧密相关。

2.生态系统健康的影响因素

(1)人类活动。人类是生态系统中不可忽视的成分,特别是在农业生态系统。人类在利用和改造生态系统的过程中,起了非常重要的作用。不合理的人为干预,有时会引起生态系统的退化。例如,土地的过度开垦和耕作、作物的不合理种植方式、过度放牧及化肥的不当使用等,都对生态系统健康有着重要的影响。生态系统健康与人类活动的关系如图 6.8 所示。

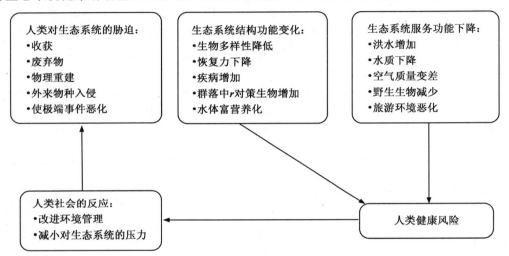

图 6.8 人类活动与生态系统健康的关系

(资料来源:曾珠,2007)

(2)不科学的农业生产活动。大量使用杀虫剂、杀菌剂和除草剂,存在着对非靶标生物的损害、对害虫天敌种群结构的破坏以及对农业生态系统生物多样性的不良影响。大量的化肥投入对环境存在潜在的威胁,工业污染物特别是有毒化合物及重金属对生态系统的破坏作用更加严重。过度放牧破坏草场,过度捕捞破坏水体生态系统。不适宜的种植模式和农业管理措施也可造成农业生态系统健康水平的下降。

(3)生物技术。生物技术对环境是否有不良的影响目前尚未定论,但基因改良生物体释放于环境中后可能会产生潜在的不良效应。转基因植物的释放对环境影响的问题,已经引起越来越多人的重视。如果转基因植物具有很高的适合度和竞争力,就可能引起种群暴发,破坏生物多样性,从而改变生物群落的结构,影响生态系统的能量流动和物质循环。

(4)生态入侵。生态入侵可能造成其他土著种类濒临灭绝,并伴随其他严重危害的现象。例如,农业生产中的入侵杂草不仅与作物争水争肥,同时使受灾区域的植物群落结构遭到破坏。

(5)其他。自然灾害如地震、火山爆发、洪水、干旱、龙卷风和森林火灾等,以及人为因素如战争和毒物泄漏等对生态系统的破坏程度很大,甚至对生态系统来说是不可逆转的。

（二）生态系统健康的评估

生态系统健康的评估是涉及多学科、多领域和多层次的综合管理问题,包括技术、经济、政策、法律、公众参与和伦理道德等多个方面。一般农业生态系统健康的综合评价应同时包括生物学、社会经济、人类健康和社会公共政策 4 个方面。

生态系统健康评估的一般步骤如下。

第一步,生态系统失调综合征的诊断。生态系统失调综合征(ecosystem distress syndrome)是指系统被破坏后导致其在正常生命期限前终结的不可逆过程。生态系统失调综合征的诊断就是选择一组关键指标来评估生态系统处于有害环境压力下的特征,并进行诊断、干预及因果关系的比较研究。例如,对生态系统的缓冲力和持续性进行评估;根据生态系统抵抗压力的能力大小评价其健康程度;利用很多指示因子如土质、水质和作物产量等监测农业生态系统的健康状态。

第二步,生态系统的缓冲力和持续性评估。生态系统越健康,其抗干扰能力或从干扰中恢复过来的能力就越强。农业生态系统是地球生态系统的一部分,其中包含许多复杂的亚系统及其相互间的作用。很多指示因子如土质、水质和作物产量等都可用于监测农业生态系统的健康状态。

第三步,生态风险评估。生态系统健康风险评估就是评价危害生态系统健康的不良事件发生的概率以及在不同概率下不良事件所造成后果的严重性,并决定应该制定和采取何种可行对策。因此,评估的着眼点在于风险决策管理,目的是预防性地保护生态系统健康。其重点放在已知来源的压力对受压系统可能产生的影响上,进而可以估算出单一或多方面压力对受压系统可能产生损害的风险,如生产力降低、物种多样性或其他生态系统功能的损失。

第四步,建立环境变化、人类健康、经济机会和公众政策之间的相互联系。在一个高度相互依赖的系统中,这些因素共同决定了环境条件,因此,必须了解这些因素间的相互联系。

第五步,健康生态系统的管理、示范与推广。目前对农业生态系统评估应用较多的做法是:选择一套对系统变化敏感的生物或理化性质作为指示器,监测指示器对生态环境变化的反应,并以此来判断生态系统是否健康。

三、受损农业生态系统的恢复与重建

（一）生态恢复与重建的含义

生态恢复与重建是指根据生态学原理,通过一定的生物、生态以及工程的技术与方法,人为地改变和切断生态系统退化的主导因子或过程,调整、配置和优化系统内部与外界的物质、能量和信息的流动过程及其时空秩序,使生态系统的结构、功能和生态学潜力尽快地、成功地恢复到一定的或原有的乃至更高的水平。生态恢复过程一般由人工设计,并在生态系统层次上进行。事实上,生态系统或群落在遭受火灾、砍伐及弃耕等后而发生的次生演替实质上也属于一种生态恢复过程,但它是一种自然恢复。

（二）生态恢复与重建的步骤与技术

受损生态系统的恢复与重建的方法主要是利用生态学、经济学、系统学及模型的原理和方法对其系统进行诊断、分析和预测。其一般分为下列几个步骤。

第一步,明确被恢复对象,确定系统边界。

第二步,诊断分析,包括生态系统的物质、能量流动与转化分析以及退化主导因子、退化过程、退化类型、退化阶段与强度的诊断与辨识。

第三步,生态退化的综合评判,确定恢复目标。

第四步,恢复与重建的可行性分析,包括自然、经济、社会以及技术的可行性分析。

第五步,以最小风险和最大效益的原则进行生态规划与风险评价,建立优化模型,提出决策与具体的实施方案。

第六步,进行实地恢复与重建的优化模式试验和模拟研究,通过长期定位观测试验,获取在理论和实践中具可操作性的恢复重建模式。

第七步,对成功的恢复与重建模式进行示范与推广,同时要加强后续的动态监测、评价及管理。

(三)退化农业生态系统的恢复与重建技术

不同类型退化生态系统的恢复技术往往会有所不同。但总体而言,生态恢复与重建的技术可归纳为:非生物或环境要素恢复技术,包括土壤、水体和大气等的恢复技术;生物因素恢复技术,包括物种、种群和群落等生物环境因素的恢复技术;生态系统总体规划、设计与组装技术。受损生态系统的恢复与重建主要技术体系见表6.14。

表 6.14　受损生态系统的恢复与重建主要技术体系

恢复类型	恢复对象	技术体系	技术类型
非生物或环境因素	土壤	土壤肥力恢复技术	少耕、免耕技术;绿肥与有机肥施用技术;生物(如 EM 技术)培肥技术;化学改良技术;聚土改土技术;土壤结构熟化技术
		土壤流失控制与保持技术	坡面水土保持林、草技术;生物篱笆技术;土石工程技术(小水谷、谷坊、鱼鳞坑等);等高耕作技术;复合农林技术
		土壤污染与恢复控制技术	土壤生物自净技术;施加抑制剂技术;土壤生物自净技术;增施有机肥技术;移植客土技术;深翻埋藏技术;废弃物的资源化利用技术
	大气	大气污染与恢复技术	新兴能源替代技术;生物吸附技术;烟尘控制技术
		全球变化控制技术	可再生能源技术;温室气体的固定转换(如细菌、藻类)技术;无公害产品开发与生产技术;土地优化利用与覆盖技术
	水体	水体污染控制技术	物理处理技术;化学处理技术;生物处理技术;氧化塘技术;水体富营养化控制技术
		节水技术	地膜覆盖技术;集水技术;节水灌溉技术

续表 6.14

恢复类型	恢复对象	技术体系	技术类型
生物因素	物种	物种选育与繁殖技术	基因工程技术；种子库技术；野生物种的驯化技术
		物种引入与恢复技术	先锋物种引入技术；土壤种子库引入技术；天敌引入技术；林草植被再生技术
		物种保护技术	就地保护技术；易地保护技术；自然保护区技术
	种群	种群动态调控技术	种群规模、年龄结构、密度、性密度等调控技术
		种群行为动态技术	种群竞争、它感、捕食、寄生、共生、迁移等行为控制技术
	群落	群落结构优化配置与组建技术	林灌草搭配技术；群落组建技术；生态位优化配置技术；林分改造技术；择伐技术；透光抚育技术
		群落演替控制与恢复技术	原生与次生快速演替技术；水生与旱生演替技术；内生与外生演替技术
生态系统	结构与功能	生态评价与规划技术	土地资源评价与规划技术；环境评价与规划技术；景观生态评价与规划；"4S"（RS、GIS、GPS、ES）辅助技术
		生态系统组装与集成技术	生态工程设计技术；景观设计技术；生态系统构建与集成技术

思　考　题

1.农业生态系统分析的主要方法有哪些？

2.什么是碳足迹？碳足迹评价的主要步骤是什么？

3.什么是水足迹？水足迹评价的主要方法是什么？

4.什么是能值？能值评价的主要指标和方法是什么？

5.农业生态系统的服务功能表现在哪些方面？

6.农业生态系统服务功能经济价值的主要评价方法有哪些？

7.生态平衡与生态失调的特征分别是什么？

参　考　文　献

[1] Costanza R，Groot R，Farbers H，et al. The value of the world's ecosystem services and natural capital. Nature，1997，387(6630)：253-260.

[2] Hoekstra A Y，Chapagain A K，Aldaya M M，et al. The water footprint assessment manual：setting the global standard. Netherlands，Enschede：Water Footprint Network，2011.

[3] Huang J，Xu C，Ridoutt B G，et al. Reducing Agricultural Water Footprints at the Farm Scale：A Case Study in the Beijing Region. Water，2015，7(12)：7066-7077.

［4］ISO. Environmental Management-Water Footprint-Principles，Requirements and Guidelines. Switzerland，Geneva：International Organization for Standardization，2014.

［5］Liebig M A，Varvel G E，Doran J W. A Simple Performance-Based Index for Assessing Multiple Agroecosystem Functions. Agronomy Journal，2001，93(2)：313-318.

［6］Odum H T. Emerge in ecosystems In：N Polunin Environmental Monographs and Symposia. UHA，New York：John Wiley，1986.

［7］Swift M J，Izac A M N，Noordwijk M V. Biodiversity and ecosystem services in agricultural landscapes——are we asking the right questions?. Agriculture Ecosystems & Environment，2004，104(1)：113-134.

［8］陈阜. 农业生态学. 北京：中国农业大学出版社，2011.

［9］陈仲新，张新时. 中国生态系统效益的价值. 科学通报，2000，45(1)：17-22.

［10］高旺盛，陈源泉，隋鹏. 循环农业理论与研究方法. 北京：中国农业大学出版社，2015.

［11］何方. 应用生态学. 北京：科学出版社，2003.

［12］蓝盛芳，钦佩. 生态系统的能值分析. 应用生态学报，2001，12(1)：129-131.

［13］梁龙. 基于 LCA 的循环农业环境影响评价方法探讨与实证研究(博士论文). 北京：中国农业大学，2009.

［14］刘利花，尹昌斌，钱小平. 稻田生态系统服务价值测算方法与应用——以苏州市域为例. 地理科学进展，2015，34(1)：92-99.

［15］刘巽浩，徐文修，李增嘉，等. 农田生态系统碳足迹法：误区、改进与应用——兼析中国集约农作碳效率. 中国农业资源与区划，2013，34(6)：1-11.

［16］刘宇峰，原志华，郭玲霞，等. 中国农作物生产碳足迹及其空间分布特征. 应用生态学报，2017，28(8)：2577-2587.

［17］马丁丑，王文略，马丽荣. 甘肃农业循环经济发展综合评价和制约因素诊断及对策. 农业现代化研究，2011，32(2)：204-208.

［18］欧阳志云，王如松，赵景柱. 生态系统服务功能及其生态经济价值评价. 应用生态学报，1999，10(5)：635-639.

［19］孙新章，谢高地，成升魁，等. 中国农田生产系统土壤保持功能及其经济价值. 水土保持学报，2005，19(4)：156-159.

［20］王建林. 西藏高原农业生态系统氮素循环的数量特征研究. 生态与农村环境学报，1995，11(3)：34-37.

［21］王燕梅. 我国外来生物入侵的现状及对策. 中国环境管理丛书，2009，26(1)：139-140.

［22］徐长春，陈阜. "水足迹"及其对中国农业水资源管理的启示. 世界农业，2015(11)：38-44.

［23］徐长春，黄晶，B. G. Ridoutt，等. 基于生命周期评价的产品水足迹计算方法及案例分析. 自然资源学报，2013，28(5)：873-880.

［24］岳强. 物质流分析、生态足迹分析及其应用(博士论文). 沈阳：东北大学，2006.

［25］曾珠，袁兴中，颜文涛. 城市生态系统健康调控. 重庆：重庆出版社，2007.

第七章　生态农业与可持续发展

本章提要

● 概念与术语

替代农业（alternative agriculture）、生态农业（ecological agriculture）、农业绿色发展（green development of agriculture）、持续集约农业（sustainable and intensive agriculture）、气候智慧型农业（climate smart agriculture，CSA）、循环农业（circular agriculture）、生态补偿（ecological compensation）

● 基本内容

1.国际"替代农业"思潮的产生与特点。

2.中国生态农业与西方生态农业的区别。

3.中国生态农业的关键技术与模式。

4.中国农业生态转型的主要战略对策。

5.循环农业的技术原则及主要技术与模式。

6.生态农业与循环农业所依据的生态学原理。

第一节　替代农业思潮与模式

一、国外"替代农业"思潮及典型模式

20世纪70年代以来，由于现代农业高投入与高能耗，导致生产成本不断上升，水资源与能源超量消耗以及生态环境恶化的趋势越来越明显，可持续发展受到全球性关注，努力解决经济发展与生态环境失调的矛盾成为各国寻求的目标。1972年，在瑞典斯德哥尔摩召开的联合国人类会议上，发表了《联合国人类环境宣言》（*United Nations Declaration of the Human Environment*），保护生态环境的呼声自此越来越高。以欧美等发达国家为首的许多国家相继开始寻求新的农业生产体系，以取代高能耗、高投入的"石油农业"。于是，在西方掀起了一场"替代农业"的热潮，并逐步向东方国家和地区过渡。替代农业的模式有多种，代表性的有"有机农业""自然农业""生物农业""生态农业"等。这些典型模式的共同特点是挖掘系统自身潜力，减少辅助能投入，以有利于农业可持续发展。

（一）有机农业

有机农业是一种完全不用或基本不用人工合成的化肥、农药、生长调节剂和家畜饲料添加

剂的农业生产体系,而是在可能范围内尽量利用作物轮作、作物秸秆、家畜粪肥、豆类作物、绿肥、有机废物、含有矿物质养分的岩石和机械耕作等措施,以保持土壤肥力和耕性,尽可能用生物防治抑制病虫和杂草的危害。

有机农业倡导者认为,土壤是一个有生命活动的系统,土壤养分平衡及性状改良是促进农业持久发展的根本所在;在做法上强调农牧结合,通过轮作、堆肥等措施保持土壤养分平衡,用生物防治方法控制病虫害;通过土壤耕作调节其结构性能。这种思想与我国数千年以来所秉持的传统农业思想接近,可以说是东方农业经验与技术的积累。20 世纪 30 年代英国农学家荷瓦德(A. Howard)所著的《农业圣典》(*An Agricultural Testament*)中提倡的有机农业以及 20 世纪 40 年代美国学者若德(J. I. Rodale)根据自身实践写成的《堆肥农业和园艺》(*Organic Farming and Gardening*)可以说是有机农业的经典。有机农业在降低生产成本与能耗、保护环境和提高农产品质量上有明显的优点,受到欧美、日本等国家及地方政府的鼓励。政府通过颁发有机农业证书,对提高有机农产品价格给予支持。

(二) 自然农业

自然农业是由日本人福冈正信提出的。他主张农业生产应该顺应自然,尽可能减少人为对自然的干预。他亲自在农场实践自然农业 30 多年,所著的《自然农业》(*Natural Farming*)一书畅销世界。自然农业思想受到中国道教无为思想影响,即顺应自然,而不是征服自然,要最大限度地利用自然作用和过程使农业生产持续发展。自然农业的主要内容如下:

(1)不翻耕土地,依靠植物根系、土壤动物和微生物的活动对土壤进行自然疏松,不进行人为作业。

(2)不施用化肥,靠作物秸秆、种植绿肥及有机粪肥的还田来提高土壤的肥力。

(3)不进行除草,通过秸秆覆盖和作物生长抑制杂草,或间隔淹水控制杂草生长。

(4) 不用化学农药,靠自然平衡机制,如旺盛的作物或天敌即可有效地控制病虫害。

福冈正信按照自然农业的方法从事农业生产 30 年,其作物产量与普通农业接近,在日本也有近万户农民从事自然农业的生产。

(三) 生物农业

生物农业是根据生物学原理建立的农业生产体系,靠各种生物学过程维持土壤肥力,使作物营养得到满足,并建立起有效的生物防治病虫草害体系。其主要目的是在传统农业方法的基础上,结合生物学及生态学的新理论与技术,不需要投入较多的化学药品和商品能而达到一定的生产水平,从而有利于资源与环境的保护及农业生产的正常发展。

生物农业的核心原理在于促进农田土壤的生物学肥力,使作物从土壤的营养平衡过程中获得它所需要的全部营养。其主要技术如下。

(1)将腐烂的有机物作为土壤改良剂。

(2)通过豆科作物自身固氮及粪肥的合理使用调控农田养分平衡。

(3)废弃物的再循环利用。

(4)充分发挥各种生物作用,包括土壤中生物(如蚯蚓)的改土作用。

生物农业可以说是科学家运用生物学理论及技术设计的一种依靠农业生态系统自身过程维持的农业生产体系,在欧美一些国家和地区已有实践,但规模并不大。

(四)生态农业

生态农业是由美国土壤学家威廉姆·奥伯特(William Albrecht)1971 年提出的,并在欧美地区有一定的实践。生态农业基本含义为:生态上能自我维持,低投入,经济上有生命力,有利于长远发展,并在环境方面、伦理道德方面及美学上能被接受的小型农业。

英国学者瓦庭顿(M. K. Worthington)在《生态农业及有关农业技术》(*Ecological Agriculture. What It Is and How It Works in Agriculture and Environment*)一书中提到生态农业应具备以下几个条件。

(1)生态农业必须是一个自我维持系统,一切副产品都需要再循环。

(2)提倡使用固氮植物、作物轮作以及正确处理和使用农家肥料等技术,保持土壤肥力。

(3)生物群落多样性,种植业与畜牧业比例恰当,使系统稳定、自我维持。

(4)单位面积的净产量必须是高的。

(5)为获得高产,农场规模应该是较小的。

(6)经济上必须是可行的,目标是在没有政府补贴的情况下获得正向的经济效益。

(7)农产品就地加工并直接供给消费者。

(8)在美学及伦理道德上必须为社会所接受。

归纳来看,国外替代农业尽管思想和做法不尽一致,但基本特征是相同的,即针对常规农业高投入、高能耗的种种弊端,尽可能地减少工业产品的外部物质和能量的投入,充分挖掘农业生态系统内部的自身循环和发展的潜力,通过资源及环境的有序利用和保护,实现农业持久发展。但从其实践发展来看,规模是相当有限的。对欧共体 12 个国家各种生态农业模式调查发现,其面积比例仅为 5% 左右,美国也不过 1.2%～2%。这表明其发展势头并不强,仍属于探索或试验阶段。究其原因主要是实践中具体问题仍有很多,尤其是产量及经济效益较低,难以满足当前社会需求。还需要指出的是,推行生态农业的发达国家,其农产品相对过剩,人口及食物压力甚小,这与发展中国家的社会背景是不同的。

二、国际农业生态转型及其主要经验

农业生态转型,简单地说就是针对"石油农业"带来的能源、资源、环境等各种负面效益,通过农业发展方式的转换,推动农业与资源环境相匹配,与生态环境相适应,实现可持续发展(骆世明,2017)。国际社会探索农业可持续发展的历程可以追溯到工业化初期,但是系统探索农业的生态转型却集中在 20 世纪 60 年代以后。寻求替代农业的前期过程是个别的实践探索,如上述提到的"有机农业""自然农业""生物农业"和"生态农业"。

1991 年,联合国粮农组织在荷兰召开了世界农业环境大会,会后发表了"关于可持续农业与农村发展的丹波兹宣言和行动纲领",这成为世界各国农业有系统地转向可持续发展的契机和转折点。1992 年欧盟开始实施"多功能农业",为此修订了欧盟的"共同农业政策"。1992 年日本开始推行"环境保全型农业"并且颁布了《食物、农业、农村基本法》(*Food, Agriculture, Rural Areas Basic Act*)以及相应的农业法规和经济激励措施。1998 年韩国开始实施农业转型,实施"环境友好型农业",2012 年公布了《关于促进环境友好型农业和渔业,并且管理和扶持有机食品法案》(*Act on Promotion of Environment-Friendly Agriculture and Fisheries, and Management and Support for Organic Foods*)等农业法规。美国在 1999 年开始在推行基于资源与环境的"农业最佳管理措施",各州颁布农业最佳实践指导,在其中具体列举了有关措施与奖励政策。在国际农业可持续发展的推动下,拉丁美洲自下而上的生态农业运动发端于 20 世纪 90 年代,并且直接影响到有关国家的农业发展决策。例如 2013 年,巴西在生态农业运动推动下,国会通过法律支持生态农业发展。国际有机农业运动和有机食品认证也在这一期间得到迅速发展。2014 年以来,联合国粮农组织(FAO)十分重视生态农业,2014 年召开了生态农业的国际研讨会,2015 年召开了拉美、亚太和非洲的生态农业研讨会。2016 年 FAO 主持在中国云南召开了国际生态农业研讨会。农业的生态转型已经成为世界潮流。但由于不同类型的国家和地区农业发展的社会经济背景不一样,其农业生态转型的时机和突破点也有不同(骆世明,2017)。

(一)转型时机

美国 1978 年的人均 GDP 达到 1×10^4 美元,1988 年提出"低投入农业计划"。1999 年人均 GDP 达到 3.46×10^4 美元时,提出了"基于资源环境的最佳管理措施"。欧盟 1987 年人均 GDP 达到 1×10^4 美元,1992 年为 1.78×10^4 美元,此时痛感于地下水污染的严峻,提出了"多功能农业"的发展方向。日本 1983 年人均 GDP 达到 1×10^4 美元,1992 年达到 3.1×10^4 美元时也提出了"环境保全型农业"的发展方向。韩国 1994 年人均 GDP 达到 1×10^4 美元,1998 年取消了以产量为目标的农业发展方式,提出了"环境友好型农业"方向。环境保护方面有一条著名的"库兹涅茨曲线",描述的是随着社会经济发展,污染水平呈现先增长后减少的曲线。通过分析各国的农业转型,可以看到工业化国家进入农业生态转型阶段的"库兹涅茨曲线"拐点是在人均 $GDP(1\sim3)\times10^4$ 美元。

(二)路径选择

(1)在规模不大的国家,实现转型都注重统一法律规范下的经济激励政策。例如欧盟修订的"共同农业政策"规定了农民和农业企业必须达到基本的"交叉承诺"(cross compliance)的标准,不损害环境,不出现食品安全问题,不虐待动物,不破坏传统文化,才能够获得欧盟基本农业补贴。韩国和日本也颁布了相关的全国法律制度,只有达到相关指标才可以获得相关农业补贴、税收减免和优惠贷款。

(2)在规模比较大的国家,采用由地方推荐适应本区域的生态友好措施,和与地方经济相适应的激励办法。例如美国在实行基于资源与环境的最佳管理措施时,由各州发布具体措施和具体奖励补贴办法。美国明尼苏达州发布的农业最佳实践手册规定,土地植物覆盖禾本科或者豆科植物的,每公顷补贴 123.5 美元;坡地种植本地植物作为水平植物缓冲带的,超过 4 hm^2 的每公顷补贴 578 美元等。欧盟在交叉承诺以外追加的绿色补贴措施与标准也是由各个国家具体制定。

(3)在政府决策和执行能力较弱的区域,农业的生态转型走了一条由民间组织动员起来的、自下而上推动发展的道路。在中南美洲的生态农业运动就是典型。

(4)在政府决策和执行能力比较强的国家,实行政府立项推进的方式。我国政府推动实施了"退耕还林""草畜平衡""测土配方施肥""节水农业"等项目就是成功的例证。

(5)在多边国际场合,不同利益相关方采取共同参与、协调共识、平行推进的方式。最典型的就是联合国粮食及农业组织(FAO)在推动国际社会实施农业生态转型的运作方式。1991 年的"农业与环境国际会议"通过了"关于可持续农业与农村发展的丹波兹宣言和行动纲领",对世界农业发展方向的调整起到了重要作用。近年 FAO 生态农业系列国际会议也都采用了这种多方协商方式达成共识,并反映在宣言或公报中,成为推进国际生态农业发展的重要依据。

第二节 生态农业原理与技术

一、生态农业原理

(一)生态农业的内涵与特征

目前,关于生态农业主要有两种认识,一种是起源于中国的生态农业,可以称之为"中国生态农业"(chinese ecological agriculture,CEA);另一种是由西方提出来的,可以称之为"西方生态农业"(western ecological agriculture,WEA)。这两种生态农业的内涵与特征如下。

1.中国生态农业的内涵与特征

中国生态农业(CEA),就是按照生态学、生态经济学原理和系统工程方法,运用现代科学技术成果和现代管理手段,以及传统农业的有效经验建立起来的,能获得较高经济效益、生态效益和社会效益的现代化高效农业。它要求把发展粮食生产与多种经济作物生产相结合,发展大田种植与林、牧、副、渔业相结合,发展大农业与第二、三产业相结合,利用传统农业精华和现代科技成果,通过人工设计生态工程和模式,协调发展与环境之间、资源利用与保护之间的矛盾,形成生态上与经济上两个良性循环,最终实现经济、生态、社会三大效益的统一。中国生态农业具有整体性、系统性、综合性、区域性、多样性、群众性、高效性和可持续性的特征(农业部科技教育司,2003)。

2.西方生态农业的内涵与特征

西方生态农业(WEA),主张在农业生产中使用堆肥与厩肥,不用化肥、农药、除草剂等化学制品,依靠大量耕地(约 2/3)种草发展畜牧业并取得作物所需的养分;实行低能投入,自给自足,尽量减少石油能的消耗(刘巽浩,1988)。因完全排斥化学品的投入和使用,西方生态农业往往具有低投入、低消耗、低产出、低污染、低效益的特点,但这种生态农业对中国及世界多数国家并不适用。

中国生态农业与西方生态农业的主要不同点,主要表现在 10 个方面,见表 7.1。

表 7.1　中国生态农业与西方生态农业的比较

比较项目	中国生态农业(CEA)	西方生态农业(WEA)
1.起源	早	晚
2.起因(出发点)	提高农业综合效益(包括保护生态、改善环境)	恢复生态、保护环境(是"替代农业"的一种模式)
3.目标	三大效益(经济效益、生态效益和社会效益)同步增长	保护环境,提高生态环境质量
4.投入	有机与无机并重,强调合理施用化肥、农药、农膜等化学制品;合理投入	不施用任何化学合成物质,排斥农业化品使用;低投入

续表7.1

比较项目	中国生态农业（CEA）	西方生态农业（WEA）
5.产量	提高	下降
6.产品	无公害农产品、绿色农产品、有机农产品	有机农产品
7.管理	相对宽松（法律法规体系尚在健全中）	严格管理（有成套的法律法规体系）
8.生产效率	高	低
9.系统开放性	开放度高,是一个开放的半人工生态系统	不开放（系统封闭式循环）
10.适用区域	普遍（世界多数国家和地区都适用）	狭窄（仅有少数发达国家适用）
11.可持续性	符合可持续发展要求	难以持续（只在部分地区短时间采用）

（二）中国生态农业基本原理

1.绿色发展原理

"绿色"是生态农业发展的基础。首先要实现最大绿色覆盖,最大限度地增加绿色——即增加光合作用面积,如开展植树造林、扩大耕地绿色种植面积;其次要充分发挥"绿色"之光合效能,提高绿色植物（农作物）光合作用效率,实现生态农业第一性生产力最大化。

2.整体效应原理

整体效应原理即整体功能大于个体功能之和,是通过合理的结构安排提高系统整体功能和效率。对整个农业生态系统的结构进行优化设计,利用系统各组分之间的相互作用及反馈机制进行调控,从而提高整个农业生态系统的生产力及其稳定性,使总体功能得到最大限度发挥,是生态农业整体效应原理的具体体现。

3.生态位原理

农业生态系统中,由于人为措施,生物种群往往单一,存在许多空白（空闲）生态位,容易使病害、虫害、杂草及有害生物占据,影响农业稳产高产,因此,需要人为利用生态位原理,把适宜的、价值较高的物种引入农业生态系统,以填补空闲生态位。例如,稻田养鱼,把鱼引入稻田,鱼占据空闲生态位,鱼既除草（吃草）,又除螟虫,又可促进稻谷生产,还可以供人类食用,一举多得。

4.食物链原理

农业生态系统中,食物链往往较短且简单,这不仅不利于能量转化和物质的有效利用,而且降低了生态系统的稳定性。生态农业就是根据"食物链原理"组建更加合理、高效的食物链,将各营养级上因食物选择所废弃的物质作为营养源,通过混合食物链中相应生物进一步转化利用,使生物能的有效利用率得到提高。例如,谷物喂鸡,鸡粪肥田,蚯蚓喂鸡,鸡粪喂猪等。

5.循环再生原理

农业生态系统是一个开放系统,现代农业系统的开放度更大,要通过大量外部投入,如施用化肥、喷洒农药等措施维持生产。生态农业体系讲究尽可能减少外部投入,通过立体种植及选择归还率较高的作物,以及实行合理轮作、增施有机肥等措施建立良性物质循环体系,尤其要注意物质（包括废弃物）再生利用,使养分尽可能在系统中反复循环利用,最终实现"无废物"生产,提高营养物质的转化及利用效率。

6.相生相克原理

在自然界中,生物种群之间普遍存在着相生相克现象,在农业生态系统中也不例外。在农业生态系统中,由于物种单一,专业化生产程度高,不利于资源充分利用及维持系统稳定性。因此,在生态农业建设中,要组建合理高效的复合系统(如立体种植、混合养殖等),在有限的空间、时间内容纳更多的生物物种,生产更多的农产品。我国普遍运用的多熟种植(间作、混作、套作、复种)及立体种养等生产方式都是利用各物种间的互补关系建立起适合的群体结构,从而实现高效生产的目的。同时,利用生物种间的相克作用有效地控制农田病、虫、草害。

7.协同进化原理

生物与环境的协同进化是指生物在适应环境的同时,也作用于环境,对环境有一定改造的能动性,从而使环境与生物平衡发展。生态农业发展要根据地域生态环境条件,安排生态适应性较好的生物种群,以获得较高的生产力水平,并要特别注重保护生态环境。否则,环境破坏会导致生物与环境失衡,如引发水土流失、土壤沙化、生物灭绝等问题;化肥、农药的不合理使用导致农业面源污染和生物种群减少甚至消失,最终导致农业生产力降低甚至农业生态系统衰退。

8.生物多样性原理

首先,生物多样性有利于农业收益的稳定和高效。生态农业强调多样化种植,强调发展间、混、套作和多熟复种轮作,有利于保持系统结构的多样性和复杂性,从而有利于实现产量和经济效益的稳定、高效;其次,生物多样性有利于农业环境的稳定,如在农田四周种植"农田防护林",实现"农田林网化",可维护农田生态系统环境的稳定性,对预防由于外界环境(如气象灾害)突变而对农作物造成的不利影响具有显著作用;最后,生物多样性有利于防治农田病、虫、草害,既可减少生产成本,又可保护农业生态环境。

9.自组织原理

农业生态系统是一个具有自组织特征的开放系统,在继承和利用自然生态系统的自组织特征的前提下,由于农业生态系统内的居民也成为系统的重要组分,从而使其自组织特征表现更为明显。人作为系统的组织者和调控者,通过3个层次实现生态农业系统的自组织:①合理利用自然调控机制。②利用各种农业技术进行直接调控,包括生物调控、环境调控、输入输出调控和系统综合关系调控。③利用社会经济系统对生态农业系统的间接调控,即利用资金流在农业生态系统中的运转规律,结合市场动态,通过调整生产项目、扩大生产规模、降低生产成本与合理融资等手段,使生态农业系统获得更好的农业技术经济效果。

10.平衡协调原理

生态农业在建设与发展过程中,既注重维护系统内生态平衡,又十分强调系统内外各因素的协调。首先,从维护系统内生态平衡来看,一是维护农业系统中生物与环境的平衡,即不能出现"生物超载"问题,农田不允许"过度耕种"、草原不允许"过牧超载"、水体不能"过度养殖"等。二是维护生物与生物种群之间的平衡,要按照"食物链""金字塔"的原理,"适量种植""适量养殖"。三是环境与环境因子之间的平衡,如合理施肥,达到氮、磷、钾等各种元素比例的平衡,有机肥与化肥施用的平衡,甚至用地与养地的平衡等。其次,从系统内外各因素的协调来看,"大"的协调,就是人与整个农业生态系统,乃至整个生态系统的协调,人与自然的协调;

"小"的协调,就是种植业与林业、牧业、副业、渔业之协调,以及各业内部之协调,如种植业内部要粮、经、饲(饲料)、肥(绿肥)、菜(蔬菜)等之间的结构和比例要协调,粮食作物内部还有水稻、小麦、玉米等的协调问题。

11.最优结构原理

结构决定功能,功能反映结构。结构合理、功能健全的农业生态系统,是实现系统最大、最优产出的基本条件。因此,在构建生态农业模式、进行生态农业建设时,必须利用各种手段和最新科学技术,特别是应用高新技术,使生态农业的结构与模式构成最优,使其内部农、林、牧、副、渔各业保持最佳比例,实现系统有序化,进而才能实现生态农业效益的最大化、最优化。

12."三效"并举原理

"三效"并举,即经济效益、生态效益和社会效益同时并进、同步提高,这是确保生态农业可持续发展的根本保证。①生态农业的经济效益直接体现在系统的经济价值和农民(或农业企业)的经济收入方面。②生态农业的生态效益多表现为"正"生态效益,如调节气候、防风固沙、改良土壤、涵养水源、保护农田、消烟滞尘、净化空气、美化环境以及提供木材、饲料等多方面,但"不科学""不合理"的生态农业模式或技术,则可能产生"负"生态效益,如造成生态破坏、环境污染和灾害加重等。③生态农业的社会效益突出表现在对国家和社会的影响方面,如生态农业生产"足够"的粮食,维护国家粮食安全。

二、生态农业关键技术

生态农业是按照生态学原理和经济学原理,运用系统工程的最优化方法及生态工程技术、传统农作技术与相应配套技术成果,设计的分级利用资源的生产工艺系统,以获得较高的经济效益、生态效益和社会效益。当前,国内外生态农业技术种类多样、内容丰富,本书简要介绍生产实践上常见的10类生态农业关键技术。

(一)立体农业技术

立体农业技术包含3种类型:立体种植技术、立体养殖技术和种养结合技术。

1.立体种植技术

立体种植是农作物复合群体对时空资源和土地(土壤)资源的充分利用。立体种植技术是一种劳动密集型的技术,是中国传统农业技术精华所在。生产实践中的农作物立体种植有许多方式,如可根据不同作物的特性,利用它们在生长过程中的时空差异,实行高秆与矮秆、喜光与耐阴、早熟与晚熟、深根与浅根、豆科与禾本科作物,科学地实行间作、混作、套作、复种和轮作等多种种植方式,从而形成多种作物、多层次、多时序的立体交叉种植结构。

2.立体养殖技术

立体养殖是利用养殖生物的不同属性和生存所需要的特定环境差异,将其有机地结合在一起,以充分地利用环境资源,在相同面积的土地上获取最大效益。其典型模式有:①鸡—猪—沼气—有机肥,用饲料喂鸡,鸡粪经过处理后喂猪,猪粪作沼气料,有机肥作冬暖大棚肥料。②鸡—猪—牛,用饲料喂鸡,鸡粪处理后喂猪,猪粪处理后喂牛。③牛—鱼,用饲料或者草料喂牛,牛粪处理后喂鱼,池塘淤泥作为农田的肥料。④鸡—猪—鱼,用饲料喂鸡,鸡粪处理后喂猪,猪粪处理后喂鱼。⑤牛—羊,利用牛吃高草,羊吃矮草的特点,在牧场进行轮流"双层次"放牧。⑥水面立体养殖,如水产养殖场在池塘上层养滤食性花鲢和白鲢,中层养草食性草鱼、鳊鱼、青鱼,下层养杂食性、需氧较少的鲤鱼、鲫鱼。

3.种养结合技术

在立体种植技术、立体养殖技术的基础上,进一步将种植技术与养殖技术有机地结合起来,形成种养业良好循环、相互促进、共同发展的态势。生产上普遍采用的种养结合技术模式有:①农牧结合,如中国南方最常见的就是"稻猪结合"——种稻养猪、猪粪肥田,形成"粮(稻米)多→猪多→肥多→粮多"良性循环。②稻田种养结合,如稻田养鱼、稻鸭共栖、稻蟹共作、稻虾混作等,可极大地提高稻田的经济效益、生态效益和社会效益。③林养结合,如实行林下养殖,包括林下养鸡、林下养鹅、林下养蛙、林中养猪、林下种菇等,生态经济效益显著。

(二)"废物"再用技术

废物再利用的技术核心是通过对种植业和养殖业中动植物(包括微生物)种群、食物链及生产加工链的组装优化,实现对农业生产中作物秸秆、畜禽粪便等"废物"多层次、多途径、多方式的循环利用。

1.作物秸秆综合利用

主要利用途径有秸秆肥料化、饲料化、燃料化、基料化和原料化利用。2015年全国主要农作物秸秆综合利用率达到80.1%,其中肥料化利用率为43.2%、饲料化利用率为18.8%、基料化利用率为4.0%,基本形成了以农用为主的多元格局。

2.畜禽粪便综合利用

主要利用途径有:①农村户用沼气,利用沼气发酵装置,将农户养殖产生的畜禽粪便和人类粪便以及部分有机垃圾进行厌氧发酵处理,生产的沼气用于炊事和照明,沼渣和沼液用于农业生产。②集约化畜禽养殖场大中型沼气工程,以规模化畜禽养殖场禽畜粪便污水的污染治理为主要目的,以禽畜粪便的厌氧消化为主要技术环节,集污水处理、沼气生产、资源化利用为一体的系统工程技术。③粪便堆沤处理生产有机肥,通过调节畜禽粪便中的碳氮比和人工控制水分、温度、酸碱度等条件,再利用微生物的发酵作用处理畜禽粪便,从而生产有机肥料。④畜禽粪便直接还田作肥料,这是一种传统的、经济有效的粪污处置方式。但若土地处理利用粪便量过多,超过了其承载能力,不仅影响植物的正常生长,使产量降低,而且污染环境。⑤利用蚯蚓使畜禽粪便资源化,利用经过发酵的畜禽粪便养殖蚯蚓,其有机质通过蚯蚓的消化系统,在蛋白酶、脂肪酶、纤维酶、淀粉酶的作用下,能迅速分解、转化成为蚯蚓自身或其他生物易于利用的营养物质,从而得到优良的动物蛋白和肥沃的生物有机肥。

(三)生物养地技术

养地是生态农业建设的重要环节,生物养地则是生态农业的重要特色。生物养地,即利用生物遗体培养地力或改良土壤。如豆类作物,具有固氮能力,禾本科作物具有固碳能力,油料作物通过家畜返还耕地,为少取多还作物。从有机质和营养元素总返还率来看,水稻除钾为少取多还外,其余均为半取半还;麦类有机质为半取半还,钾为少取多还,氮磷为多取少还;大豆的有机质为少取多还,磷、钾为多取少还,氮为少取多还。通过合理的作物布局和轮作倒茬,把用养特点不同的作物合理搭配,做到用中有养,养中有用,寓养于用,寓用于养,使用养结合达到最优配置,提高土地利用率和生产率。此外,放养红萍、蓝藻,实行稻田养鱼,利用土壤中的蚯蚓、藻类、菌根和自生固氮菌,施用厩肥堆肥,以及造林种草、保持水土等均属于生物养地范畴。

(四)清洁能源技术

1.太阳能利用技术

目前使用最多的太阳能收集装置,主要有平板型集热器、真空管集热器和聚焦集热器3种。通常根据所能达到的温度和用途的不同,把太阳能光热利用种类分为低温利用(小于200℃)、中温利用(200~800℃)和高温利用(大于800℃)。目前,低温利用主要有太阳能热水器、太阳能干燥器、太阳能蒸馏器、太阳房、太阳能温室和太阳能空调制冷系统等;中温利用主要有太阳灶、太阳能热发电集热装置等;高温利用主要有高温太阳炉等。

2.风力发电技术

该技术包括水平轴风电机组技术,海上风电技术,直驱式、全功率变流技术,以及新型垂直轴风力发电机技术等。风力发电技术在生态农业建设中的应用,大大节省了农村能源,提高了农业生产效率。

3.水力发电技术

水电是世界的主要能源之一,提供了全球大约 1/5 的电力,在可再生能源发电量中占95%。水电的价格非常便宜,而且水能是可持续的,在生态农业建设中使用水力发电技术,具有"事半功倍"之效。因此它对于解决气候问题和能源供应问题非常重要,特别是经济转型中的发展中国家。

4.生物质能技术

开发利用生物质能,是未来能源发展的重要战略方向之一。目前,生物质能利用方式有:直接燃烧、生物质气化、液体生物燃料、生物制氢、生物质发电和生物制沼气。

除上述之外,清洁能源技术还有核能发电技术、地热能技术、海洋能技术和洁净煤技术等,值得一提的是,在 2017 年 5 月宣布的中国首次海域天然气水合物(可燃冰)试采成功,将对未来清洁能源开发利用以及生态农业建设和发展产生深远影响。

(五)环境整治技术

1.治理水土流失

水土流失是阻碍我国生态农业发展的主要因素之一,也是造成我国生态环境变劣的驱动因子之一,必须采取生物措施与工程措施相结合的技术措施予以治理。试验和实践表明,通过种草、植树提高地表覆盖度,利用根系固定土壤、减缓径流、降低风速,配合修筑梯田、蓄水坝、等高种植等工程措施,是控制水土流失的有效手段。

2.治理盐碱地

我国北方广大地区尚存在大量盐碱地亟待改造和治理。对一些盐碱地的改造和治理,也需要工程措施和生物措施相结合。例如,通过种植抗盐碱的牧草、向日葵等作物,结合开沟挖渠等工程措施,能有效控制和改良盐碱地,并可逐步发展成为高产农田。

3.改造沙荒地

沙荒地是由大风或洪水带来大量沙粒而形成的不能耕种的沙地,这在北方许多地区也广为分布。通过秸秆还田、有机肥施用改良土壤,可以将沙荒地改造成适合农作物种植的耕地。

(六)流域治理技术

中国的丘陵、山地占有相当大的面积,且分布广泛,由此形成的"流域""小流域"数量众多、结构复杂。流域是地面水和地下水天然汇集的区域,是水土流失和开发治理的基本单元,与建设生态农业关系极大。实践证明,以小流域为单元进行综合、集中、连续的治理,是治理水土流失的一条成功经验。所谓小流域治理,就是以集水面积小于 100 km^2 的流域为单元进行综合规划,进行山、水、田、林、路的综合治理。根据流域特点使用不同的水土保持措施,如在坡面上修水平梯田,造林、种草,在沟道内建大小淤地坝,使工程措施、生物措施和耕作措施各尽其能,相互补充、相互促进。小流域综合治理是不同的水土保持措施形成一个完整的体系,能全面而有效地防止不同部位和不同形式的水土流失,同时充分有效地提高天然降水的利用率,减少地表径流,从而做到水不出沟、泥不下山。

(七)生态修复技术

农田重金属污染是由于废弃物中重金属在土壤中过量沉积而引起的土壤污染。目前,世界各国的农田重金属污染修复技术主要包括物理修复技术、化学修复技术和生物修复技术。从生态保护角度来看,适合于农业生态修复技术如下。

1.物理修复技术

①工程措施,主要包括客土、换土和深耕翻土等。深耕翻土用于轻度污染土壤,而客土和换土是重污染区的常用方法。②热脱附,是对污染土壤进行加热,将一些具有挥发性的重金属如 Hg、As、Se 等从土壤中解吸出来的一种方法。③电动修复,是通过在污染土壤两侧施加直流电压形成电场梯度,土壤中重金属污染物在电场作用下通过电迁移、电渗流或电泳的方式被带到电极两端,然后进行集中收集处理,从而清洁土壤。

2.生物修复技术

生物修复是指利用特定的生物吸收、转化、清除或降解环境污染物,实现环境净化、生态效应恢复的生物措施,主要包括植物修复、微生物修复和动物修复。该方法因具有成本低、操作简单、无二次污染、处理效果好且能大面积推广应用等优点,其机理研究及应用前景备受关注。当前,我国生产实践上常用的农田土壤重金属污染生态修复技术主要有合理施用化肥、施用生物有机肥、秸秆还田、调整作物种植结构,筛选重金属低积累的作物品种和耐性品种,深耕深翻、控制土壤水分以及施用石灰等措施。

(八)绿色防控技术

"生物防治、生态减灾"是生态农业中常用的病、虫、草害防控策略和技术。

绿色防控技术的优点在于无毒性残留,不污染环境,又可以保护生物多样性和生态系统自我调节机制。

绿色防控技术包括:①应用理化诱控技术。理化诱控技术指利用害虫的趋光、趋化性,通过布设灯光、色板、昆虫信息素、气味剂等诱集并消灭害虫的控害技术。②应用生物防治技术。生物防治以捕食螨、赤眼蜂、丽蚜小蜂、瓢虫等作为天敌应用最为广泛。③应用生态控制技术。农业害虫生态控制技术主要采用人工调节环境、食物链加环增效等方法,协调农田内作物与有害生物之间、有益生物与有害生物之间、环境与生物之间的相互关系,达到保益灭害、提高效益、保护环境的目的。主要应用于蝗虫、小麦条锈病、水稻病虫、棉花病虫和果树病虫的生态控制。④应用生物农药防治技术。主要利用微生物农药、植物源农药、天敌、生物化学农药(信息素、激素、天然的昆虫或植物生长调节剂、驱避剂以及酶类物质)和转基因植物。

(九)产业融合技术

产业融合(industry convergence)是指不同产业或同一产业不同行业相互渗透、相互交叉,最终融合为一体,逐步形成新产业的动态发展过程。现代生态农业实现产业融合的核心与关键技术是:

(1)高新技术的渗透融合,即在发展生态农业时,将现代高新技术应用于生态农业的产前、产中和产后的全过程。

(2)产业间的延伸融合,将生态农业与农业生产服务体系、工业服务、工业旅游、农业旅游,以及金融、法律、管理、培训、研发、设计、客户服务、技术创新、贮存、运输、批发、广告等有机地结合起来,形成"农业(生态农业)+第二产业+第三产业""农业(生态农业)×第二产业×第三产业"等现代新型复合生态农业,其效益、效率、竞争力都将提高几倍、十几倍,甚至几十倍、上百倍。

(3)产业内部的重组融合,在生态农业内部的种植业、养殖业、畜牧业等子产业之间,以生物技术融合为基础,通过生物链重新整合,形成现代高效生态农业等新型产业形态。同时,以信息技术为纽带的,实现生态农业产业链的上、下游产业的重组融合,并呈现数字化、智能化和网络化的发展趋势。产业融合将极大地提升生态农业的功能与效益。

(十)现代高新技术

以信息技术、生物技术、新材料技术、新能源技术、空间技术、海洋技术等为代表的现代高新技术,正在或已经广泛应用于现代农业,极大地提高了资源利用率、劳动生产率、农业生产力和整个农业的经济社会生态综合效益,将从根本上改变农业发展方式。目前主要表现为生物技术支持下的分子育种技术、全球卫星定位支持的精确农业技术、可降解塑料生产的农用薄膜、害虫的性引诱技术、新型纳米材料制作的控释肥生产、新型微生物制剂等,均正在或已经应用于现代生态农业建设与发展之中,且产生良好的生态经济效益。毋庸置疑,随着现代科学技术的飞速发展,高新技术在现代生态农业中的应用将越来越广泛,作用越来越大,前景越来越广阔。

第三节　典型生态农业模式

生态农业模式(ecological agriculture model)是指在生态农业实践中形成的结构、功能及其采用的技术体系相对稳定的农业生态系统总称,具有普遍性、通用性和相对稳定性的特征。2002年,农业部向全国征集到了370种生态农业模式或技术体系,通过专家反复研讨,遴选出经过实践检验并具有代表性的十大类型生态模式。

一、北方"四位一体"生态农业模式

在自然调控与人工调控相结合下,利用可再生能源(沼气、太阳能)、保护地栽培(大棚蔬菜)、日光温室养猪及厕所4个因子,通过合理配置形成以太阳能、沼气为能源,以沼渣、沼液为肥源,实现种植业(蔬菜)、养殖业(猪、鸡)结合。这是一种能流、物流良性循环,资源高效利用,综合效益明显的生态农业模式(图7.1)。该模式核心技术包括沼气池建造及使用、猪舍管理和饲养技术、日光温室综合管理技术等。

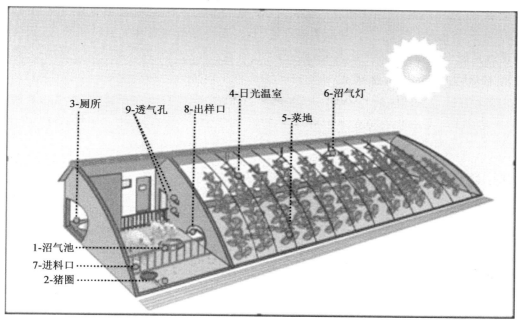

图7.1　北方"四位一体"生态农业模式的基本结构

(来源:http://www.360doc.com,2017-10-10)

二、南方"猪—沼—果"生态农业模式

"猪—沼—果"生态农业模式是利用山地、农田、水面、庭院等资源,采用"沼气池、猪舍、厕所"三结合工程,围绕主导产业因地制宜地开展"三沼"(沼气、沼渣、沼液)综合利用,沼气用于农户日常做饭和照明,沼肥(沼渣)用于果树或其他农作物,沼液用于拌饲料喂养生猪,果园套

种蔬菜和饲料作物,满足育肥猪的饲料要求。该模式以山林、大田、水面、庭院为依托,与农业主导产业相结合,延长产业链,促进农村各业发展。模式的核心技术包括养殖场及沼气池建造与管理技术,果树(蔬菜、鱼池等)种植管理技术、沼气沼渣沼液综合利用技术等。

三、平原农林牧复合生态农业模式

平原农区是我国粮棉油等大宗农产品和畜产品乃至蔬菜、林果产品的主要产区,进一步挖掘农林、农牧、林牧不同产业之间的相互促进、协调发展能力,对我国的食物安全和农业自身的生态环境保护具有重要意义。平原农林牧复合生态农业模式包括 3 种典型模式。

1. 农牧复合生态农业模式

主要通过发展粮食作物、经济作物、饲料饲草作物三元种植结构,为畜牧业提供饲料来源;通过秸秆青贮、氨化和干堆发酵,开发秸秆饲料满足养殖业需求;利用规模化养殖场畜禽粪便生产有机肥,促进种植业生产;利用畜禽粪便进行沼气发酵,同时生产沼渣沼液,开发优质有机肥,用于作物生产。

2. 农林复合农业模式

主要利用作物和林果之间在时空上利用资源的差异和互补关系,在林果株、行间开阔地带种植粮食、经济作物、蔬菜、药材和瓜类等作物,形成不同类型的农林复合种植模式,我国北方典型模式有桐粮间作、枣粮间作、柿粮间作等。

3. 林牧复合生态农业模式

主要在林地或果园内放养各种经济动物。放养的动物以野生取食为主,辅以必要的人工饲料,生产多种较集约化养殖更为优质、安全的畜禽产品。主要有林—鱼—鸭、胶林养牛(鸡)、山林养鸡、果园养鸡(兔)等典型模式。

四、草地生态恢复与持续利用模式

草地生态恢复与持续利用模式是遵循植被分布的自然规律,按照草地生态系统物质循环和能量流动的基本原理,运用现代草地管理、保护和利用技术,在牧区实施减牧还草,在农牧交错带实施退耕还草,在南方草山草坡区实施种草养畜,在潜在沙漠化地区实施以草为主的综合治理模式,促进草地畜牧业得到可持续发展。包括以下 5 种典型模式。

1. 牧区减牧还草模式

我国牧区草原退化、沙化严重,草畜矛盾尖锐,这些问题直接威胁着牧区和东部广大农区的生态和生产安全现状。通过减牧还草,恢复草原植被,使草原生态系统重新进入良性循环,实现牧区的草畜平衡和草地畜牧业的可持续发展。例如,青海省环湖地区刚察县,通过围封、飞播(补播)、人工草地建设和牧草生长初期休牧,使天然草地植被得到大面积恢复,牧民收入明显增加。

2. 农牧交错带退耕还草模式

在农牧交错带有计划地退耕还草,发展草食家畜,增加畜牧业的比例,实现农牧耦合,恢复生态环境,遏制土地沙漠化,增加农民的收入。例如,河北省张家口市沽源牧场,退耕种草 1×

$10^4 hm^2$,利用优质牧草发展奶业,完全舍饲,饲养高产奶牛 7 000 余头,使 $1.33×10^4 hm^2$ 天然草地得以恢复,经济效益大幅度增加。

3.南方山区种草养畜模式

我国南方广大山区水热条件好,适于建植人工草地,饲养牛羊,具有发展高效草地畜牧业的潜力。例如,湖南城步苗族自治县南山牧场,在原草山草坡上通过改良建设了 $6 700 hm^2$ "白三叶＋多年生黑麦草"人工草地,以适宜的载畜量进行划区轮牧,发展绿色奶业生产,所建人工草地持续利用近 20 年,取得了巨大的经济效益。

4.沙漠化土地综合防治模式

根据荒漠化土地退化的阶段性和特征,综合运用生物、工程和农艺技术措施,遏制土地荒漠化,改善土壤理化性质,恢复土壤肥力和草地植被。例如,内蒙古乌兰察布市地区,以"进一退二还三(建一亩水浇地基本农田,退耕二亩低产田,还林还草还牧)"的结构模式调整,以带状间作轮作为主,大面积控制了土壤的风蚀沙化。

5.牧草产业化开发模式

在农区及农牧交错区发展以草产品为主的牧草产业,种植优良牧草实现草田轮作,增加土壤肥力,同时有利于奶业和肉牛、肉羊业的发展。例如,横店集团山东东营基地,利用现代技术和设备种植 $6 700 hm^2$ 紫花苜蓿基地,并带动农民进行优质草产品生产,直接供奶牛企业,生态经济效益显著。

五、生态种植模式

利用生物共存、互惠原理发展有效的间作套种和轮作倒茬模式,可以均衡利用土壤养分,改善土壤理化性状,调节土壤肥力,且可以防治病虫害,减轻杂草的危害,从而间接地减少肥料和农药等化学物质的投入,达到生态高效目的。

间作指两种或两种以上生育季节相近的作物在同一块地上同时或同一季成行地间隔种植;套种是在前作物的生长后期于其株行间播种或栽植后作物的种植方式,选用两种生长季节不同的作物,可以充分利用前期和后期的光能和空间。典型的间作套种模式如河南省麦、烟、薯间作套种模式,山东省马铃薯与粮、棉及蔬菜的间作套种。典型的轮作倒茬种植模式如禾谷类作物和豆类作物轮换种植,大田作物和绿肥作物的轮作,稻田水旱轮作,干旱地区休闲轮作等。

六、生态畜牧业模式

生态畜牧业模式是利用生态学、生态经济学、系统工程和清洁生产思想、理论和方法进行畜牧业生产的过程,其目的在于达到保护环境、资源永续利用的同时生产优质的畜产品。其特点是在畜牧业全程生产过程中既要体现生态学和生态经济学的理论,同时也要充分利用清洁生产工艺,从而达到生产优质、无污染和健康的农畜产品。现代生态畜牧业根据规模和与环境的依赖关系分为复合型生态养殖场和规模化生态养殖场两种生产模式。

1.复合型生态养殖场生产模式

该模式主要特点是以畜禽动物养殖为主,辅以相应规模的饲料粮(草)生产基地和畜禽粪便消纳土地,通过清洁生产技术生产优质畜产品。例如,陕西省陇县奶牛奶羊农牧复合型生态养殖场、江苏省南京市古泉村禽类实验农牧复合型生态养殖场、浙江杭州佛山养鸡场、西安大洼养鸡场等。

2.规模化生态养殖场生产模式

该模式主要特点是主要以大规模畜禽动物养殖为主,但缺乏相应规模的饲料粮(草)生产基地和畜禽粪便消纳土地场所,因此需要通过一系列生产技术措施和环境工程技术进行环境治理,最终生产优质畜产品。例如,天津宁河规模化肉猪养殖场、上海市郊崇明岛东风规模化生态奶牛场等。

七、生态渔业模式

生态渔业模式遵循生态学原理,采用现代生物技术和工程技术,按生态规律进行生产,保持和改善生产区域的生态平衡,保证水体不受污染,保持各种水生生物种群的动态平衡和食物链网结构合理,确保水生物、水资源的永续利用。典型的生态渔业模式如下。

1.池塘混养模式

根据养殖生物食性、垂直分布不同,合理搭配养殖品种与数量,使养殖生物在同一水域中协调生存,并获得最大的经济效益和社会效益。例如,多种鱼混养模式、鱼与鳖混养、鱼与虾混养、鱼与贝混养、鱼与蟹混养等。

2.海湾鱼虾贝藻兼养模式

充分利用水生生物的食性、栖息不同和生物共生时相互利用、依赖、竞争等的生态特点,合理搭配养殖品种及数量,根据海流、流速合理布区,在同一海湾中同时进行鱼类、贝类、蟹类、藻类养殖的模式。

3.基塘渔业模式

在养鱼池的塘埂上种植桑树、果树,这种基塘渔业可比单一养殖创造的经济效益更高。在潮涧带滩涂上构基围,为便于潮汐纳水,一般建成"下埝上网"的养殖池,开展新对虾属类品种的养殖。

4.稻田养殖模式

利用稻鱼共生的原理,开展的养殖模式。目前稻田渔业主要有稻田养鱼、养蟹、养贝等几种模式。稻田养殖根据所养殖的种类不同、所处的地域不同,构建的养殖工程也不同。一般分"平田式""鱼凼式""沟池式""垄稻沟鱼式"。

5."以渔改碱"模式

在沿河流低洼地上通过深挖池塘,筑(抬)田的工艺路线,构成鱼-粮、鱼-草、鱼-鸭的种养结合模式。根据盐碱水质多样和复杂的特点,采取治理、改良、调控盐碱水质等创新技术,开展虾、鱼、贝、蟹等品种的水产养殖。

八、丘陵山区小流域综合治理与利用模式

我国丘陵山区面积约占国土面积的 70%,这类区域的共同特点是地貌变化大、生态系统

类型复杂、自然物产种类丰富,其生态资源优势使得该区域特别适于发展农林、农牧或林牧综合型特色生态农业。

1."围山转"生态农业模式

北方的河北迁安市和南方的湖北京山县等许多丘陵山区创造了这种生态农业模式,依据山体高度不同因地制宜布置等高环形种植带,被形象地总结为"山上松槐戴帽,山坡果林缠腰,山下瓜果梨桃"。这种模式合理地把退耕还林还草、水土流失治理与坡地利用结合起来,恢复和建设了山区生态环境,发展了当地农村经济。

2.生态经济沟模式

该模式是在小流域综合治理中通过荒地拍卖、承包形式建立起来的一类治理与利用结合的综合型生态农业模式。按生态农业原理,实行流域整体综合规划,从水土治理工程措施入手,突出植被恢复建设,依据沟、坡的不同特性,发展多元化复合型农业经济,逐步使荒沟建成富裕的生态经济沟。

3.西北地区牧、沼、粮、草、果"五配套"模式

该模式主要适应西北高原丘陵农牧结合地带,以丰富的太阳能为基本能源,以沼气工程为纽带和加入废弃物转化环节,以农带牧、以牧促沼、以沼促粮、草、果种植业,形成生态系统和产业链合理循环体系,促进了农区生态系统保护和农村经济发展。

4.生态果园模式

生态果园模式也适应于平原果区,但丘陵山地区应用最广泛,以山东五莲县生态果园为代表。该模式在各地有不同的衍生形态,基本构成包括:标准果园(不同种类的果类作物)、果林间种牧草或其他豆科作物,林业有的结合放养林蛙,果园内有的建猪圈鸡舍和沼气池,以草促牧、以沼(渣、液)促果;有的还在果树下放养土鸡,以帮助除虫。

九、设施生态农业模式

设施生态农业是在设施工程的基础上通过以有机肥料代替或部分替代化学肥料(无机营养液)、以生物防治和物理防治措施为主要手段进行病虫害防治、以动植物的共生互补良性循环实现系统的高效生产等生态农业技术来实现设施环境下的无害化生产和生态系统的可持续发展,最终达到改善设施生态系统环境、减少连作病害和农药化肥残留、实现农业持续高效发展的目的。其典型模式与技术如下。

1.设施清洁栽培模式

采用有机固态肥(有机营养液)代替或部分替代化学肥料,采用作物秸秆、玉米芯、花生壳、废菇渣以及炉渣、粗砂等作为无土栽培基质取代草炭、蛭石、珍珠岩和岩棉等,同时采用滴灌技术进行灌溉,实现农产品的无害化生产和资源的可持续利用;通过以天敌昆虫为基础的生物防治手段以及一批新型低毒、无毒农药的开发应用,减少农药的残留;通过环境调节、防虫网、银灰膜避虫和黄板诱虫以及等离子体技术等物理手段的应用,减少农药用量,使蔬菜品质明显提高,并形成独具特色的生态环保型设施病虫害综合防治模式。

2.设施种养结合生态模式

通过温室工程将蔬菜种植、畜禽(鱼)养殖有机地组合在一起从而形成的质能互补、良性循

环型生态农业系统,在这一系统中畜禽(鱼)在呼吸过程中可产生大量的 CO_2,为温室蔬菜生产源源不断地提供光合作用资源,同时白天蔬菜在同化过程中产生的氧气(O_2)还可改善畜禽(鱼)的养殖环境。畜禽(鱼)与蔬菜之间互为利用、相得益彰,形成良性生态链。例如,温室"畜—菜""鱼—菜"共生互补生态农业模式。

3.设施立体生态栽培模式及配套技术

充分利用设施光温环境的优势,通过一定的工程技术手段将"果—菜""菇—菜""菜—菜"按照空间梯次分布的立体栽培模式有效地组合在一起,形成优势互补、资源高效利用型立体生态栽培模式。

十、观光生态农业模式

观光生态农业模式指以生态农业为基础,强化农业的观光、休闲、教育和自然等多功能,形成具有第三产业特征的一种新的农业生产经营形式。以观光旅游和休闲度假为主要目标的生态农业主要有高科技生态农业园、生态农业公园、生态观光村和生态农庄等不同模式,由企业利用特有的自然生态和特色农业优势,经过科学规划和建设,形成具有生产、观光、休闲度假、娱乐乃至承办会议等综合功能的经营性场所。

第四节　中国农业转型与可持续发展

一、中国农业转型的必要性

(一)中国农业发展面临的重大挑战

现在是中国进行农业生态转型的关键时期,农业生产资源与能源投入高,但效率低,急需转变农业生产方式,降耗增效;农业废弃物产生量大、利用率低,污染严重,急需"变废为宝",减少污染;长期高度集约化投入下,农业生态系统退化需要引起更多重视。农业发展不仅要杜绝生态环境欠"新账",而且要逐步还"旧账"。坚决要把资源环境恶化势头压下来,让透支的资源环境得到休养生息。因此,如何提升农业可持续发展能力,积极发展现代生态农业是中国今后一段时期需要应对的一个重大挑战。在新常态下,发展现代生态农业是应对中国农业诸多挑战的重要途径,可以将传统农业依赖资源消耗的粗放经营方式转到数量、质量效益并重的可持续的集约发展轨道上,走"产出高效、产品安全、资源节约、环境友好"的现代农业道路,也可在保障农业供给前提下为实现农业的生态转型、节能减排、美丽乡村建设提供可行方案,促进中国生态文明建设。

(二)中国生态农业发展存在的不足

中国的生态农业建设一直受到社会和学术界的关注,政府也动作不断,实施了大量与改善农业生态环境相关的措施,但是农业生产引起资源、环境、生态与食品安全方面的严峻问题却没有得到根本遏制。生态农业没有得到大面积有效推广应用的主要原因如下。

1.政策法规体系不健全

除了能够直接产生经济效益和能够得到政府补贴的模式与技术以外,生态农业还没有成为广大农民、农业企业和其他农业经营者的行为规范。政府资助的生态农业项目仅仅能够在项目期内实现,在项目期过后,生态农业措施得不到应有的示范和扩散效果,甚至连示范区也会因没有了项目经费支持而中断有关实践。因此促进中国生态农业发展的战略必须从"关注项目,不管全局""只见物,不见人""只重视模式技术,忽视政策法规""只见人的行为,不触及行为驱动力"的管理思维中转变过来,系统建立促进农业生态转型的政策法规体系,多途径引导农业生产者的行为方式,从只重视农业生产的经济效益,转变到同时重视农业的社会效益、经济效益与生态环境效益。这样,中国的农业才能真正实现生态转型,走上可持续发展的道路。

2.生态农业发展整体性设计不够

从生态农业模式与技术的角度来看,目前中国的生态农业发展存在以下几个问题。

(1)目前关注的主要是农田尺度的种养问题,对于区域农田景观与区域农村环境的整体协调关注不够,尤其是农业生态系统与区域自然生态系统服务功能的互补关注不足。

(2)对以种植业为核心的基本格局与其他产业部门的耦合重视不够,同时缺乏市场化的引导、规模经营、专业化生产和品牌化推广,很难获取显著的经济收益。

(3)理论研究落后于实践,往往只重视模式的结构搭配与组装,而不太重视结构组分之间适宜的比例参数、各个环节的关键配套技术。

(4)农业管理标准化整体还处于较低水平,标准不完善、可操作性差。

中国生态农业发展需要进一步与农村发展、农民致富、环境保护、资源高效利用融为一体,将生态农业建设与区域经济、产业化和农村生态环境建设紧密结合起来。

二、新形势下中国农业转型的战略对策

党的"十八大"以来,党中央国务院高度重视绿色发展。党的"二十大"进一步明确提出推动绿色发展,促进人与自然和谐共生,要求坚持绿水青山就是金山银山的理念,坚持山水林田湖草沙一体化保护和系统治理,加快推进我国农业绿色转型发展。

(一)农业绿色发展

1.绿色发展的背景

"绿色增长"的概念是2001年由Murgai明确提出后开始在全球迅速传播。2005年联合国亚太经济和社会委员会(ESCAP)合作与发展会议将"绿色增长"看作实现可持续发展的关键战略,并认为绿色增长是"为推动低碳、惠及社会所有成员的发展而采取的环境可持续经济过程"。随后,经济合作与发展组织(OECD)发布了《"绿色增长战略"宣言》,将绿色增长定义为"在防止代价昂贵的环境破坏、气候变化、生物多样化丧失的问题出现和防止以不可持续的方式使用自然资源的同时,追求经济增长和发展",并在2011年公布的《迈向绿色增长》(*Towards Green Growth*)报告中进一步指出,"绿色增长"是"在确保自然资产能够继续为人类幸福提供各种资源和环境服务的同时,促进经济增长和发展"的途径。2011年,联合国环境规划署(UNEP)发布了《迈向绿色经济:实现可持续发展和消除贫困的各种途径》(*Towards a Green Economy: Pathways to Sustainable Development and Poverty Eradication*)。在2012年"里约+20"联合国可持续发展大会上,"在经济范式改革基础上推进绿色增长"这一新理念

的提出,再次掀起了全球范围内的绿色浪潮。

2.农业绿色发展的内涵

农业绿色发展,是在绿色增长理念的指导下发展农业的一种范式,其本质还是可持续农业的范畴。农业绿色作为一种促进农业可持续发展的新型农业发展模式与体系,是以绿色农产品产业化为主线的生态、安全、优质、高产、高效的现代化农业,是在生态农业等农业发展模式和绿色食品发展的基础上进行的总结、扩展、提升与系统化,是绿色经济的重要内容和基础。随着绿色农业在农业发展和经济、社会、生态协调发展中的地位和作用日显重要,绿色农业的成长发展问题在国内外开始受到广泛重视,并引起学术界越来越多的关注。

3.中国农业绿色发展的重要意义

(1)农业绿色发展是落实绿色发展理念的关键举措。绿色发展是现代农业发展的内在要求,是生态文明建设的重要组成部分。近年来,我国粮食连年丰收,农产品供给充裕,农业发展不断迈上新台阶。但由于化肥、农药过量使用,加之畜禽粪便、农作物秸秆、农膜资源化利用率不高,渔业捕捞强度过大,农业发展面临的资源压力日益加大,生态环境亮起"红灯",我国农业到了必须加快转型升级、实现绿色发展的新阶段。实施绿色发展,有利于推进农业生产废弃物综合治理和资源化利用,把过高的农业资源利用强度降下来、加重的面源污染趋势缓下来,推动我国农业走上可持续发展的道路。

(2)农业绿色发展是推动农业供给侧结构性改革的重要抓手。习近平总书记指出,推进农业供给侧结构性改革,要把增加绿色优质农产品供给放在突出位置。当前,我国农产品供给大路货多,优质品牌的少,与城乡居民消费结构快速升级的要求不相适应。推进农业绿色发展,就是要发展标准化、品牌化农业,提供更多优质、安全、特色农产品,促进农产品供给由主要满足"量"的需求向注重"质"的需求转变。实施绿色发展,有利于改变传统生产方式,减少化肥等投入品的过量使用,优化农产品产地环境,有效提升产品品质,从源头上确保优质绿色农产品供给。

(3)农业绿色发展是建设社会主义新农村的重要途径。农业和环境最具相融性,新农村的优美环境离不开农业的绿色发展。近年来,随着农业生产的快速发展,农业面源污染日益严重,特别是畜禽养殖废弃物污染等问题突出,对农民的生活和农村的环境造成了很大影响。习近平总书记强调,加快推进畜禽养殖废弃物处理和资源化,关系6亿多农村居民生产生活环境,是一件利国利民利长远的大好事。实施绿色发展,有利于减少农业生产废弃物排放,美化农村人居环境,推动新农村建设,实现人与自然和谐发展、农业生产与生态环境协调共赢。

4.中国农业绿色发展的主要措施

农业绿色发展是我国农业发展观的一场深刻革命。农业发展要由主要满足"量"的需求向更注重"质"的需求转变。利用有限的资源增加优质安全农产品供给,把过高的农业资源利用强度降下来,把加重的农业面源污染趋势缓下来,让生态环保成为现代农业鲜明标志。当前,我国农业领域绿色发展的五大行动如下。

(1)畜禽粪污资源化利用。加快构建种养结合、农牧循环的可持续发展新格局。在畜牧大县开展畜禽粪污资源化利用,实施种养结合一体化项目,集成推广畜禽粪污资源化利用技术模式,提升畜禽粪污处理能力,努力解决大规模畜禽养殖场粪污处理和资源化问题。

(2)果菜茶有机肥替代化肥。以发展生态循环农业、促进果菜茶质量效益提升为目标,以果菜茶优势区、核心产区、知名品牌生产基地为重点,大力推广有机肥替代化肥技术,加快推进畜禽养殖废弃物及农作物秸秆资源化利用,实现节本增效、提质增效的愿望。

（3）农作物秸秆处理利用。大力推进秸秆肥料化、饲料化、燃料化、原料化、基料化利用,加强新技术、新工艺和新装备研发,加快建立产业化利用机制,不断提升秸秆综合利用水平。推动出台秸秆还田、收购、储藏、运输、加工利用等补贴政策,构建市场化运营机制。

（4）农膜回收。以加厚地膜应用、机械化捡拾、专业化回收、资源化利用为主攻方向,连片实施,整县推进,综合治理。全面推广加厚地膜的使用,推进减量替代;推动建立以旧换新、经营主体上交、专业化组织回收、加工企业回收等多种方式的回收利用机制;完善农田残留地膜污染监测网络。

（5）重点水域的水生生物保护。坚持生态优先、绿色发展、减量增收、减船转产,逐步推进长江流域全面禁捕,率先在水生生物保护区实现禁捕,修复沿江近海渔业生态环境。开展水产健康养殖示范创建,强化海洋渔业资源总量管理,加强水生生物栖息地保护。

（二）可持续集约农业

1. 可持续集约农业的概念与产生背景

近年来"可持续集约"（sustainable intensification）成为国际广泛关注的农业未来发展方向。2009年英国皇家学会发布了《收获益处》（*Reaping the Benefits*）报告,其中提到的"可持续集约"开始获得国际的广泛关注。FAO也认可该方向,2012年组织实施了"可持续作物生产计划"（sustainable crop production intensification,SCPI）,把"可持续集约"作为该计划的第一战略目标。该计划着眼于提高单位耕地面积的作物产出能力,并综合考虑了社会、政治、经济和环境等所有影响生产力和可持续能力的因素,尤其特别强调环境的可持续性,通过生态系统方法（ecosystem approach）实现作物生产的集约持续。

2. 可持续集约农业的主要做法与原则

实现可持续发展目标需要完成农业转型,建设一个更加高产、包容和可持续的农业,一个能加强农村生计、确保人人粮食安全、减少自然资源需求、增强气候变化抵御能力的农业。2012年FAO实施的SCPI的目标是在同样面积的耕地上生产出更多的粮食,同时减小对环境的负面影响、保护自然资源并提高生态系统的服务功能,通过对生态多样性以及生态系统服务功能的管理实现集约化农业生产的最大可能。SCPI强调3个基本原则。

（1）环境原则（environmental principles）。FAO提倡通过保护性农业（conservation agriculture）达到土壤扰动最小化及保持长久有机质覆盖;利用健康土壤、改良作物品种、高效用水、病虫害综合防治等方式有机结合成环境友好的耕作系统。

（2）机构原则（institutional principles）。FAO提倡政府部门以及其他主要权益相关者之间开展合作,为SCPI提供多部门、多参与者的政策以及战略信息,通过这种方式互建合作关系,加强与国际及地区组织（科研、经济、贸易、环境等组织）的信息交流,为可持续农业提供宝贵的支持,为可持续化作物生产系统提供政策制定指导、机构支持、决策支持途径等。

（3）社会原则（social principles）。提高农民的参与性。社会资本的可移动性要求人们在当地的决策、保证良好的农业工作环境以及增强女性在农业产业中的重要作用等方面高度参与。

SCPI强调通过生态系统方法,使得各个国家在农业生产力上得到可持续的增长,主要包括在以下 4 个方面提供技术及政策支持。①通过提高资源的利用效率来获得更高的产量,同时由自给自足的农业生产模式转向市场导向的农业生产模式,促进农业的可持续性发展。主要的措施有保护性农业以及植物营养综合管理(integrated plant nutrient management)。②通过害虫综合治理(integrated pest management)来提高可持续性的作物保护,使得病虫害问题、农药的滥用以及环境污染等问题最小化。③除了应用有效的农业生产措施(如作物、土壤、营养、水肥的有效利用)外,研究并使用保护农业生态多样性及生态系统服务功能的管理措施。④通过利用提高的农业生产力及农业经营多样化的优势来加强民生,包括为农民提供有关高效农业生产的知识、有关农业加工技术的知识、高质量种子、粮食安全系统等。

3.中国的集约持续农业

中国在 20 世纪 90 年代提出了"集约持续农业"(intensive sustainable agriculture)(刘巽浩,1995),随后其含义和内容不断拓展和完善。其主要特点如下。

(1)集约农作。从人多地少和确保粮食安全的国情出发,将提高土地利用率放在首位,对于地力条件优越的耕地要在保护耕地质量的基础上努力保证持续高产稳产。同时,全面提高除种植业外的畜牧业、水产业、林业等产业投入资源的利用效率。

(2)产业高效。要将提高经济效益增加农民收入放在重要位置;力争高产高效或高产不低效,积极提高劳动生产率;要因地制宜调整结构,适当增加园艺作物与养殖业比重,适当增加高价值作物与动物以及出口创汇的比重;积极发展农产品加工业与其他二、三产业,促进一、二、三产业融合;实行劳动力密集、科技密集与适当增加投入的有机结合与相互置换。

(3)绿色发展。要强调自然生态与人工生态相结合,保护资源、改善生态环境,搞好水利与农田基本建设,改善生产条件,提高农业综合持续生产能力。要强调产量持续性、经济持续性与生态持续性的结合,避免只片面强调一个方面。力争在高产、高效的同时不破坏资源环境,甚至有所改善。在中国当前投入不足情况下,增加投入(包括物质投入与智力投入)是促进农业持续发展的关键。

上述三条是相辅相成的。集约农作、产业高效必须建立在土地综合生产能力的持久性基础之上,而绿色发展又离不开增产增收,低产低效益的农业是不可能持久发展的,集约持续农业是在中国条件下,从传统农业向现代农业转变方向上一条道路的具体化。它与当前国际上所提的农业现代化、可持续集约农业在方向上是一致的。

(三)循环农业

1.循环经济的概念与原则

循环经济(circular economy)是相对于传统工业系统"资源—产品—废物排放"这种非循环式的生产模式而言,意图实现产业系统中的物质多次、多级、多梯度的循环利用,使物质资源利用效率最大化,而系统的废物排放最少化甚至零排放。循环经济模式所采取的实施原则,一般倡导"3R"原则,即减量化(reduce)、再利用(reuse)、再循环(recycle)。

2.循环农业的概念与技术原则

循环农业是按照循环经济理念,通过农业系统的设计和管理,实现系统内"光热自然资源利用效率最大、购买性资源投入最低、可再生废弃资源利用最多、有害污染物排放最少"的农业模式。循环农业的技术目标是"一高两低":资源利用高效率、物能投入低消耗、污染物输出低排放(高旺盛等,2007)。

循环经济在工业系统上提倡的是闭环式的物质循环原理和技术体系。而农业系统与工业系统具有本质上的不同,农业系统是由生命系统和非生命系统两部分组成,因此,农业产业首先要遵循生命科学规律。其次,农业系统既有自然再生产过程,又有经济再生产过程,因此,农业系统必须符合自然法则,同时又要遵循经济规律。第三,农业系统是以提供物质输出为主要目标的开放式循环体系,因此,农业系统的物质循环不可能采取闭合式的循环模式,而是一种耗散结构所决定的非闭合、高效率的循环。农业生态系统的物质能量来源不仅有自然的,也有人工的,具有"多元化,多途径,多通道"的特点。循环农业的核心技术原则应当是坚持"4R 原则",即适量化(rational)、再循环(recycle)、再利用(reuse)、可控化(regulation)原则。

(1)适量化(rational)原则。目前我国农业生产的外部购买性资源投入居高不下,能源消耗大。尽管化肥、农药、农膜、灌溉、农机等现代人工能量的投入,大大加速了农业生产的发展水平,但也扩大了对化石能源的消耗,增加了生产成本。发展循环农业,必须根据减量化的原则,尽量减少农业系统外部购买性资源的投入量,实现源头输入技术的科学化。但是,根据"能量高效转化"原理,为了保障农业系统生成力的稳定,不能一味地追求物质的减量,而是要"适量化"投入,该减则减,需增也要增,以保障区域农业系统生产力的稳定。

(2)再循环(recycle)原则。一方面是光、热、水等可更新资源的生物内循环利用体系,另一方面是农业与牧业、加工业等产业间物质循环链接体系。我国是光热资源相对比较丰富的国家,尤其是大部分高产农田地区具有充足光热资源,但是目前农业生产对光热等可更新自然资源利用效率总体不高,发展循环农业需要按照再循环的原则,通过发展农田复合生物共生循环模式,对光、热、水等可更新资源尽量进行周年循环化的高效利用;通过种植业与畜牧业、菌业、加工业等其他产业的循环,提高农业的整体效益。

(3)再利用(reuse)原则。我国农业生产中的废弃物种类繁多,数量巨大,但仅有 1/5 农业废弃物被再利用。发展循环农业必须按照再利用的原则,对农业生产过程中残留剩余的秸秆、粪便等中间资源尽量多级化地再利用。

(4)可控化(regulation)原则。在我国农业生产过程中化肥、农药、农膜等现代化学能源投入强度大,造成温室气体排放、面源污染、硝酸盐污染、重金属污染及农药残留等严重环境问题。因此,发展循环农业还要注重控制农业系统向外部排放各种有害、有毒物质,减少污染排放或二次污染。

3.循环农业的主要模式

近年来,我国各地积极探索和实践循环农业,涌现了丰富多样的循环农业发展模式类型。由于我国地域广阔,地形、地貌、自然气候、植被类型等与农业相关的自然资源与环境类型多种多样,同时,各区域经济发展水平与人文社会环境也各不相同,导致全国农业发展类型与模式也复杂多样,用单一的分类方式很难概括所有的模式。因此,可以从不同角度进行归类。

(1)从管理主体的角度,可分为政府主导型、企业自主型和农户为主型。①政府主导型模式主要以政府的力量来推动与管理,如部分农业科技园区。②企业自主型模式主要是基于相对成熟的市场环境和产业基础,由企业主动出资建设并经营管理的发展模式。③农户为主型模式尺度较小,一般适合农田或农户家庭发展,虽然其发展可能受到政府的一定支持或者与企业/市场有一定的联系,但是管理主要还是由农户自己执行。

(2)从农业系统内外部的角度,可分为业内循环和业外循环。业内循环主要集中在农业系统内部的物质高效循环利用,包括了种植业、养殖业以及种养"耦合循环"的模式;业外循环主要是农业系统内部的投入、产出以及废弃物不仅在内部消化,还可能与系统外的加工业、服务业"耦合循环",如种-养-加循环模式。

(3)从农业系统内部的角度,可分为种植业内循环、养殖业内循环和种养业互循环。种植业内循环模式一般适用于小尺度农田,如秸秆还田模式、秸秆堆肥模式、节水农业模式等;养殖业内循环主要发生在养殖业内部的废弃物循环利用;种养业互循环是种植业与养殖业的物质循环利用,如稻田立体种养模式(稻田养鸭、鱼)。

(四)气候智慧型农业

1.气候智慧型农业概念

应对气候变化及减少温室气体排放,是全世界所有国家和地区都必须承担的义务和责任。尽管农业是温室气体排放的重要来源,但全球人口仍在持续增长,对粮食等农产品需求还在不断增加。虽然减少温室气体排放非常必要,但也不能影响粮食安全和农业发展。因此,寻找一种新的发展模式,既能保持农业发展和生产能力,又能实现固碳减排和缓解气候变化就显得非常迫切了。新模式要求资源利用更加高效、产出更加稳定、抵御风险能力更强;并通过减少单位土地面积和单位质量农业产品的温室气体排放量,提高碳汇能力,减缓气候变化。在此背景下,FAO 在 2010 年海牙举办的关于农业粮食安全和气候变化会议上正式提出了气候智慧型农业(climate smart agriculture,CSA)概念。

气候智慧型农业基本含义:是可持续增加农业生产力和气候变化适应能力、减少或消除温室气体排放、增强国家粮食安全和实现社会经济发展目标的农业生产体系。气候智慧型农业充分考虑了应对粮食安全和气候变化挑战时经济、社会和环境的复杂性,提出通过发展技术、改善政策和投资环境实现在气候变化条件下仍保证粮食安全和农业持续高效发展的目的。气候智慧型农业的 3 个核心目标包括:持续提高农业生产力和收入,适应气候变化并建立弹性应对措施;减少或去除温室气体排放。

2.气候智慧性农业的主要特点

气候智能型农业实质是通过政策与制度创新、生产方式转变、管理技术优化,建立部门协调、资源高效、经济合理、固碳减排的生产模式,获得粮食安全、气候适应和减少排放的"三赢"结果。其主要特点如下。

(1)追求共赢。处理粮食安全、农业发展、气候变化三者错综复杂的挑战,建立相应的应对策略和适应能力,构建有弹性的管理和技术体系,创建协同效应和实现共赢。

(2)因地制宜。可以根据特定国情或特定的社会、经济和环境基础确立相应的实施策略与技术模式;优先考虑如何通过服务、知识、资源、金融产品和市场等途径提高和改善生计(尤其对小农户)。

(3)利益协调。注重各行业之间的交互关系和不同利益相关者的需求,协调部门关系和各方利益;要在争取努力实现的众多目标中选择优先要完成的任务目标,在满足不同利益的取舍上有相应决策。

(4)制度创新。努力通过政策、金融投资和制度安排等途径,吸引更多团体一起合作创造有利环境。要充分认识到民众接受上的障碍(尤其是农民),要在政策、策略、行为和动机方面有适当的解决方案。

3. 国际气候智慧型农业主要做法

(1)生产系统优化与技术改进。围绕气候智慧型农业高产、集约化、弹性、可持续和低排放目标,探索提高生产系统整体效率、应变能力、适应能力和减排潜力的可行途径。在剖析当前生产系统发展气候智慧型农业的制约因素及其原因的基础上,提出可行的优化途径与相应技术支撑。

作物生产系统:要加强土壤和养分管理,水分高效收集与利用,病虫害综合管理,作物遗传资源保存和利用,收获、加工和供应链改善,保护性农业(CA)模式与技术,构建更有弹性的生态系统。

畜牧业生产系统:畜禽养殖的饲料和粪便管理,草原草地管理优化,减少温室气体排放,提高农业生产效率,提高草地碳储量。

农林复合系统:可以封存数量更大的碳,提高效率和效益,并在提高农民家庭生计和适应气候变化之间建立共同利益。

都市农业系统:都市农业是以保障城市可持续发展为前提,增强都市农业生产系统的生态服务功能、新鲜农产品供应功能。

粮食—能源综合系统:利用秸秆或副产品来生产能源,用家畜废弃物产沼气,用玉米乙醇副产品作饲料等。

(2)制度优化与政策改进

国家层面的政策与行动计划:综合考虑农业发展、适应和减缓气候变化,制定国家应对气候变化的行动计划及相关推进政策。

部门协调与相关利益者联合行动:围绕目标任务集成资源管理,部门协调一致推进,激励各方共同参与。

体制改革与机制创新:制定从生产到销售各环节的相关法规和标准;推进信息快速传播与资源共享;改进农业技术推广服务机制和农民参与式能力培养;融资和保险制度改革。

(3)资金筹措与支持。要积极从政府、社会组织、企业及个人等多渠道筹措资金,支持气候智慧型农业的研究、示范与推广。

(五)农业生态补偿

1. 生态补偿的概念

生态补偿(eco-compensation)是以保护和可持续利用生态系统服务为目的,以经济手段为主调节相关者利益关系的制度安排。具体地说,生态补偿是以保护生态环境,促进人与自然和谐发展为目的,根据发展机会成本、生态保护成本、生态系统服务价值,运用政府和市场手段,调节生态保护利益相关者之间利益关系的公共制度。

2. 中国农业生态补偿的实践

20 世纪 90 年代以来,我国已经开始从农业环境污染治理、农业生态破坏修复以及农业自然资源保护 3 个角度来探讨农业生态补偿。我国先后实施了农村生态建设、环境保护和综合整治,开展了"三北"防护林(西北、华北、东北)、天然林保护等重大生态修复工程,推进荒漠化、石漠化、水土流失综合治理;提高中央财政国家级公益林补偿标准;实施草原生态保护补助奖励政策;加强农作物秸秆综合利用;搞好农村垃圾、污水处理和土壤环境治理,实施乡村清洁工程,加快农村河道、水环境综合整治。2016 年,财政部、农业部联合印发了《建立以绿色生态为导向的农业补贴制度改革方案》,提出要围绕保障粮食等主要农产品供给安全、农民稳定增收和农业生态环境保护等目标,推进农业供给侧结构性改革,完善农业补贴政策,到2020年基本建成以绿色生态为导向、促进农业资源合理利用与生态环境保护的农业补贴政策体系和激励约束机制。

3. 中国生态农业补偿的重点领域

(1)生态型农产品补偿。生态型农产品是指绿色农产品、有机农产品、地理标志农产品等在生产过程中按照生态友好型农业操作规程生产出来的农产品。其中补偿重点是绿色农产品和有机农产品。

绿色农产品补偿:为保证环保生产和清洁经营,提高农产品质量,农民在生产过程中减少化肥、农药和除草剂的使用,转而使用有机肥料、生物农药和机械除草,从而最大限度地减少化肥、农药和除草剂对环境污染和在农产品中的残留。绿色农产品生产过程中为保证产品质量而导致产量偏低,单位产品成本和价格偏高,从而给农民收益造成一定损失,但农民这样做的初衷是保护生态环境,因此,需要政府对此进行一定的补贴补偿。

有机农产品补偿:为严格保证产品的质量,有机农产品在生产加工过程禁止使用农药、化肥等容易造成环境污染的现代农业生产要素,政府对农民因保护环境而造成的利益损失应给予一定的补贴或补偿。对于以有机肥料替代无机化肥、用生物农药和机械除草替代化学农药和化学除草等行为,由于生产投入成本增加,产出降低,对此需要政府给予一定生态补偿。

(2)国家主体功能区农业生态转型补偿。农业生态区在《主体功能区规划》划分的各类功能区里均承担着功能定位,即生态、生产、服务、促进社会可持续发展4个功能,但侧重点不同。由于主要是通过国家区域层面而进行的功能区划分,生态补偿的主体应以中央的转移支付为主,区域地方政府及其他支付方式为辅,以保障我国对不同的农业生产给予生态补偿。

都市农业区:以生产、就业和休闲为主导,以生态调节为辅助,通过发展都市农业增加劳动就业空间,为市民提供新鲜农副产品和优质生态环境,提高其生活质量,同时提供休憩娱乐场所。此区域应以农业的生态化为方向,大力发展循环农业,减少农业的资源消耗和环境污染;注重产业融合和城乡融合,打造观光农业园区。依据此区域农业的发展目标,适宜对有利于发展休闲生态农业的方面进行补贴或政策优惠,如加强循环农业基础建设、保全或设计新型农业景观、开发新型农业观光项目等。

农产品主产区:该区从国家层面上共分为"七区二十三带",是保障国家粮食安全的粮仓、居民饮食安全的原料提供地、农业生产物质文化和非物质文化的发源地和流传区,同时也是农业劳动力就业的主战场。该区域应在保障国家粮食安全的前提下,建立生态补偿机制,保护农业生产系统的生态环境,提高农产品供给质量。

重点生态功能区:该区属于限制或禁止进行大规模高强度工业化城镇化开发的区域,是保护自然文化资源和珍贵动植物基因资源的重要区域和人与自然和谐相处的示范区。该区域主要分为水源涵养型、水土保持型、防风固沙型和生物多样性维护型4种类型,通过保护和扩大自然界提供生态产品的能力来创造价值,通过保护和修复生态环境、提供生态产品的活动,向社会供给生态产品,进行生态调节,保障国家生态安全。中央应对实施此类保护生态功能措施的区域、地方政府或行为组织给予一定的优惠政策与补贴补偿。

(3)农业生产补贴与生态补偿综合补偿

商品粮基地补贴:商品粮基地建设是实现农业生产社会化、专业化和商品化的重要支撑平台,其基于国家重点投资扶持,充分发挥地区粮食生产优势,大力改善粮食作物生产条件,全面促进粮食增产,更好地满足人民生活和社会经济建设对粮食的需要,确保国家粮食安全,需要对其进行合理地协调平衡补偿。

"菜篮子"基地补贴:"菜篮子"工程是为缓解我国副食品供应偏紧矛盾,解决市场供应短缺问题,建立起的中央和地方的肉、蛋、奶、水产和蔬菜生产基地及良种繁育、饲料加工等服务体系,以保证居民一年四季都有新鲜蔬菜供应。对于这些基地国家给予一定的政策优惠与补贴补偿,以保障我国副食品安全与健康的可持续供应。

4. 中国农业生态补偿存在的主要问题

我国生态补偿机制建设虽然已经起步,并取得了积极进展,但由于涉及的利益关系复杂,推进工作面临困难大,在实践中还存在不少矛盾和问题。

(1)补偿范围偏窄,现有生态补偿主要集中在森林、草原、矿产资源开发等领域,流域、湿地、海洋等生态补偿尚处于起步阶段,事关农业生态转型的土壤、水、绿色投入品和替代技术等重要内容尚未纳入工作范畴。

(2)补偿资金来源渠道和补偿方式单一,补偿资金主要依靠中央财政转移支付,地方政府和企事业单位投入、优惠贷款、社会捐赠等其他渠道明显缺失。

(3)补偿体系不健全,生态环境监测评估体系和生态服务价值评估核算体系建设滞后;有关方面对生态补偿标准等问题尚未取得共识,缺乏统一、权威的指标体系和测算方法;现行的补偿标准明显偏低。

(4)政策法规建设滞后,政策措施不完善,农业生态环境保护方面的投入保障能力不足,缺乏稳定性;目前还没有生态补偿的专门立法,现有涉及生态补偿的法律规定分散在多部法律之中,缺乏系统性和可操作性。

思　考　题

1. 替代农业主要有哪些模式?其主要特点是什么?

2. 什么是生态农业?中国生态农业与西方生态农业有何异同?

3. 建设生态农业所依据的原理是什么?

4. 生态农业常见模式有哪些?其关键技术有哪些?结合你所在地区或乡村,谈谈应如何发展生态农业?

5. 新时期中国农业生态转型的主要战略对策有哪些?

参考文献

[1] 陈阜. 气候智慧型农业:一种"更新"理念的农业发展模式. http://www.sohu.com/a/138440522_743794,2017.

[2] 高旺盛,陈源泉,隋鹏. 循环农业理论与研究方法. 北京:中国农业大学出版社,2015.

[3] 黄国勤. 农业生态学:理论、实践与进展. 北京:中国环境科学出版社,2015.

[4] 井焕茹,井秀娟. 日本环境保全型农业对我国农业可持续发展的启示. 西北农林科技大学学报:社会科学版,2013,13(4):93-97.

[5] 乐波. 欧盟"多功能农业"探析. 华中农业大学学报:社会科学版,2006(2):31-34.

［6］李文华.生态农业——中国可持续农业的理论与实践.北京:化学工业出版社,2003.

［7］刘巽浩.对生态与"生态农业"问题的看法.农业考古,1988(1):18-20.

［8］骆世明.构建我国农业生态转型的政策法规体系.生态学报,2015,35(6):2020-2027.

［9］骆世明.农业生态转型态势与中国生态农业建设路径.中国生态农业学报,2017,25(1):1-7.

［10］农业部科技教育司.中国生态农业十大模式和技术.农业环境与发展,2003,20(1):16-20.

［11］彭崑生.实用生态农业技术.北京:中国农业出版社,2002.

［12］唐珂.中国现代生态农业建设方略.北京:中国农业出版社,2015.

［13］王欧,张灿强.国际生态农业与有机农业发展政策与启示.世界农业,2013(1):48-52.

［14］赵华,郑江淮.从规模效率到环境友好——韩国农业政策调整的轨迹及启示.经济理论
与经济管理,2007(7):71-75.

［15］赵中华,尹哲,杨普云.农作物病虫害绿色防控技术应用概况.植物保护,2011,37(3):
29-32.